plurall

Parabéns!
Agora você faz parte do **Plurall**, a plataforma digital do seu livro didático! No **Plurall**, você tem acesso gratuito aos recursos digitais deste livro por meio do seu computador, celular ou *tablet*. Além disso, você pode contar com a nossa tutoria *on-line* sempre que surgir alguma dúvida nas atividades deste livro.

Venha para o Plurall e descubra uma nova forma de estudar! Baixe o aplicativo do **Plurall** para Android e IOS ou acesse **www.plurall.net** e cadastre-se utilizando o seu código de acesso exclusivo:

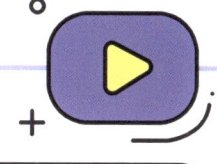

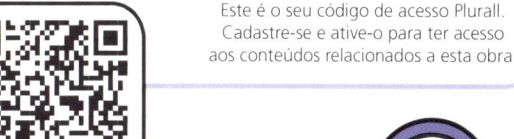

AASZ72ADY

Este é o seu código de acesso Plurall.
Cadastre-se e ative-o para ter acesso aos conteúdos relacionados a esta obra.

@plurallnet
@plurallnetoficial

SOMOS EDUCAÇÃO

GELSON IEZZI
SAMUEL HAZZAN

FUNDAMENTOS DE MATEMÁTICA ELEMENTAR

Sequências | Determinantes
Matrizes | Sistemas

450 exercícios propostos com resposta

305 questões de vestibulares com resposta

8ª edição | São Paulo – 2013

© Gelson Iezzi, Samuel Hazzan, 2013

Copyright desta edição:
SARAIVA S.A. Livreiros Editores, São Paulo, 2013.

Avenida das Nações Unidas, 7221 – 1º Andar – Setor C – Pinheiros – CEP 05425-902

www.editorasaraiva.com.br
Todos os direitos reservados.

Dados Internacionais de Catalogação na Publicação (CIP)
(Câmara Brasileira do Livro, SP, Brasil)

Iezzi, Gelson, 1939-
Fundamentos de matemática elementar, 4 : sequências, matrizes, determinantes e sistemas / Gelson Iezzi, Samuel Hazzan. – 8. ed. – São Paulo : Atual, 2013.

ISBN 978-85-357-1748-8 (aluno)
ISBN 978-85-357-1749-5 (professor)

1. Matemática (Ensino médio) 2. Matemática (Ensino médio) – Problemas e exercícios etc. 3. Matemática (Vestibular) – Testes I. Hazzan, Samuel, 1946-. II. Título. III. Título: Sequências, matrizes, determinantes e sistemas.

13-02580 CDD-510.7

Índice para catálogo sistemático:
1. Matemática: Ensino médio 510.7

Fundamentos de Matemática Elementar, 4

Gerente editorial: Lauri Cericato
Editor: José Luiz Carvalho da Cruz
Editores-assistentes: Fernando Manenti Santos/Juracy Vespucci/Guilherme Reghin Gaspar/Livio A. D'Ottaviantonio
Auxiliares de serviços editoriais: Daniella Haidar Pacifico/Margarete Aparecida de Lima/Rafael Rabaçallo Ramos/Vanderlei Aparecido Orso
Digitação e cotejo de originais: Guilherme Reghin Gaspar/Elillyane Kaori Kamimura
Pesquisa iconográfica: Cristina Akisino (coord.)/Enio Rodrigo Lopes
Revisão: Pedro Cunha Jr. e Lilian Semenichin (coords.) / Renata Palermo / Rhennan Santos / Felipe Toledo / Eduardo Sigrist / Maura Loria / Aline Araújo / Elza Gasparotto / Luciana Azevedo / Patricia Cordeiro
Gerente de arte: Nair de Medeiros Barbosa
Supervisor de arte: Antonio Roberto Bressan
Projeto gráfico: Carlos Magno
Capa: Homem de Melo & Tróia Design
Imagem de capa: tiridifilm/Getty Images
Ilustrações: Conceitograf/Mario Yoshida
Diagramação: Ulhoa Cintra
Assessoria de arte: Maria Paula Santo Siqueira
Encarregada de produção e arte: Grace Alves
Coordenadora de editoração eletrônica: Silvia Regina E. Almeida

Produção gráfica: Robson Cacau Alves
Impressão e acabamento: PSP Digital

731.306.008.002

Avenida das Nações Unidas, 7221 – 1º Andar – Setor C – Pinheiros – CEP 05425-902

Apresentação

Fundamentos de Matemática Elementar é uma coleção elaborada com o objetivo de oferecer ao estudante uma visão global da Matemática, no ensino médio. Desenvolvendo os programas em geral adotados nas escolas, a coleção dirige-se aos vestibulandos, aos universitários que necessitam rever a Matemática elementar e também, como é óbvio, àqueles alunos de ensino médio cujo interesse se focaliza em adquirir uma formação mais consistente na área de Matemática.

No desenvolvimento dos capítulos dos livros de *Fundamentos* procuramos seguir uma ordem lógica na apresentação de conceitos e propriedades. Salvo algumas exceções bem conhecidas da Matemática elementar, as proposições e os teoremas estão sempre acompanhados das respectivas demonstrações.

Na estruturação das séries de exercícios, buscamos sempre uma ordenação crescente de dificuldade. Partimos de problemas simples e tentamos chegar a questões que envolvem outros assuntos já vistos, levando o estudante a uma revisão. A sequência do texto sugere uma dosagem para teoria e exercícios. Os exercícios resolvidos, apresentados em meio aos propostos, pretendem sempre dar uma explicação sobre alguma novidade que aparece. No final de cada volume, o aluno pode encontrar as respostas para os problemas propostos e assim ter seu reforço positivo ou partir à procura do erro cometido.

A última parte de cada volume é constituída por questões de vestibulares, selecionadas dos melhores vestibulares do país e com respostas. Essas questões podem ser usadas para uma revisão da matéria estudada.

Aproveitamos a oportunidade para agradecer ao professor dr. Hygino H. Domingues, autor dos textos de história da Matemática, que contribuem muito para o enriquecimento da obra.

Neste volume abordamos o estudo de matrizes e sistemas lineares. O estudo de sequências e progressões é muito interessante para desenvolver a compreensão da simbologia algébrica e recapitular um pouco de cálculo algébrico. O estudo de determinantes deve ser feito sem exageros, com ênfase em cálculo numérico e propriedades operatórias.

Finalmente, como há sempre uma certa distância entre o anseio dos autores e o valor de sua obra, gostaríamos de receber dos colegas professores uma apreciação sobre este trabalho, notadamente os comentários críticos, os quais agradecemos.

Os autores

Sumário

CAPÍTULO I — Sequências 1
    I. Noções iniciais 1
    II. Igualdade 2
    III. Lei de formação 2

CAPÍTULO II — Progressão aritmética 6
    I. Definição 6
    II. Classificação 7
    III. Notações especiais 7
    IV. Fórmula do termo geral 11
    V. Interpolação aritmética 14
    VI. Soma 15
Leitura: Dirichlet e os números primos de uma progressão aritmética 22

CAPÍTULO III — Progressão geométrica 24
    I. Definição 24
    II. Classificação 25
    III. Notações especiais 26
    IV. Fórmula do termo geral 29
    V. Interpolação geométrica 31
    VI. Produto 32
    VII. Soma dos termos de P.G. finita 34
    VIII. Limite de uma sequência 37
    IX. Soma dos termos de P.G. infinita 38

CAPÍTULO IV — Matrizes 45
    I. Noção de matriz 45
    II. Matrizes especiais 46
    III. Igualdade 49
    IV. Adição 50
    V. Produto de número por matriz 54

VI. Produto de matrizes 57
VII. Matriz transposta 69
VIII. Matrizes inversíveis 73
Leitura: Cayley e a teoria das matrizes 80

CAPÍTULO V — Determinantes 82
I. Introdução 82
II. Definição de determinante ($n \leq 3$) 82
III. Menor complementar e complemento algébrico 87
IV. Definição de determinante por recorrência (caso geral) 88
V. Teorema fundamental (de Laplace) 91
VI. Propriedades dos determinantes 94
VII. Abaixamento de ordem de um determinante – Regra de Chió ... 114
VIII. Matriz de Vandermonde (ou das potências) 120
Apêndice: Cálculo da matriz inversa por meio de determinantes 127
Leitura: Sistemas lineares e determinantes: origens e desenvolvimento 133

CAPÍTULO VI — Sistemas lineares 135
I. Introdução 135
II. Teorema de Cramer 143
III. Sistemas escalonados 149
IV. Sistemas equivalentes – Escalonamento de um sistema 154
V. Sistema linear homogêneo 174
VI. Característica de uma matriz – Teorema de Rouché-Capelli 180
Leitura: Emmy Noether e a Álgebra Moderna 191

Respostas dos exercícios 193

Questões de vestibulares 208

Respostas das questões de vestibulares 276

Significado das siglas de vestibulares 282

CAPÍTULO I

Sequências

I. Noções iniciais

1. Definição

Chama-se **sequência finita** ou **ênupla** toda aplicação f do conjunto

$\mathbb{N}_n^* = \{1, 2, 3, ..., n\}$ em $\mathbb{R}$.

Assim, em toda sequência finita, a cada número natural i ($1 \leq i \leq n$) está associado um número real a_i.

$f = \{(1, a_1), (2, a_2), (3, a_3), ..., (n, a_n)\}$

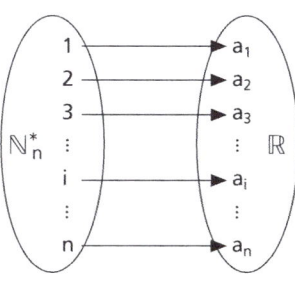

2. Definição

Chama-se **sequência infinita** toda aplicação f de $\mathbb{N}^*$ em $\mathbb{R}$.

Em toda sequência infinita, a cada $i \in \mathbb{N}^*$ está associado um $a_i \in \mathbb{R}$.

$f = \{(1, a_1), (2, a_2), (3, a_3), ..., (i, a_i), ...\}$

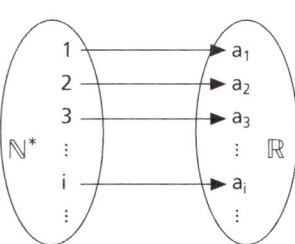

SEQUÊNCIAS

Vamos, daqui em diante, indicar uma sequência f anotando apenas a imagem de f:

$$f = (a_1, a_2, a_3, ..., a_i, ...)$$

em que aparecem entre parênteses ordenadamente, da esquerda para a direita, as imagens dos naturais 1, 2, 3, ..., i, ...

Quando queremos indicar uma sequência f qualquer, escrevemos

$$f = (a_i)_{i \in I}.$$

e lemos "sequência f dos termos a_i em que o conjunto de índices é I".

3. Exemplos:

1º) (1, 2, 3, 4, 6, 12) é a sequência (finita) dos divisores inteiros positivos de 12 dispostos em ordem crescente.

2º) (2, 4, 6, 8, ..., 2i, ...) é a sequência (infinita) dos múltiplos inteiros positivos de 2.

3º) (2, 3, 5, 7, 11, ...) é a sequência (infinita) dos números primos positivos.

Observando o 2º exemplo, notamos que estão indicadas entre parênteses as imagens de 1, 2, 3, ..., i, ... na aplicação f: $\mathbb{N}^* \to \mathbb{R}$ dada por f(i) = 2i.

II. Igualdade

4. Sabemos que duas aplicações, f e g, são iguais quando têm domínios iguais e f(x) = g(x) para todo x do domínio. Assim, duas sequências infinitas, $f = (a_i)_i \in \mathbb{N}^*$ e $g = (b_i)_i \in \mathbb{N}^*$, são iguais quando f(i) = g(i), isto é, $a_i = b_i$ para todo $i \in \mathbb{N}^*$. Em símbolos:

$$f = g \Leftrightarrow a_i = b_i, \forall i \in \mathbb{N}^*$$

III. Lei de formação

Interessam à Matemática as sequências em que os termos se sucedem obedecendo a certa regra, isto é, aquelas que têm uma lei de formação. Esta pode ser apresentada de três maneiras:

5. Por fórmula de recorrência

São dadas duas regras: uma para identificar o primeiro termo (a_i) e outra para calcular cada termo (a_n) a partir do antecedente (a_{n-1}).

Exemplos:

1º) Escrever a sequência finita f cujos termos obedecem à seguinte fórmula de recorrência: $a_1 = 2$ e $a_n = a_{n-1} + 3$, $\forall n \in \{2, 3, 4, 5, 6\}$.
Temos:

$n = 2 \Rightarrow a_2 = a_1 + 3 = 2 + 3 = 5$
$n = 3 \Rightarrow a_3 = a_2 + 3 = 5 + 3 = 8$
$n = 4 \Rightarrow a_4 = a_3 + 3 = 8 + 3 = 11$
$n = 5 \Rightarrow a_5 = a_4 + 3 = 11 + 3 = 14$
$n = 6 \Rightarrow a_6 = a_5 + 3 = 14 + 3 = 17$
então $f = (2, 5, 8, 11, 14, 17)$.

2º) Escrever os cinco termos iniciais da sequência infinita g dada pela seguinte fórmula de recorrência: $b_1 = 1$ e $b_n = 3 \cdot b_{n-1}$, $\forall n \in \mathbb{N}$ e $n \geq 2$.
Temos:

$n = 2 \Rightarrow b_2 = 3 \cdot b_1 = 3 \cdot 1 = 3$
$n = 3 \Rightarrow b_3 = 3 \cdot b_2 = 3 \cdot 3 = 9$
$n = 4 \Rightarrow b_4 = 3 \cdot b_3 = 3 \cdot 9 = 27$
$n = 5 \Rightarrow b_5 = 3 \cdot b_4 = 3 \cdot 27 = 81$
então $g = (1, 3, 9, 27, 81, \ldots)$.

6. Expressando cada termo em função de sua posição

É dada uma fórmula que expressa a_n em função de n.

Exemplos:

1º) Escrever a sequência finita f cujos termos obedecem à lei $a_n = 2^n$, $n \in \{1, 2, 3, 4\}$.
Temos:

$a_1 = 2^1 = 2$, $a_2 = 2^2 = 4$, $a_3 = 2^3 = 8$ e $a_4 = 2^4 = 16$, então $f(2, 4, 8, 16)$.

2º) Escrever os cinco termos iniciais da sequência infinita g em que os termos verificam a relação $b_n = 3n + 1$, $\forall n \in \mathbb{N}^*$.

Temos:
$b_1 = 3 \cdot 1 + 1 = 4, b_2 = 3 \cdot 2 + 1 = 7, b_3 = 3 \cdot 3 + 1 = 10,$
$b_4 = 3 \cdot 4 + 1 = 13$ e $b_5 = 3 \cdot 5 + 1 = 16,$
então $g = (4, 7, 10, 13, 16, ...)$.

7. Por propriedade dos termos

É dada uma propriedade que os termos da sequência devem apresentar.

Exemplos:

1º) Escrever a sequência finita f de seis termos em que cada termo é igual ao número de divisores inteiros do respectivo índice.
Temos:

$D(1) = \{1, -1\} \Rightarrow a_1 = 2$
$D(2) = \{1, -1, 2, -2\} \Rightarrow a_2 = 4$
$D(3) = \{1, -1, 3, -3\} \Rightarrow a_3 = 4$
$D(4) = \{1, -1, 2, -2, 4, -4\} \Rightarrow a_4 = 6$
$D(5) = \{1, -1, 5, -5\} \Rightarrow a_5 = 4$
$D(6) = \{1, -1, 2, -2, 3, -3, 6, -6\} \Rightarrow a_6 = 8$
então $f = (2, 4, 4, 6, 4, 8)$.

2º) Escrever os cinco termos iniciais da sequência infinita g formada pelos números primos positivos colocados em ordem crescente.

Temos $g = (2, 3, 5, 7, 11, ...)$.

Notemos que essa sequência não pode ser dada por fórmula de recorrência, bem como não existe fórmula para calcular o n-ésimo número primo positivo a partir de n.

EXERCÍCIOS

1. Escreva os seis termos iniciais das sequências dadas pelas seguintes fórmulas de recorrência:
a) $a_1 = 5$ e $a_n = a_{n-1} + 2, \forall n \geq 2$
b) $b_1 = 3$ e $b_n = 2 \cdot b_{n-1}, \forall n \geq 2$

c) $c_1 = 2$ e $c_n = (c_{n-1})^2$, $\forall n \geq 2$
d) $d_1 = 4$ e $d_n = (-1)^n \cdot d_{n-1}$, $\forall n \geq 2$
e) $e_1 = -2$ e $e_n = (e_{n-1})^n$, $\forall n \geq 2$

2. Escreva os seis termos iniciais das sequências dadas pelas seguintes leis:
   a) $a_n = 3n - 2$, $\forall n \geq 1$
   b) $b_n = 2 \cdot 3^n$, $\forall n \geq 1$
   c) $c_n = n(n + 1)$, $\forall n \geq 1$
   d) $d_n = (-2)^n$, $\forall n \geq 1$
   e) $e_n = n^3$, $\forall n \geq 1$

3. Descreva por meio de uma fórmula de recorrência cada uma das sequências abaixo:
   a) $(3, 6, 9, 12, 15, 18, \ldots)$
   b) $(1, 2, 4, 8, 16, 32, \ldots)$
   c) $(1, -1, 1, -1, 1, -1, \ldots)$
   d) $(5, 6, 7, 8, 9, 10, \ldots)$
   e) $(0, 1, 2, 3, 4, 5, \ldots)$

4. A definição por recorrência $\begin{cases} a_1 = 4 \\ \text{e} \\ a_p = a_{p-1} + 5 \end{cases}$, com $p \in \mathbb{N}$, pode definir uma sequência. Determine-a.

CAPÍTULO II

Progressão aritmética

I. Definição

8. Chama-se **progressão aritmética** (P.A.) uma sequência dada pela seguinte fórmula de recorrência:

$$\begin{cases} a_1 = a \\ a_n = a_{n-1} + r, \forall n \in \mathbb{N}, n \geq 2 \end{cases}$$

em que *a* e *r* são números reais dados.

Assim, uma P.A. é uma sequência em que cada termo, a partir do segundo, é a soma do anterior com uma constante *r* dada.

Eis alguns exemplos de progressões aritméticas:

$f_1 = (1, 3, 5, 7, 9, ...)$ em que $a_1 = 1$ e $r = 2$

$f_2 = (0, -2, -4, -6, -8, ...)$ em que $a_1 = 0$ e $r = -2$

$f_3 = (4, 4, 4, 4, 4, ...)$ em que $a_1 = 4$ e $r = 0$

$f_4 = \left(\dfrac{1}{2}, \dfrac{3}{2}, \dfrac{5}{2}, \dfrac{7}{2}, \dfrac{9}{2}, ...\right)$ em que $a_1 = \dfrac{1}{2}$ e $r = 1$

$f_5 = \left(4, \dfrac{11}{3}, \dfrac{10}{3}, 3, \dfrac{8}{3}, ...\right)$ em que $a_1 = 4$ e $r = -\dfrac{1}{3}$

II. Classificação

As progressões aritméticas podem ser classificadas em três categorias:

1ª) **crescentes** são as P.A. em que cada termo é maior que o anterior. É imediato que isso ocorre somente se r > 0, pois:

$a_n > a_{n-1} \Leftrightarrow a_n - a_{n-1} > 0 \Leftrightarrow r > 0$.

Exemplos: f_1 e f_4.

2ª) **constantes** são as P.A. em que cada termo é igual ao anterior. É fácil ver que isso só ocorre quando r = 0, pois:

$a_n = a_{n-1} \Leftrightarrow a_n - a_{n-1} = 0 \Leftrightarrow r = 0$.

Exemplo: f_3.

3ª) **decrescentes** são as P.A. em que cada termo é menor que o anterior. Isso ocorre somente se r < 0, pois:

$a_n < a_{n-1} \Leftrightarrow a_n - a_{n-1} < 0 \Leftrightarrow r < 0$.

Exemplos: f_2 e f_5.

III. Notações especiais

Quando procuramos obter uma P.A. com 3 ou 4 ou 5 termos, é muito prática a notação seguinte:

1ª) para 3 termos: (x, x + r, x + 2r) ou (x − r, x, x + r).

2ª) para 4 termos: (x, x + r, x + 2r, x + 3r) ou (x − 3y, x − y, x + y, x + 3y), em que $y = \dfrac{r}{2}$.

3ª) para 5 termos: (x, x + r, x + 2r, x + 3r, x + 4r) ou (x − 2r, x − r, x, x + r, x + 2r).

EXERCÍCIOS

5. Determine x de modo que (x, 2x + 1, 5x + 7) seja uma P.A.

PROGRESSÃO ARITMÉTICA

Solução

Devemos ter $a_2 - a_1 = a_3 - a_2$, então:

$(2x + 1) - x = (5x + 7) - (2x + 1)$ $x + 1 = 3x + 6$ $x = -\dfrac{5}{2}$.

6. Determine a de modo que $(a^2, (a + 1)^2, (a + 5)^2)$ seja uma P.A.

7. Obtenha uma P.A. de três termos tais que sua soma seja 24 e seu produto seja 440.

Solução

Empregando a notação especial $(x - r, x, x + r)$ para a P.A., temos:

$$\begin{cases}(x - r) + x + (x + r) = 24 \quad (1) \\ (x - r) \cdot x \cdot (x + r) = 440 \quad (2)\end{cases}$$

De (1) obtemos $x = 8$. Substituindo em (2), vem:

$(8 - r) \cdot 8 \cdot (8 + r) = 440 \Leftrightarrow 64 - r^2 = 55 \Leftrightarrow r^2 = 9 \Leftrightarrow r = \pm 3$.

Assim, a P.A. procurada é:

$(5, 8, 11)$ para $x = 8$ e $r = 3$ ou $(11, 8, 5)$ para $x = 8$ e $r = -3$.

8. Obtenha uma P.A. crescente formada por três números inteiros e consecutivos de modo que a soma de seus cubos seja igual ao quadrado da sua soma.

9. Obtenha 3 números em P.A., sabendo que sua soma é 18 e a soma de seus inversos é $\dfrac{23}{30}$.

10. Uma P.A. é formada por 3 termos com as seguintes propriedades:

    I) seu produto é igual ao quadrado de sua soma;
    II) a soma dos dois primeiros é igual ao terceiro.

    Obtenha a P.A.

11. Obtenha 3 números em P.A. de modo que sua soma seja 3 e a soma de seus quadrados seja 11.

12. Obtenha uma P.A. de 4 termos inteiros em que a soma dos termos é 32 e o produto é 3 465.

Solução

Empregando a notação especial $(x - 3y, x - y, x + y, x + 3y)$, temos:

$$\begin{cases} (x - 3y) + (x - y) + (x + y) + (x + 3y) = 32 \quad (1) \\ (x - 3y)(x - y)(x + y)(x + 3y) = 3465 \quad (2) \end{cases}$$

De (1) vem $4x = 32$, isto é, $x = 8$.

Substituindo em (2) o valor de x, temos:

$(8 - 3y) \cdot (8 - y) \cdot (8 + y) \cdot (8 + 3y) = 3465 \Rightarrow (64 - 9y^2) \cdot (64 - y^2) = 3465$

$9y^4 - 640y^2 + 631 = 0 \Rightarrow y = \pm\sqrt{\dfrac{640 \pm \sqrt{386\,884}}{18}} = \pm\sqrt{\dfrac{640 \pm 622}{18}}$

então, $y = 1$ ou $y = -1$ ou $y = \dfrac{\sqrt{631}}{3}$ ou $y = -\dfrac{\sqrt{631}}{3}$.

Como a P.A. deve ter elementos inteiros, só convêm as duas primeiras. Assim, temos:

$x = 8$ e $y = 1 \Rightarrow (5, 7, 9, 11)$

$x = 8$ e $y = -1 \Rightarrow (11, 9, 7, 5)$

13. A soma de quatro termos consecutivos de uma progressão aritmética é -6, o produto do primeiro deles pelo quarto é -54. Determine esses termos.

14. Obtenha uma P.A. crescente de 4 termos tais que o produto dos extremos seja 45 e o dos meios seja 77.

15. Obtenha 4 números reais em P.A., sabendo que sua soma é 22 e a soma de seus quadrados é 166.

16. Obtenha uma P.A. de 5 termos, sabendo que sua soma é 25 e a soma de seus cubos é 3 025.

PROGRESSÃO ARITMÉTICA

Solução

Utilizando a notação $(x - 2r, x - r, x, x + r, x + 2r)$, temos:

$$\begin{cases} (x-2r)+(x-r)+x+(x+r)+(x+2r)=25 \quad (1) \\ (x-2r)^3+(x-r)^3+x^3+(x+r)^3+(x+2r)^3=3025 \quad (2) \end{cases}$$

De (1) vem: $5x = 25$, isto é, $x = 5$.

De (2) vem:

$(x^3 - 6x^2r + 12xr^2 - 8r^3) + (x^3 - 3x^2r + 3xr^2 - r^3) + x^3 + (x^3 + 3x^2r + 3xr^2 + r^3) + (x^3 + 6x^2r + 12xr^2 + 8r^3) = 3025$

isto é: $5x^3 + 30xr^2 = 3025$.

Lembrando que $x = 5$, temos:

$5 \cdot 5^3 + 30 \cdot 5 \cdot r^2 = 3025 \Rightarrow 150r^2 = 2400 \Rightarrow r^2 = 16 \Rightarrow r = \pm 4$.

Portanto a P.A. é: $(-3, 1, 5, 9, 13)$ ou $(13, 9, 5, 1, -3)$.

---

17. Obtenha uma P.A. decrescente com 5 termos cuja soma é -10 e a soma dos quadrados é 60.

18. Obtenha 5 números reais em P.A., sabendo que sua soma é 5 e a soma de seus inversos é $\dfrac{563}{63}$.

19. Ache 5 números reais em P.A., sabendo que sua soma é 10 e a soma dos cubos dos dois primeiros é igual à soma dos cubos dos dois últimos.

20. Determine o 3º termo (c) da P.A. (a; b; c).

21. Determine o valor de x tal que os números $2x$, $3x$ e x^2 sejam termos consecutivos e distintos de uma progressão aritmética.

22. As medidas dos lados de um triângulo são expressas por $x + 1$, $2x$, $x^2 - 5$ e estão em P.A., nessa ordem. Calcule o perímetro do triângulo.

23. Os números que exprimem o lado, a diagonal e a área de um quadrado estão em P.A., nessa ordem. Quanto mede o lado do quadrado?

24. Mostre que, se (a, b, c) é uma P.A., então (a^2bc, ab^2c, abc^2) também é.

Solução

Temos, por hipótese, b − a = c − b = r. Então:

$ab^2c - a^2bc = abc(b - a) = abcr = abc(c - b) = abc^2 - ab^2c$.

25. Prove que, se $\left(\dfrac{1}{x+y}, \dfrac{1}{y+z}, \dfrac{1}{z+x}\right)$ é uma P.A., então (z^2, x^2, y^2) também é.

26. Prove que, se (a, b, c) é uma P.A., então $\big(a^2(b + c), b^2(a + c), c^2(a + b)\big)$ também é.

27. Sabendo que (a, b, c) e $\left(\dfrac{1}{b}, \dfrac{1}{c}, \dfrac{1}{d}\right)$ são P.A., mostre que $2ad = c(a + c)$.

28. Sabendo que (α, β, γ, δ) é P.A., prove que:

$(\delta + 3\beta)(\delta - 3\beta) + (\alpha + 3\gamma)(\alpha - 3\gamma) = 2(\alpha\delta - 9\beta\gamma)$.

IV. Fórmula do termo geral

9. Utilizando a fórmula de recorrência pela qual se define uma P.A. e admitindo dados o primeiro termo (a_1), a razão (r) e o índice (n) de um termo desejado, temos:

$a_2 = a_1 + r$
$a_3 = a_2 + r$
$a_4 = a_3 + r$
$a_n = a_{n-1} + r$

Somando essas n − 1 igualdades, temos:

$\underbrace{a_2 + a_3 + a_4 + \ldots + a_n}_{} = a_1 + \underbrace{a_2 + a_3 + \ldots + a_{n-1}}_{} + (n - 1) \cdot r$

cancelam-se

e, então, $a_n = a_1 + (n - 1) \cdot r$, o que sugere o seguinte:

10. Teorema

Na P.A. em que o primeiro termo é a_1 e a razão é r, o n-ésimo termo é:

$$a_n = a_1 + (n - 1) \cdot r$$

PROGRESSÃO ARITMÉTICA

Demonstração pelo princípio da indução finita:

I) Para $n = 1$, temos: $a_1 = a_1 + (1 - 1) \cdot r$ (sentença verdadeira).

II) Admitamos a validade da fórmula para $n = p$: $a_p = a_1 + (p - 1) \cdot r$ (hipótese de indução) e provemos que vale para $n = p + 1$:

$a_{p+1} = a_p + r = (a_1 + (p - 1) \cdot r) + r = a_1 + [(r + 1) - 1] \cdot r$

Então $a_n = a_1 + (n - 1) \cdot r$, $\forall n \in \mathbb{N}^*$.

EXERCÍCIOS

29. Calcule o 17º termo da P.A. cujo primeiro termo é 3 e cuja razão é 5.

Solução

Notando que $a_1 = 3$ e $r = 5$, apliquemos a fórmula do termo geral:

$a_{17} = a_1 + 16r = 3 + 16 \cdot 5 = 83$

30. Obtenha o 12º, o 27º e o 100º termos da P.A. (2, 5, 8, 11, ...).

31. Obtenha a razão da P.A. em que o primeiro termo é -8 e o vigésimo é 30.

Solução

$a_{20} = a_1 + 19r \Rightarrow 30 = -8 + 19r \Rightarrow r = 2$

32. Obtenha a razão da P.A. em que $a_2 = 9$ e $a_{14} = 45$.

33. Obtenha o primeiro termo da P.A. de razão 4 cujo 23º termo é 86.

34. Qual é o termo igual a 60 na P.A. em que o 2º termo é 24 e a razão é 2?

35. Obtenha a P.A. em que $a_{10} = 7$ e $a_{12} = -8$.

Solução

Para escrever a P.A. é necessário determinar a_1 e r.

Temos:

$\begin{cases} a_{10} = 7 \Rightarrow a_1 + 9r = 7 \quad (1) \\ a_{12} = -8 \Rightarrow a_1 + 11r = -8 \quad (2) \end{cases}$

Resolvendo o sistema, temos:

$(2) - (1) \Rightarrow 2r = -15 \Rightarrow r = -\dfrac{15}{2}$

$(1) \Rightarrow a_1 + 9\left(-\dfrac{15}{2}\right) = 7 \Rightarrow a_1 = \dfrac{149}{2}$

e, portanto, a P.A. é $\left(\dfrac{149}{2}, \dfrac{134}{2}, \dfrac{119}{2}, \ldots\right)$.

36. Determine a P.A. em que o 6º termo é 7 e o 10º é 15.

37. Qual é a P.A. em que o 1º termo é 20 e o 9º termo é 44?

38. Determine a P.A. em que se verificam as relações:

    $a_{12} + a_{21} = 302$ e $a_{23} + a_{46} = 446$.

39. Quantos números ímpares há entre 14 e 192?

40. Determine a relação que deve existir entre os números m, n, p e q, para que se verifique a seguinte igualdade entre os termos da mesma progressão aritmética:

    $a_m + a_n = a_p + a_q$.

41. Qual é o primeiro termo negativo da P.A. (60, 53, 46, ...)?

    Solução

    Temos:

    $a_n < 0 \Rightarrow a_1 + (n-1)r < 0 \Rightarrow 60 + (n-1)(-7) < 0 \Rightarrow n - 1 > \dfrac{60}{7} \Rightarrow$

    $\Rightarrow n > \dfrac{67}{7} \cong 9{,}5$.

    Concluímos que $a_n < 0$ para $n = 10, 11, 12, \ldots$; portanto, o primeiro termo negativo da P.A. é a_{10}.

42. As progressões aritméticas 5, 8, 11, ... e 3, 7, 11, ... têm 100 termos cada uma. Determine o número de termos iguais nas duas progressões.

PROGRESSÃO ARITMÉTICA

43. O primeiro termo a de uma progressão aritmética de razão 13 satisfaz $0 \leq a \leq 10$. Se um dos termos da progressão é 35, determine o valor de a.

44. A sequência $(a_1, a_2, a_3, ..., a_n)$ é uma progressão aritmética de razão 2 e primeiro termo igual a 1. A função f definida por $f(x) = ax + b$ é tal que $f(a_1)$, $f(a_2)$, $f(a_3)$, ..., $f(a_n)$ é uma progressão aritmética de razão 6 e primeiro termo igual a 4. Determine o valor de $f(2)$.

45. Prove que, se $(a_1, a_2, a_3, ..., a_n)$ é P.A., com $n > 2$, então
$(a_2^2 - a_1^2, a_3^2 - a_2^2, a_4^2 - a_3^2, ..., a_n^2 - a_{n-1}^2)$ também é.

46. Prove que, se uma P.A. apresenta $a_m = x$, $a_n = y$ e $a_p = z$, então verifica-se a relação:

$(n - p) \cdot x + (p - m) \cdot y + (m - n) \cdot z = 0$.

47. Prove que os termos de uma P.A. qualquer em que 0 não participa verificam a relação:

$$\frac{1}{a_1 a_2} + \frac{1}{a_2 a_3} + \frac{1}{a_3 a_4} + ... + \frac{1}{a_{n-1} a_n} = \frac{n-1}{a_1 a_n}$$

V. Interpolação aritmética

Em toda sequência finita $(a_1, a_2, ..., a_{n-1}, a_n)$, os termos a_1 e a_n são chamados **extremos** e os demais são chamados **meios**. Assim, na P.A. $(0, 3, 6, 9, 12, 15)$ os extremos são 0 e 15 enquanto os meios são 3, 6, 9 e 12.

Interpolar, **inserir** ou **intercalar** k meios aritméticos entre os números a e b significa obter uma P.A. de extremos $a_1 = a$ e $a_n = b$, com $n = k + 2$ termos. Para determinar os meios dessa P.A. é necessário calcular a razão, o que é feito assim:

$a_n = a_1 + (n - 1) \cdot r \Rightarrow b = a + (k + 1) \cdot r \Rightarrow r = \dfrac{b - a}{k + 1}$

Exemplo:
Interpolar 5 meios aritméticos entre 1 e 2.
Vamos formar uma P.A. com 7 termos em que $a_1 = 1$ e $a_7 = 2$. Temos:

$a_7 = a_1 + 6 \cdot r \Rightarrow r = \dfrac{a_7 - a_1}{6} = \dfrac{2 - 1}{6} = \dfrac{1}{6}$

Então a P.A. é $\left(1, \dfrac{7}{6}, \dfrac{8}{6}, \dfrac{9}{6}, \dfrac{10}{6}, \dfrac{11}{6}, 2\right)$.

EXERCÍCIOS

48. Intercale 5 meios aritméticos entre -2 e 40.

Solução

Devemos obter a razão da P.A. com 7 termos (2 extremos e 5 meios) em que $a_1 = -2$ e $a_7 = 40$. Temos: $a_7 = a_1 + 6r \Rightarrow 40 = -2 + 6r \Rightarrow r = 7$, então a P.A. é ($-2$, $\underbrace{5, 12, 19, 26, 33}_{\text{meios}}$, 40).

49. Quantos meios aritméticos devem ser interpolados entre 12 e 34 para que a razão da interpolação seja $\frac{1}{2}$?

50. Intercale 12 meios aritméticos entre 100 e 200.

51. Quantos números inteiros e positivos, formados com 3 algarismos, são múltiplos de 13?

52. De 100 a 1 000, quantos são os múltiplos de 2 ou 3?

53. Quantos números inteiros e positivos, formados de dois ou três algarismos, não são divisíveis por 7?

54. Quantos números inteiros existem, de 1 000 a 10 000, não divisíveis nem por 5 nem por 7?

55. Inscrevendo-se nove meios aritméticos entre 15 e 45, qual é o sexto termo da P.A.?

56. Ao inserir n meios aritméticos entre 1 e n^2, determine a razão da P.A.: 1, ..., n^2.

VI. Soma

Vamos deduzir uma fórmula para calcular a soma S_n dos n termos iniciais de uma P.A.

11. Teorema 1

A soma dos n primeiros números inteiros positivos é dada por $\frac{n(n+1)}{2}$.

PROGRESSÃO ARITMÉTICA

Demonstração por indução finita:

I) Para $n = 1$, temos: $1 = \frac{1(1+1)}{2}$ (sentença verdadeira).

II) Admitamos a validade da fórmula para $n = p$:

$$1 + 2 + 3 + \ldots + p = \frac{p(p+1)}{2}$$

e provemos para $n = p + 1$:

$$1 + 2 + 3 + \ldots + p + (p+1) = \frac{p(p+1)}{2} + (p+1) =$$

$$= \frac{p(p+1) + 2(p+1)}{2} = \frac{(p+1)(p+2)}{2}$$

Então $1 + 2 + 3 + \ldots + n = \frac{n(n+1)}{2}$, $\forall n \in \mathbb{N}^*$.

Exemplo:
A soma dos 50 termos iniciais da sequência dos inteiros positivos é:

$$1 + 2 + 3 + \ldots + 50 = \frac{50(50+1)}{2} = 25 \cdot 51 = 1\,275.$$

Utilizando a fórmula do termo geral, podemos calcular a soma S_n dos *n* termos iniciais da P.A. $(a_1, a_2, \ldots, a_n, \ldots)$.

12. Teorema 2

Em toda P.A. tem-se: $S_n = na_1 + \frac{n(n-1)}{2} \cdot r$.

$a_1 = a_1$
$a_2 = a_1 + r$
$a_3 = a_1 + 2r \qquad (+)$
$\vdots$
$a_n = a_1 + (n-1) \cdot r$

$a_1 + a_2 + a_3 + \ldots + a_n = \underbrace{(a_1 + a_1 + \ldots + a_1)}_{n \text{ parcelas}} + [r + 2r + \ldots + (n-1)r] =$

$= na_1 + [1 + 2 + \ldots + (n-1)] \cdot r$.

PROGRESSÃO ARITMÉTICA

Pelo teorema 1: $1 + 2 + ... + (n-1) = \dfrac{(n-1)n}{2}$, então:

$a_1 + a_2 + a_3 + ... + a_n = na_1 + \dfrac{(n-1) \cdot n}{2} \cdot r$, isto é,

$$S_n = na_1 + \dfrac{n(n-1)}{2} \cdot r$$

13. Teorema 3

Em toda P.A. tem-se:

$$S_n = \dfrac{n(a_1 + a_n)}{2}$$

Demonstração:

$$S_n = na_1 + \dfrac{n(n-1)}{2} \cdot r = \dfrac{2na_1 + n(n-1)r}{2} = \dfrac{n[2a_1 + (n-1)r]}{2} =$$

$$= \dfrac{n[a_1 + a_1 + (n-1)r]}{2} = \dfrac{n(a_1 + a_n)}{2}$$

Exemplos:

1º) A soma dos 15 termos iniciais da P.A. $(-2, 1, 4, 7, ...)$ é:

$S_{15} = 15(-2) + \dfrac{15 \cdot 14}{2} \cdot 3 = -30 + 315 = 285.$

2º) A soma dos múltiplos inteiros de 2 desde 4 até 100 pode ser calculada notando-se que $(4, 6, 8, ..., 100)$ é uma P.A. de 49 termos em que $a_1 = 4$ e $a_{49} = 100$:

$S_{49} = \dfrac{49(4+100)}{2} = 49 \cdot 52 = 2\,548.$

PROGRESSÃO ARITMÉTICA

EXERCÍCIOS

57. Calcule a soma dos 25 termos iniciais da P.A. (1, 7, 13, ...).

Solução

Sendo $a_1 = 1$ e $r = 6$, temos:

$a_{35} = a_1 + 24 \cdot r = 1 + 24 \cdot 6 = 145$

$S_{25} = \dfrac{25(a_1 + a_{25})}{2} = \dfrac{25(1 + 145)}{2} = 1\,825$.

58. Obtenha a soma dos 200 primeiros termos da sequência dos números ímpares positivos. Calcule também a soma dos n termos iniciais da mesma sequência.

Solução

A sequência (1, 3, 5, ...) é uma P.A. em que $a_1 = 1$ e $r = 2$, então:

$a_{200} = a_1 + 199 \cdot r = 1 + 199 \cdot 2 = 399$

$S_{200} = \dfrac{200(a_1 + a_{200})}{2} = \dfrac{200(1 + 399)}{2} = 40\,000$

$a_n = a_1 + (n - 1)r = 1 + (n - 1) \cdot 2 = 2n - 1$

$S_n = \dfrac{n(a_1 + a_n)}{2} = \dfrac{n(1 + 2n - 1)}{2} = n^2$

59. Qual é a soma dos números inteiros de 1 a 350?

60. Qual é a soma dos 120 primeiros números pares positivos? E a soma dos n primeiros?

61. Obtenha a soma dos 12 primeiros termos da P.A. (6, 14, 22, ...).

62. Obtenha a soma dos n elementos iniciais da sequência:

$\left(\dfrac{1-n}{n}, \dfrac{2-n}{n}, \dfrac{3-n}{n}, ... \right)$

63. Determine a P.A. em que o vigésimo termo é 2 e a soma dos 50 termos iniciais é 650.

Solução

Determinar uma P.A. é obter a_1 e r. Temos:

$a_{20} = 2 \Rightarrow a_1 + 19r = 2$ (1)

$S_{50} = 650 \Rightarrow \dfrac{50(2a_1 + 49r)}{2} = 650 \Rightarrow 2a_1 + 49r = 26$ (2)

Resolvendo o sistema formado pelas equações (1) e (2), obtemos $a_1 = -36$ e $r = 2$. Portanto, a P.A. procurada é $(-36, -34, -32, ...)$.

64. Qual é o 23º elemento da P.A. de razão 3 em que a soma dos 30 termos iniciais é 255?

65. Uma progressão aritmética de 9 termos tem razão 2 e soma de seus termos igual a 0. Determine o sexto termo da progressão.

66. O primeiro termo de uma progressão aritmética é -10 e a soma dos oito primeiros termos 60. Determine a razão.

67. A soma dos vinte primeiros termos de uma progressão aritmética é -15. Calcule a soma do sexto termo dessa P.A. com o décimo quinto termo.

68. A razão de uma P.A. é igual a 8% do primeiro termo. Sabendo que o 11º termo vale 36, determine o valor da soma dos 26 primeiros termos dessa P.A.

69. Se a soma dos 10 primeiros termos de uma progressão aritmética é 50 e a soma dos 20 primeiros termos também é 50, determine o valor da soma dos 30 primeiros termos.

70. Um matemático (com pretensões a carpinteiro) compra uma peça de madeira de comprimento suficiente para cortar os 20 degraus de uma escada de obra. Se os comprimentos dos degraus formam uma progressão aritmética, se o primeiro degrau mede 50 cm e o último 30 cm e supondo que não há desperdício de madeira no corte, determine o comprimento mínimo da peça.

71. Um jardineiro tem que regar 60 roseiras plantadas ao longo de uma vereda retilínea e distando 1 m uma da outra. Ele enche seu regador numa fonte situada na mesma vereda, a 15 m da primeira roseira, e a cada viagem rega 3 roseiras. Começando e terminando na fonte, qual é o percurso total que ele terá que caminhar até regar todas as roseiras?

PROGRESSÃO ARITMÉTICA

72. Numa progressão aritmética limitada em que o 1º termo é 3 e o último 31, a soma de seus termos é 136. Determine o número de termos dessa progressão.

73. Quantos termos devem ser somados na P.A. (−5, −1, 3, ...), a partir do 1º termo, para que a soma seja 1590?

74. Qual é o número mínimo de termos que devemos somar na P.A. $\left(13, \dfrac{45}{4}, \dfrac{19}{2}, ...\right)$, a partir do 1º termo, para que a soma seja negativa?

75. Ao se efetuar a soma de 50 parcelas em P.A., 202, 206, 210, ..., por distração não foi somada a 35ª parcela. Qual a soma encontrada?

76. Determine uma P.A. de 60 termos em que a soma dos 59 primeiros é 12 e a soma dos 59 últimos é 130.

77. Determine uma P.A. em que a soma dos 10 termos iniciais é 130 e a soma dos 50 iniciais é 3650.

78. Calcule o quociente entre a soma dos termos de índice ímpar e a soma dos termos de índice par da P.A. finita (4, 7, 10, ..., 517).

79. Qual é a soma dos múltiplos positivos de 5 formados por 3 algarismos?

Solução

Os múltiplos positivos de 5 formados por 3 algarismos constituem a P.A. (100, 105, 110, ..., 995), em que $a_1 = 100$, $r = 5$ e $a_n = 995$. O número de elementos dessa P.A. é n tal que:

$a_n = a_1 + (n - 1)r \Rightarrow 995 = 100 + (n - 1)5 \Rightarrow n = 180$.

A soma dos termos da P.A. é:

$$S_{180} = \frac{180(a_1 + a_{180})}{2} = \frac{180(100 + 995)}{2} = 98550.$$

80. Qual é a soma dos múltiplos de 11 compreendidos entre 100 e 10000?

81. Qual é a soma dos múltiplos positivos de 7, com dois, três ou quatro algarismos?

82. Obtenha uma P.A. em que a soma dos n primeiros termos é $n^2 + 2n$ para todo n natural.

Solução

Como $S_n = n^2 + 2n$, $n \in \mathbb{N}^*$, temos:

$S_1 = 1^2 + 2 \cdot 1 = 3 \Rightarrow a_1 = 3$

$S_2 = 2^2 + 2 \cdot 2 = 8 \Rightarrow a_1 + a_2 = 8 \Rightarrow a_2 = 5$

e a P.A. é (3, 5, 7, 9, ...).

83. Calcule o 1º termo e a razão de uma P.A. cuja soma dos n primeiros termos é $n^2 + 4n$ para todo n natural.

84. Sendo f: $\mathbb{R} \to \mathbb{R}$, definida por $f(x) = 2x + 3$, calcule o valor de $f(1) + f(2) + f(3) +$ $+ \ldots + f(25)$.

85. Se $\sum_{x=5}^{n+5} 4(x - 3) = An^2 + Bn + C$, calcule o valor de $A + B$.

86. Se numa P.A. a soma dos m primeiros termos é igual à soma dos n primeiros termos, $m \neq n$, mostre que a soma dos $m + n$ primeiros termos é igual a zero.

87. Demonstre que em toda P.A., com número ímpar de termos, o termo médio é igual à diferença entre a soma dos termos de ordem ímpar e a soma dos termos de ordem par.

88. Quais as progressões aritméticas nas quais a soma de dois termos quaisquer faz parte da progressão?

89. Determine uma progressão aritmética de razão 1, sabendo que o número de termos é divisível por 3, que a soma dos termos é 33 e que o termo de ordem $\frac{n}{3}$ é 4.

90. A soma de quatro termos consecutivos de uma progressão aritmética é -6, o produto do primeiro deles pelo quarto é -54. Determine esses termos.

91. Prove que, se uma P.A. é tal que a soma dos seus n primeiros termos é igual a $n + 1$ vezes a metade do enésimo termo, então $r = a_1$.

PROGRESSÃO ARITMÉTICA

LEITURA

Dirichlet e os números primos de uma progressão aritmética

Hygino H. Domingues

O exame de uma tabela de números primos parece sugerir que estes tendem a se tornar cada vez mais raros à medida que se avança na sequência dos números naturais. Por exemplo: são 168 os números primos entre 1 e 1000, 135 entre 1000 e 2000 e 127 entre 2000 e 3000. Essa observação é confirmada, de certo modo, pelo seguinte teorema: para todo n, não importa quão grande seja, há sempre uma sucessão $a_1, a_2, ..., a_n$ de números naturais consecutivos em que nenhum termo é primo. Basta fazer $a_1 = (n + 1)! + 2, a_2 = (n + 1)! + 3, ..., a_n = (n + 1)! + (n + 1)$, pois, obrigatoriamente, a_1 é divisível por 2, a_2 é divisível por 3, ..., a_n é divisível por $n + 1$.

Apesar desses fatos, sabe-se há mais de dois milênios, através de uma demonstração de Euclides (c. séc. III a.C.) em seus *Elementos*, que o conjunto dos números primos é infinito. A distribuição desses infinitos números primos ao longo da sucessão dos números naturais é uma das questões mais interessantes da Matemática.

Gauss, entre 1792 e 1793 (portanto com cerca de 15 anos de idade), tabulou detalhadamente a distribuição dos primos em intervalos de 1000 números, de 1 a 300 000, com pouquíssimos erros, considerando os parcos recursos computacionais de que dispunha. E chegou estatisticamente à conclusão que o número de primos menores que x, costumeiramente indicado por $\pi(x)$, é aproximadamente igual a $\frac{x}{\ln x}$, tanto mais próximo quanto maior x. Por exemplo: $\pi(1\,000\,000) = 78\,498$, ao passo que $\frac{1\,000\,000}{\ln 1\,000\,000} = 72\,382{,}414$. Mas Gauss, ao que parece, não demonstrou esse resultado e tampouco o publicou.

O primeiro matemático a publicar uma forma possível para a função $\pi(x)$ foi Legendre em seu *Ensaio sobre a teoria dos números*, em dois volumes (1797-1798). Também do exame de um grande número de casos, Legendre conjecturou que $\pi(x)$ se avizinha arbitrariamente de $\frac{x}{(\ln x - 1{,}08366)}$, fazendo-se x crescer indefinidamente. Tudo indicava, portanto, que valeria o seguinte teorema (conhecido como "teorema dos números primos"): o quociente

$$\frac{\pi(x)}{\frac{x}{\ln x}}$$

"tende" a 1 à medida que x "cresce indefinidamente".

E, de fato, em 1896 os matemáticos C. J. de la Vallée-Poussin (belga) e J. Hadamard (francês), em trabalhos independentes, mediante métodos analíticos, numa linha de abordagem da teoria dos números inaugurada por Riemann (1826-1866), conseguiram provar esse teorema. Aliás, essa nova linha (**teoria analítica dos números**) vinha se mostrando extremamente fértil, como provavam os trabalhos de P. G. Lejeune Dirichlet (1805-1859).

Embora alemão da cidade de Düren, Dirichlet optou por fazer estudos científicos em Paris (1822-1825), na época o melhor centro de Matemática do mundo. Mas foi provavelmente a leitura da obra de seu conterrâneo Gauss, *Disquisitiones Arithmeticae*, feita nesse período, o fato que mais influenciou sua carreira, pois, apesar de ter deixado contribuições em áreas diversas, é na teoria dos números que estão as mais significativas, tendo explorado com grande brilhantismo e originalidade o grande manancial que era a citada obra de Gauss. Academicamente, Dirichlet iniciou sua carreira em Breslau, em 1827; no ano seguinte transferiu-se para a Universidade de Berlim; finalmente, em 1855, sucede a Gauss em Göttingen.

Ao tempo de Dirichlet não era segredo que algumas progressões aritméticas, como $(4x + 3) = (3, 7, 11, ...)$, por exemplo, contêm infinitos números primos. Valeria também esse resultado para toda P.A. $(a + bn)$, $n = 0, 1, 2, 3, ...$, em que *a* e *b* são naturais primos entre si? Mediante instrumentos matemáticos sofisticados, pois se trata de questão extremamente difícil, embora não pareça, Dirichlet provou que sim. Esse teorema, com sua aparente ingenuidade, é daqueles que marcam a obra de um matemático.

Peter Gustav Lejeune Dirichlet (1805–1859).

CAPÍTULO III

Progressão geométrica

I. Definição

14. Chama-se **progressão geométrica** (P.G.) uma sequência dada pela seguinte fórmula de recorrência:

$$\begin{cases} a_1 = a \\ a_n = a_{n-1} \cdot q, \forall n \in \mathbb{N}, n \geq 2 \end{cases}$$

em que a e q são números reais dados.

Assim, uma P.G. é uma sequência em que cada termo, a partir do segundo, é o produto do anterior por uma constante q dada.

Eis alguns exemplos de progressões geométricas:

$f_1 = (1, 2, 4, 8, 16, \ldots)$ em que $a_1 = 1$ e $q = 2$

$f_2 = (-1, -2, -4, -8, -16, \ldots)$ em que $a_1 = -1$ e $q = 2$

$f_3 = \left(1, \dfrac{1}{3}, \dfrac{1}{9}, \dfrac{1}{27}, \dfrac{1}{81}, \ldots\right)$ em que $a_1 = 1$ e $q = \dfrac{1}{3}$

$f_4 = \left(-54, -18, -6, -2, -\dfrac{2}{3}, \ldots\right)$ em que $a_1 = -54$ e $q = \dfrac{1}{3}$

$f_5 = (7, 7, 7, 7, 7, ...)$ em que $a_1 = 7$ e $q = 1$
$f_6 = (5, -5, 5, -5, 5, ...)$ em que $a_1 = 5$ e $q = -1$
$f_7 = (3, 0, 0, 0, 0, ...)$ em que $a_1 = 3$ e $q = 0$

II. Classificação

As progressões geométricas podem ser classificadas em cinco categorias:

1ª) **crescentes** são as P.G. em que cada termo é maior que o anterior. Notemos que isso pode ocorrer de duas maneiras:

a) P.G. com termos positivos

$$a_n > a_{n-1} \Leftrightarrow \frac{a_n}{a_{n-1}} > 1 \Leftrightarrow q > 1$$

b) P.G. com termos negativos

$$a_n > a_{n-1} \Leftrightarrow 0 < \frac{a_n}{a_{n-1}} < 1 \Leftrightarrow 0 < q < 1$$

Exemplos: f_1 e f_4.

2ª) **constantes** são as P.G. em que cada termo é igual ao anterior. Observemos que isso ocorre em duas situações:

a) P.G. com termos todos nulos

$a_1 = 0$ e q qualquer

b) P.G. com termos iguais e não nulos

$$a_n = a_{n-1} \Leftrightarrow \frac{a_n}{a_{n-1}} = 1 \Leftrightarrow q = 1$$

Exemplo: f_5.

3ª) **decrescentes** são as P.G. em que cada termo é menor que o anterior. Notemos que isso pode ocorrer de duas maneiras:

a) P.G. com termos positivos

$$a_n < a_{n-1} \Leftrightarrow 0 < \frac{a_n}{a_{n-1}} < 1 \Leftrightarrow 0 < q < 1$$

PROGRESSÃO GEOMÉTRICA

b) P.G. com termos negativos

$a_n < a_{n-1} \Leftrightarrow \dfrac{a_n}{a_{n-1}} > 1 \Leftrightarrow q > 1$

Exemplos: f_2 e f_3.

4ª) **alternantes** são as P.G. em que cada termo tem sinal contrário ao do termo anterior. Isso ocorre quando $q < 0$.

Exemplo: f_6.

5ª) **estacionárias** são as P.G. em que $a_1 \neq 0$ e $a_2 = a_3 = a_4 = \ldots = 0$. Isso ocorre quando $q = 0$.

Exemplo: f_7.

III. Notações especiais

Para a obtenção de uma P.G. com 3 ou 4 ou 5 termos é muito prática a notação seguinte:

1ª) para 3 termos: (x, xq, xq^2) ou $\left(\dfrac{x}{q}, x, xq\right)$

2ª) para 4 termos: (x, xq, xq^2, xq^3) ou $\left(\dfrac{x}{y^3}, \dfrac{x}{y}, xy, xy^3\right)$

3ª) para 5 termos: $(x, xq, xq^2, xq^3, xq^4)$ ou $\left(\dfrac{x}{q^2}, \dfrac{x}{q}, x, xq, xq^2\right)$

EXERCÍCIOS

92. Qual é o número que deve ser somado a 1, 9 e 15 para termos, nessa ordem, três números em P.G.?

Solução

Para que (x + 1, x + 9, x + 15) seja P.G., devemos ter

$\dfrac{x+9}{x+1} = \dfrac{x+15}{x+9}$ e, então:

$(x + 9)^2 = (x + 1)(x + 15) \Rightarrow \cancel{x^2} + 18x + 81 = \cancel{x^2} + 16x + 15 \Rightarrow 2x = -66 \Rightarrow$

$\Rightarrow x = -33$.

93. Qual é o número x que deve ser somado aos números a − 2, a e a + 3 para que a − 2 + x, a + x e a + 3 + x formem uma P.G.?

94. Sabendo que x, x + 9 e x + 45 estão em P.G., determine o valor de x.

95. A sequência (x + 1, x + 3, x + 4, ...) é uma P.G. Calcule o seu quarto termo.

96. Se a sequência (4x, 2x + 1, x − 1) é uma P.G., determine o valor de x.

97. Há 10 anos o preço de certa mercadoria era de 1 + x reais. Há 5 anos era de 13 + x reais e hoje é 49 + x reais. Sabendo que tal aumento deu-se em progressão geométrica e de 5 em 5 anos, determine a razão do aumento.

98. No gráfico, os pontos representam os termos de uma progressão, sendo n o número de termos e a_n o n-ésimo termo. Determine a razão e a progressão representada.

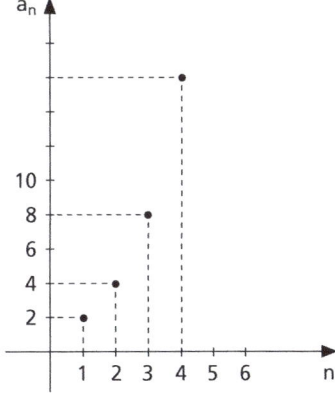

99. Que tipo de progressão constitui a sequência:

sen x, sen (x + π), sen (x + 2π), ..., sen (x + nπ) com sen x ≠ 0?

100. Classifique as sentenças abaixo em verdadeira (V) ou falsa (F):
a) Na P.G. em que $a_1 > 0$ e q > 0, todos os termos são positivos.
b) Na P.G. em que $a_1 < 0$ e q > 0, todos os termos são negativos.

c) Na P.G. em que $a_1 > 0$ e $q < 0$, todos os termos são negativos.

d) Na P.G. em que $a_1 < 0$ e $q < 0$, todos os termos são negativos.

e) Na P.G. de números reais em que $q < 0$ e $a_1 \neq 0$, os sinais dos termos são alternados, isto é, a P.G. é alternante.

f) Na P.G. alternante, todos os termos de índice ímpar têm o sinal de a_1 e os de índice par têm sinal contrário ao de a_1.

g) Se uma P.G. formada com números reais apresenta dois termos com sinais contrários, então a P.G. é alternante.

h) Existe uma P.G. de números reais em que $a_3 > 0$ e $a_{21} < 0$.

i) Existe uma P.G. de números reais em que $a_1 > 0$ e $a_{20} < 0$.

j) Se $q > 0$, a P.G. é crescente.

k) Se $a_1 > 0$ e $q > 0$, a P.G. é crescente.

l) Se $q > 1$, a P.G. é crescente.

101. Determine três números reais em P.G. de modo que sua soma seja $\frac{21}{8}$ e a soma de seus quadrados seja $\frac{189}{64}$.

102. Obtenha a P.G. de quatro elementos em que a soma dos dois primeiros é 12 e a soma dos dois últimos é 300.

103. Determine cinco números racionais em P.G., sabendo que sua soma é $\frac{121}{3}$ e seu produto é 243.

104. Numa progressão geométrica de seis termos, a soma dos termos de ordem ímpar é 182 e a dos de ordem par é 546. Determine a progressão.

105. Obtenha quatro números, a, b, c, d, sabendo que:
I) $a + d = 32$ III) (a, b, c) é P.G.
II) $b + c = 24$ IV) (b, c, d) é P.A.

106. A soma de três números que formam uma P.A. crescente é 36. Determine esses números, sabendo que, se somarmos 6 unidades ao último, eles passam a constituir uma P.G.

107. Prove que, se x, y, z estão em P.G., nessa ordem, vale a relação:
$(x + y + z)(x - y + z) = x^2 + y^2 + z^2$.

108. Prove que, se a, b, c, d, nessa ordem, estão em P.G., então vale a relação: $(b - c)^2 = ac + bd - 2ad$.

109. Prove que, se a, b, c formam, nesta ordem, uma P.A. e uma P.G., então $a = b = c$.

110. Prove que, se os números *a, b, c, d* formam, nessa ordem, uma P.G., então vale a relação $(b - c)^2 + (c - a)^2 + (d - b)^2 = (a - d)^2$.

111. Os lados de um triângulo retângulo apresentam medidas em P.G. Calcule a razão da P.G.

112. Determine o conjunto dos valores que pode ter a razão de uma P.G. crescente formada pelas medidas dos lados de um triângulo.

113. As medidas dos lados de um triângulo são expressas por números inteiros em P.G. e seu produto é 1 728. Calcule as medidas dos lados.

114. Calcule todos os ângulos x, em radianos, de modo que os números $\frac{\text{sen } x}{2}$, sen x, tg x formem uma progressão geométrica.

IV. Fórmula do termo geral

15. Utilizando a fórmula de recorrência pela qual se define uma P.G. e admitindo dados o primeiro termo $(a_1 \neq 0)$, a razão $(q \neq 0)$ e o índice (n) de um termo desejado, temos:

$a_2 = a_1 \cdot q$
$a_3 = a_2 \cdot q$
$a_4 = a_3 \cdot q$
....
$a_n = a_{n-1} \cdot q$

Multiplicando essas n − 1 igualdades, temos:

$\underbrace{a_2 \cdot a_3 \cdot a_4 \cdot ... \cdot a_n}_{\text{cancelam-se}} = a_1 \cdot \underbrace{a_2 \cdot a_3 \cdot a_4 \cdot ... \cdot a_{n-1}} \cdot q^{n-1}$

e, então, $a_n = a_1 \cdot q^{n-1}$, o que sugere o seguinte:

16. Teorema

Na P.G. em que o primeiro termo é a_1 e a razão é q, o n-ésimo termo é:

$$a_n = a_1 \cdot q^{n-1}$$

Demonstração:

Demonstra-se pelo princípio da indução finita.

PROGRESSÃO GEOMÉTRICA

EXERCÍCIOS

115. Obtenha o 10º e o 15º termos da P.G. (1, 2, 4, 8, ...).

Solução

$a_{10} = a_1 \cdot q^9 = 1 \cdot 2^9 = 512$

$a_{15} = a_1 \cdot q^{14} = 1 \cdot 2^{14} = 4\,096$

116. Obtenha o 100º termo da P.G. (2, 6, 18, ...).

117. Calcule o 21º termo da sequência (1, 0, 3, 0, 9, 0, ...).

118. Os três primeiros termos de uma progressão geométrica são $a_1 = \sqrt{2}$, $a_2 = \sqrt[3]{2}$ e $a_3 = \sqrt[6]{2}$. Determine o quarto termo dessa progressão.

119. Dada a progressão geométrica $\left(...; 1; \dfrac{\sqrt{3}-1}{2}; \dfrac{2-\sqrt{3}}{2}; ...\right)$, determine o termo que precede 1.

120. Se o oitavo termo de uma progressão geométrica é $\dfrac{1}{2}$ e a razão é $\dfrac{1}{2}$, qual é o primeiro termo dessa progressão?

121. O quinto e o sétimo termos de uma P.G. de razão positiva valem, respectivamente, 10 e 16. Qual é o sexto termo dessa P.G.?

122. Se a_1, a_2, $\dfrac{1}{4}$, $\dfrac{1}{2}$, a_5, a_6, a_7, a_8 formam, nessa ordem, uma P.G., determine os valores de a_1 e a_8.

123. Determine o número de termos da progressão (1, 3, 9, ...) compreendidos entre 100 e 1000.

124. Dada uma P.G. finita $(a_1, a_2, a_3, ..., a_{10})$ de modo que $a_1 = 2$ e $a_2 = 6$, pergunta-se se é correta a igualdade

$(a_{10})^{\frac{1}{8}} = 3 \cdot (2)^{\frac{1}{8}}$.

125. Sabendo que a população de certo município foi de 120 000 habitantes em 1990 e que essa população vem crescendo a uma taxa de 3% ao ano, determine a melhor aproximação para o número de habitantes desse município em 1993.

PROGRESSÃO GEOMÉTRICA

126. Uma indústria está produzindo atualmente 100 000 unidades de um certo produto. Quantas unidades estará produzindo ao final de 4 anos, sabendo que o aumento anual da produção é de 10%?

127. Um químico tem 12 litros de álcool. Ele retira 3 litros e os substitui por água. Em seguida, retira 3 litros da mistura e os substitui por água novamente. Após efetuar essa operação 5 vezes, aproximadamente quantos litros de álcool sobram na mistura?

128. Uma empresa produziu, no ano de 2010, 100 000 unidades de um produto. Quantas unidades produzirá no ano de 2015, se o aumento de produção é de 20%?

129. Obtenha a P.G. cujos elementos verificam as relações:

$a_2 + a_4 + a_6 = 10 \qquad a_3 + a_5 + a_7 = 30$

130. Calcule o número de termos da P.G. que tem razão $\dfrac{1}{2}$, 1º termo 6 144 e último termo 3.

131. Prove que, se a, b, c são elementos de ordem p, q, r, respectivamente, da mesma P.G., então:

$a^{q-r} \cdot b^{r-p} \cdot c^{p-q} = 1$

132. Prove que, se $(a_1, a_2, a_3, \ldots)$ é uma P.G., com termos todos diferentes de zero, então $\left(\dfrac{1}{a_1}, \dfrac{1}{a_2}, \dfrac{1}{a_3}, \ldots\right)$ também é P.G.

133. Prove que, se $(a_1, a_2, a_3, \ldots)$ é uma P.G., então $(a_1, a_3, a_5, \ldots)$ e $(a_2, a_4, a_6, \ldots)$ também são P.G.

V. Interpolação geométrica

Interpolar k meios geométricos entre os números a e b significa obter uma P.G. de extremos $a_1 = a$ e $a_n = b$, com $n = k + 2$ termos. Para determinar os meios dessa P.G. é necessário calcular a razão. Assim, temos:

$a_n = a_1 \cdot q^{n-1} \;\Rightarrow\; b = a \cdot q^{k+1} \;\Rightarrow\; q = \sqrt[k+1]{\dfrac{b}{a}}.$

Exemplo:
Interpolar 8 meios geométricos (reais) entre 5 e 2 560.

PROGRESSÃO GEOMÉTRICA

Formemos uma P.G. com 10 termos em que $a_1 = 5$ e $a_{10} = 2\,560$.
Temos:

$$a_{10} = a_1 \cdot q^9 \Rightarrow q = \sqrt[9]{\frac{a_{10}}{a_1}} = \sqrt[9]{\frac{2\,560}{5}} = \sqrt[9]{512} = 2$$

Então a P.G. é (5, 10, 20, 40, 80, 160, 320, 640, 1 280, 2 560).

EXERCÍCIOS

134. Intercale 6 meios geométricos reais entre 640 e 5.

135. Qual é o sexto termo de uma progressão geométrica, na qual dois meios geométricos estão inseridos entre 3 e -24, tomados nessa ordem?

136. Quantos meios devem ser intercalados entre 78 125 e 128 para obter uma P.G. de razão $\frac{2}{5}$?

137. Qual é o número máximo de meios geométricos que devem ser interpolados entre 1 458 e 2 para a razão de interpolação ficar menor que $\frac{1}{3}$?

138. Sendo a e b números dados, ache outros dois, x e y, tais que a, x, y, b formem uma P.G.

VI. Produto

Vamos deduzir uma fórmula para calcular o produto P_n dos n termos iniciais de uma P.G.

17. Teorema

Em toda P.G. tem-se: $P_n = a_1^n \cdot q^{\frac{n(n-1)}{2}}$.

PROGRESSÃO GEOMÉTRICA

$a_1 = a_1$
$a_2 = a_1 \cdot q$
$a_3 = a_1 \cdot q^2 \quad (+)$
$\vdots$
$a_n = a_1 \cdot q^{n-1}$

$a_1 \cdot a_2 \cdot a_3 \cdot \ldots \cdot a_n = \underbrace{(a_1 \cdot a_1 \cdot a_1 \cdot \ldots \cdot a_1)}_{n \text{ fatores}} (q \cdot q^2 \cdot \ldots \cdot q^{n-1}) =$

$= a_1^n \cdot q^{1+2+\ldots+n-1} = a_1^n \cdot q^{\frac{n(n-1)}{2}}$

Isto é:

$$P_n = a_1^n \cdot q^{\frac{n(n-1)}{2}}$$

EXERCÍCIOS

139. Em cada uma das P.G. abaixo, calcule o produto dos n termos iniciais:
   a) $(1, 2, 4, 8, \ldots)$ e $n = 10$
   b) $(-2, -6, -18, -54, \ldots)$ e $n = 20$
   c) $(3, -6, 12, -24, \ldots)$ e $n = 25$
   d) $[(-2)^0, (-2)^1, (-2)^2, (-2)^3, \ldots]$ e $n = 66$
   e) $[(-3)^{25}, (-3)^{24}, (-3)^{23}, \ldots]$ e $n = 51$
   f) $(a^1, -a^2, a^3, -a^4 \ldots)$ e $n = 100$

140. a) Calcule a soma $S = \log_2 a + \log_2 2a + \log_2 4a + \ldots + \log_2 2^n a$.
   b) Qual o valor de a, se $S = n + 1$?

141. Considere uma progressão geométrica em que o primeiro termo é a, $a > 1$, a razão é q, $q > 1$, e o produto dos seus termos é c. Se $\log_a b = 4$, $\log_q b = 2$ e $\log_c b = 0{,}01$, quantos termos tem essa progressão geométrica?

142. Calcule o produto dos 101 termos iniciais da P.G. alternante em que $a_{51} = -1$.

143. Uma sequência é tal que:

I) os termos de ordem par são ordenadamente as potências de 2 cujo expoente é igual ao índice do termo, isto é, $a_{2n} = 2^{2n}$ para todo $n \geq 1$.

II) os termos de ordem ímpar são ordenadamente as potências de -3 cujo expoente é igual ao índice do termo, isto é, $a_{2n-1} = (-3)^{2n-1}$ para todo $n \geq 1$. Calcule o produto dos 55 termos iniciais dessa sequência.

VII. Soma dos termos de P.G. finita

18. Sendo dada uma P.G., isto é, conhecendo-se os valores de a_1 e q, procuremos uma fórmula para calcular a soma S_n dos n termos iniciais da sequência.

Temos: $S_n = a_1 + a_1 q + a_1 q^2 + \ldots + a_1 q^{n-2} + a_1 q^{n-1}$.   (1)

Multiplicando ambos os membros por q, obtemos:

$q S_n = a_1 q + a_1 q^2 + a_1 q^3 + \ldots + a_1 q^{n-1} + a_1 q^n$.   (2)

Comparando os segundos membros de (1) e (2), podemos observar que a parcela a_1 só aparece em (1), a parcela $a_1 q^n$ só aparece em (2) e todas as outras parcelas são comuns às duas igualdades; então, subtraindo, temos:

(2) $-$ (1) $\Rightarrow q S_n - S_n = a_1 q^n - a_1 \Rightarrow S_n \cdot (q - 1) = a_1 q^n - a_1$.

Supondo $q \neq 1$, resulta:

$$S_n = \frac{a_1 q^n - a_1}{q - 1}$$

Esse resultado sugere o seguinte teorema:

19. Teorema

A soma dos n termos iniciais de uma P.G. é:

$$\boxed{S_n = \frac{a_1 q^n - a_1}{q - 1}} \quad (q \neq 1)$$

Demonstração:
Demonstra-se aplicando o princípio da indução finita:

20. Corolário

A soma dos *n* primeiros termos de uma P.G. é:

$$S_n = \frac{a_n q - a_1}{q - 1} \qquad (q \neq 1)$$

Demonstração:

$$S_n = \frac{a_1 q^n - a_1}{q - 1} = \frac{(a_1 q^{n-1})q - a_1}{q - 1} = \frac{a_n q - a_1}{q - 1}$$

21. Exemplos:

1º) Calcular a soma dos 10 termos iniciais da P.G. (1, 3, 9, 27, ...).

$$S_{10} = \frac{a_1 q^{10} - a_1}{q - 1} = \frac{1 \cdot 3^{10} - 1}{3 - 1} = \frac{59\,049 - 1}{2} = 29\,524$$

2º) Calcular a soma das potências de 5 com expoentes inteiros consecutivos, desde 5^2 até 5^{26}.

Trata-se da P.G. $(5^2, 5^3, 5^4, ..., 5^{26})$.

Temos:

$$S = \frac{a_n q - a_1}{q - 1} = \frac{5^{26} \cdot 5 - 5^2}{5 - 1} = \frac{5^{27} - 5^2}{4}.$$

EXERCÍCIOS

144. Calcule a soma das 10 parcelas iniciais da série $1 + \frac{1}{2} + \frac{1}{4} + \frac{1}{8} + ...$.

145. Calcule a soma dos 20 termos iniciais da série $1 + 3 + 9 + 27 + ...$.

146. Numa progressão geométrica de 4 termos, a soma dos termos de ordem par é 10 e a soma dos termos de ordem ímpar é 5. Determine o 4º termo dessa progressão.

PROGRESSÃO GEOMÉTRICA

147. Em um triângulo, a medida da base, a medida da altura e a medida da área formam, nessa ordem, uma P.G. de razão 8. Calcule a medida da base.

148. Se $S_3 = 21$ e $S_4 = 45$ são, respectivamente, as somas dos três e quatro primeiros termos de uma progressão geométrica cujo termo inicial é 3, determine a soma dos cinco primeiros termos da progressão.

149. Dois conjuntos, A e B, são tais que o número de elementos de A − B é 50, o número de elementos de A ∪ B é 62 e o número de elementos de A − B, A ∩ B e B − A estão em progressão geométrica. Determine o número de elementos do conjunto A ∩ B.

150. Os números x, y, z formam, nessa ordem, uma P.A. de soma 15. Por outro lado, os números x, y + 1, z + 5 formam, nessa ordem, uma P.G. de soma 21. Sendo $0 \leq x \leq 10$, calcule o valor de 3z.

151. Seja a > 0 o 1º termo de uma progressão aritmética de razão r e também de uma progressão geométrica de razão $q = 2r\dfrac{\sqrt{3}}{3a}$. Determine a relação entre a e r para que o 3º termo da progressão geométrica coincida com a soma dos 3 primeiros termos da progressão aritmética.

152. Se a e q são números reais não nulos, calcule a soma dos n primeiros termos da P.G.: $a, aq^2, aq^4, aq^6, \ldots$.

153. Partindo de um quadrado Q_1, cujo lado mede a metros, consideremos os quadrados $Q_2, Q_3, Q_4, \ldots, Q_n$ tais que os vértices de cada quadrado sejam os pontos médios dos lados do quadrado anterior. Calcule, então, a soma das áreas dos quadrados $Q_1, Q_2, Q_3, \ldots, Q_n$.

154. Quantos termos da P.G. (1, 3, 9, 27, …) devem ser somados para que o resultado dê 3 280?

155. Determine n tal que $\sum\limits_{i=3}^{n} 2^i = 4088$.

156. A soma de seis elementos em P.G. de razão 2 é 1 197. Qual é o 1º termo da P.G.?

157. Prove que em toda P.G. $S_n^2 + S_{2n}^2 = S_n \cdot (S_{2n} + S_{3n})$.

158. Determine onze números em P.G., sabendo que a soma dos dez primeiros é 3 069 e a soma dos dez últimos é 6 138.

159. Uma P.G. finita tem n termos. Sendo S a soma dos termos, S' a soma de seus inversos e P o produto dos elementos, prove que $P^2 = \left(\dfrac{S}{S'}\right)^n$.

VIII. Limite de uma sequência

22. Consideremos a sequência $\left(\dfrac{1}{2}, \dfrac{1}{4}, \dfrac{1}{8}, \ldots, \dfrac{1}{2^n}, \ldots\right)$ e representemos seus 4 termos iniciais sobre a reta real

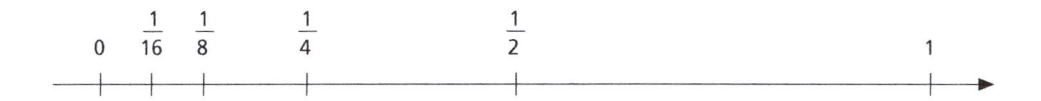

```
     1/16  1/8    1/4           1/2                              1
0 ────┼────┼─────┼─────────────┼──────────────────────────────┼──►
```

Notemos que os termos da sequência vão se aproximando de zero, isto é, para n bastante "grande" o enésimo termo da sequência $\dfrac{1}{2^n}$ estará tão próximo de zero quanto quisermos. Assim, desejando que a distância entre $\dfrac{1}{2^n}$ e 0 seja menor que $\dfrac{1}{1\,000}$, impomos:

$$\left|\dfrac{1}{2^n} - 0\right| < \dfrac{1}{1\,000}$$

então: $\dfrac{1}{2^n} < \dfrac{1}{1\,000} \Rightarrow 2^n > 1\,000 \Rightarrow n > 9$ (pois $2^9 = 512 < 1\,000$).

Quer dizer que, a partir do 10º termo, os termos da sequência estarão próximos de 0, com aproximação menor que $\dfrac{1}{1\,000}$.

Em geral, sendo dada uma aproximação $\varepsilon > 0$, é possível encontrar um número natural n_0 tal que $\left|\dfrac{1}{2^n} - 0\right| < \varepsilon$ quando $n > n_0$.

Dizemos, então, que o limite de $\dfrac{1}{2^n}$, quando n tende a infinito, é zero e anotamos:

$$\lim_{n \to +\infty} \dfrac{1}{2^n} = 0$$

PROGRESSÃO GEOMÉTRICA

23. Definição

Uma sequência $(a_1, a_2, a_3, ..., a_n, ...)$ tem um limite ℓ se, dado $\varepsilon > 0$, é possível obter um número natural n_0 tal que $|a_n - \ell| < \varepsilon$ quando $n > n_0$.

Neste caso, indica-se $\lim\limits_{n \to +\infty} a_n = \ell$ e diz-se que a sequência **converge para** ℓ.

24. Exemplo importante

Para nosso próximo assunto é importante saber que toda sequência da forma $(1, q, q^2, q^3, ..., q^n, ...)$, com $-1 < q < 1$, converge para zero.

$$\text{Se } -1 < q < 1, \text{ então } \lim_{n \to +\infty} q^n = 0.$$

Assim, têm limite nulo as sequências:

$$\left(1, \frac{1}{3}, \frac{1}{9}, \frac{1}{27}, ..., \left(\frac{1}{3}\right)^n, ...\right)$$

$$\left(1, -\frac{1}{2}, \frac{1}{4}, -\frac{1}{8}, ..., \left(-\frac{1}{2}\right)^n, ...\right)$$

$(1; 0,7; 0,49; 0,343; ...; (0,7)^n, ...)$

IX. Soma dos termos de P.G. infinita

25. Exemplo preliminar

Consideremos a P.G. infinita $\left(\frac{1}{2}, \frac{1}{4}, \frac{1}{8}, ..., \frac{1}{2^n}, ...\right)$.

Formemos a sequência $(S_1, S_2, S_3, ..., S_n, ...)$ em que:

$S_1 = \dfrac{1}{2}$

$S_2 = \dfrac{1}{2} + \dfrac{1}{4} = \dfrac{3}{4}$

$$S_3 = \frac{1}{2} + \frac{1}{4} + \frac{1}{8} = \frac{7}{8}$$

....

$$S_n = \frac{1}{2} + \frac{1}{4} + \frac{1}{8} + \ldots + \frac{1}{2^n} = \frac{2^n - 1}{2^n} = 1 - \frac{1}{2^n}$$

....

Esta última sequência converge para 1, pois:

$$\lim_{n \to +\infty} S_n = \lim_{n \to +\infty} \left(1 - \frac{1}{2^n}\right) = 1 - \lim_{n \to +\infty} \frac{1}{2^n} = 1 - 0 = 1$$

Quer dizer que, quanto maior o número de termos somados na P.G. $\left(\frac{1}{2}, \frac{1}{4}, \frac{1}{8}, \ldots\right)$, mais nos aproximamos de 1. Dizemos, então, que a soma dos infinitos termos dessa P.G. é 1.

26. Definição

Dada uma P.G. infinita $(a_1, a_2, a_3, \ldots, a_n, \ldots)$, dizemos que $a_1 + a_2 + \ldots = S$ se, formada a sequência $(S_1, S_2, S_3, \ldots, S_n, \ldots)$ em que:
$S_1 = a_1$
$S_2 = a_1 + a_2$
$S_3 = a_1 + a_2 + a_3$
....
$S_n = a_1 + a_2 + a_3 + \ldots + a_n$
....
essa sequência converge para S, isto é, $\lim_{n \to +\infty} S_n = S$.

27. Teorema

Se $(a_1, a_2, a_3, \ldots, a_n, \ldots)$ é uma P.G. com razão q tal que $-1 < q < 1$, então:

$$S = a_1 + a_2 + a_3 + \ldots + a_n + \ldots = \frac{a_1}{1-q}.$$

Demonstração:
Vamos provar que o limite da sequência $(S_1, S_2, S_3, \ldots, S_n, \ldots)$ das somas parciais dos termos da P.G. é $\frac{a_1}{1-q}$.

PROGRESSÃO GEOMÉTRICA

Temos: $S_n - \dfrac{a_1}{1-q} = \dfrac{a_1 - a_1 q^n}{1-q} - \dfrac{a_1}{1-q} = -\dfrac{a_1}{1-q} \cdot q^n$.

Lembrando que a_1 e q são constantes, notamos que $-\dfrac{a_1}{1-q}$ é constante; lembrando que, para $-1 < q < 1$, temos $\lim\limits_{n \to +\infty} q^n = 0$. Resulta, portanto, o seguinte:

$$\lim_{n \to +\infty}\left(S_n - \dfrac{a_1}{1-q}\right) = \lim_{n \to +\infty} -\dfrac{a_1}{1-q} \cdot q^n = -\dfrac{a_1}{1-q} \cdot \lim_{n \to +\infty} q^n = -\dfrac{a_1}{1-q} \cdot 0 = 0$$

isto é:

$$S = \lim_{n \to +\infty} S_n = \dfrac{a_1}{1-q}$$

28. Observações:

1ª) Se $a_1 = 0$, a condição $-1 < q < 1$ é desnecessária para a convergência da sequência $(S_1, S_2, S_3, \ldots)$. Nesse caso, é óbvio que a P.G. é $(0, 0, 0, \ldots)$ e sua soma é 0, qualquer que seja q.

2ª) Se $a_1 \neq 0$ e $q < -1$ ou $q > 1$, a sequência $(S_1, S_2, S_3, \ldots)$ não converge. Nesse caso, é impossível calcular a soma dos termos da P.G.

29. Exemplos:

1º) Calcular a soma dos termos da P.G. $\left(1, \dfrac{1}{3}, \dfrac{1}{9}, \dfrac{1}{27}, \ldots\right)$.

Como $q = \dfrac{1}{3}$ e $-1 < \dfrac{1}{3} < 1$, decorre $S = \dfrac{a_1}{1-q} = \dfrac{1}{1-\dfrac{1}{3}} = \dfrac{1}{\dfrac{2}{3}} = \dfrac{3}{2}$.

2º) Calcular a soma dos termos da P.G. $\left(2, -1, \dfrac{1}{2}, -\dfrac{1}{4}, \ldots\right)$.

Como $q = -\dfrac{1}{2}$ e $-1 < -\dfrac{1}{2} < 1$, decorre:

$$S = \frac{a_1}{1-q} = \frac{2}{1+\frac{1}{2}} = \frac{2}{\frac{3}{2}} = \frac{4}{3}$$

3º) Calcular $S = 3 + \frac{6}{5} + \frac{12}{25} + \frac{24}{125} + \ldots$.

Como as parcelas formam uma P.G. infinita com razão $q = \frac{2}{5}$

e $-1 < \frac{2}{5} < 1$, vem: $S = \frac{a_1}{1-q} = \frac{3}{1-\frac{2}{5}} = \frac{3}{\frac{3}{5}} = 5$.

EXERCÍCIOS

160. Calcule a soma dos termos das seguintes sequências:

a) $\left(2, \frac{2}{5}, \frac{2}{25}, \frac{2}{125}, \ldots\right)$

b) $\left(-3, -1, -\frac{1}{3}, -\frac{1}{9}, \ldots\right)$

c) $\left(5, -1, \frac{1}{5}, -\frac{1}{25}, \ldots\right)$

d) $\left(-\frac{4}{5}, \frac{2}{5}, -\frac{1}{5}, \frac{1}{10}, \ldots\right)$

161. Calcule a soma da série infinita:

$$1 + 2 + \frac{1}{3} + \frac{2}{5} + \frac{1}{9} + \frac{2}{25} + \ldots + \left(\frac{1}{3}\right)^n + 2 \cdot \left(\frac{1}{5}\right)^n + \ldots$$

162. Qual é o número para o qual converge a série $\frac{2a}{3} + \frac{a}{9} + \frac{a}{54} + \frac{a}{324} + \ldots$?

163. Calcule $S = \frac{3}{5} + \frac{6}{35} + \frac{12}{245} + \ldots$

164. Determine o limite da soma dos termos da progressão geométrica $\frac{1}{3}, \frac{1}{9}, \frac{1}{27}, \ldots$

PROGRESSÃO GEOMÉTRICA

165. Qual o erro cometido quando, em vez de somar os 1000 elementos iniciais, calcula-se a soma dos infinitos elementos da P.G. abaixo?

$$\left(1, \frac{1}{3}, \frac{1}{9}, \frac{1}{27}, \ldots\right)$$

166. Calcule a expressão $1 + \frac{2}{2} + \frac{3}{4} + \frac{4}{8} + \frac{5}{16} + \ldots$

167. Determine a soma dos infinitos termos da progressão geométrica

$$\frac{\sqrt{3}}{\sqrt{3}+1}, \frac{\sqrt{3}}{\sqrt{3}+3}, \ldots$$

168. Determine o valor de m, sabendo que $2 + \frac{4}{m} + \frac{8}{m^2} + \ldots = \frac{14}{5}$.

169. Determine o valor de $S = 1 + 2x + 3x^2 + \ldots$ $(0 < x < 1)$.
Sugestão: Multiplique os dois membros por x.

170. Sabendo que $0 < q < 1$, calcule o valor da expressão
$q + 2q^2 + 3q^3 + 4q^4 + \ldots$

171. Calcule a soma da série

$$\frac{1}{2} + \frac{1}{3} + \frac{1}{4} + \frac{1}{9} + \ldots + \frac{1}{2^n} + \frac{1}{3^n} + \frac{1}{2^{n+1}} + \frac{1}{3^{n+1}} + \ldots =$$

$$= \sum_{n=1}^{\infty}\left(\frac{1}{2^n} + \frac{1}{3^n}\right).$$

172. Determine o valor da soma $S = 1 + \frac{3}{4} + \frac{7}{16} + \frac{15}{64} + \ldots + \frac{2^n - 1}{2^{2n-2}} + \ldots$

Sugestão: Decomponha o termo geral e use a fórmula da soma.

173. Qual é a geratriz das dízimas periódicas abaixo?
   a) 0,417417417...
   b) 5,12121212...
   c) 0,17090909...
   d) 9,3858585...

174. Determine a fração geratriz do número decimal periódico $N = 121{,}434343\ldots$

175. Mostre que existe a P.G. cujos três primeiros termos são $\dfrac{1}{\sqrt{2}}, \dfrac{1}{2}$ e $\dfrac{\sqrt{2}}{4}$ e determine o limite da soma dos n primeiros termos, quando $n \to \infty$.

176. A soma dos termos de ordem ímpar de uma P.G. infinita é 20 e a soma dos termos de ordem par é 10. Obtenha o primeiro termo.

177. A soma dos termos de ordem ímpar de uma P.G. infinita é 17 e a soma dos termos de ordem par é $\dfrac{17}{3}$. Calcule o primeiro termo da progressão.

178. Numa P.G., $a_1 = \dfrac{25a^2}{4(a^2+1)}$ e $a_4 = \dfrac{2(a^2+1)^2}{5a}$, com $a > 0$. Estabeleça:

a) o conjunto de valores de a para os quais a P.G. é decrescente.

b) o limite da soma dos termos para $q = a - \dfrac{1}{5}$.

179. Divide-se um segmento de comprimento m em três partes iguais e retira-se a parte central; para cada um dos segmentos repete-se o processo, retirando-se suas partes centrais e assim sucessivamente. Calcule a soma dos comprimentos retirados.

180. O lado de um triângulo equilátero mede 3. Unindo os pontos médios de seus lados, obtém-se um novo triângulo equilátero. Unindo os pontos médios do novo triângulo, obtém-se outro triângulo equilátero, e assim sucessivamente. Calcule a soma dos perímetros de todos os triângulos citados.

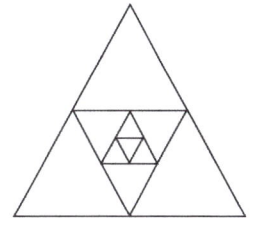

181. É dado um triângulo de perímetro p. Com vértices nos pontos médios dos seus lados, constrói-se um 2º triângulo. Com vértices nos pontos médios dos lados do 2º constrói-se um 3º triângulo e assim por diante. Qual é o limite da soma dos perímetros dos triângulos construídos?

182. É dada uma sequência infinita de quadriláteros, cada um, a partir do segundo, tendo por vértices os pontos médios dos lados do anterior. Obtenha a soma das áreas dos quadriláteros em função da área A do primeiro.

PROGRESSÃO GEOMÉTRICA

183. As bolas abaixo têm centros sobre a reta *r* e são tangentes exteriormente, tendo, cada uma, metade da área da anterior. Sabendo que a primeira tem diâmetro igual a *d*, determine a distância do ponto A_0 ao ponto A_n quando $n \to \infty$.

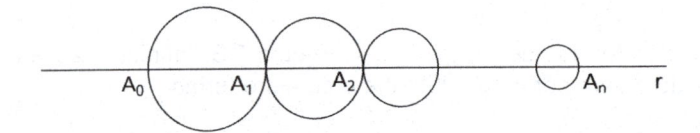

184. Num triângulo equilátero de lado *a* se inscreve uma circunferência de raio *r*. Nessa circunferência se inscreve um triângulo equilátero de lado a' e neste inscreve-se uma circunferência de raio r'. Repete-se indefinidamente a operação.

Calcule:

a) o limite da soma dos lados dos triângulos;
b) o limite da soma dos raios das circunferências;
c) o limite da soma das áreas dos triângulos;
d) o limite da soma das áreas dos círculos.

185. Num quadrado de lado *a* inscreve-se um círculo; nesse círculo se inscreve um novo quadrado e neste um novo círculo. Repetindo a operação indefinidamente, forneça:

a) a soma dos perímetros de todos os quadrados;
b) a soma dos perímetros de todos os círculos;
c) a soma das áreas de todos os quadrados;
d) a soma das áreas de todos os círculos.

CAPÍTULO IV

Matrizes

I. Noção de matriz

Dados dois números, *m* e *n*, naturais e não nulos, chama-se **matriz *m* por *n*** (indica-se m × n) toda tabela M formada por números reais distribuídos em *m* linhas e *n* colunas.

30. Exemplos:

1º) $\begin{bmatrix} 3 & 5 & -1 \\ 0 & \frac{4}{5} & \sqrt{2} \end{bmatrix}$ é matriz 2 × 3. 4º) $\begin{bmatrix} 5 \\ 1 \\ -3 \end{bmatrix}$ é matriz 3 × 1.

2º) $\begin{bmatrix} 4 & -3 \\ \frac{3}{7} & 2 \\ 4 & 1 \end{bmatrix}$ é matriz 3 × 2. 5º) $\begin{bmatrix} 1 & 2 \\ 3 & 7 \end{bmatrix}$ é matriz 2 × 2.

3º) [0 9 −1 7] é matriz 1 × 4. 6º) [2] é matriz 1 × 1.

31. Em uma matriz qualquer M, cada elemento é indicado por a_{ij}. O índice i indica a linha e o índice j a coluna às quais o elemento pertence. Com a convenção de que as linhas sejam numeradas de cima para baixo (de 1 até m) e as colunas, da esquerda para a direita (de 1 até n), uma matriz m × n é representada por:

$$M = \begin{bmatrix} a_{11} & a_{12} & \cdots & a_{1n} \\ a_{21} & a_{22} & \cdots & a_{2n} \\ \cdots & \cdots & \cdots & \cdots \\ a_{m1} & a_{m2} & \cdots & a_{mn} \end{bmatrix} \text{ ou } M = \begin{pmatrix} a_{11} & a_{12} & \cdots & a_{1n} \\ a_{21} & a_{22} & \cdots & a_{2n} \\ \cdots & \cdots & \cdots & \cdots \\ a_{m1} & a_{m2} & \cdots & a_{mn} \end{pmatrix} \text{ ou }$$

$$M = \begin{Vmatrix} a_{11} & a_{12} & \cdots & a_{1n} \\ a_{21} & a_{22} & \cdots & a_{2n} \\ \cdots & \cdots & \cdots & \cdots \\ a_{m1} & a_{m2} & \cdots & a_{mn} \end{Vmatrix}$$

Uma matriz M do tipo m × n também pode ser indicada por: $M = (a_{ij})$; $i \in \{1, 2, 3, ..., m\}$ e $j \in \{1, 2, 3, ..., n\}$ ou simplesmente $M = (a_{ij})_{m \times n}$.

II. Matrizes especiais

Há matrizes que, por apresentarem uma utilidade maior nesta teoria, recebem um nome especial:

32. a) **matriz linha** é toda matriz do tipo 1 × n, isto é, é uma matriz que tem uma única linha (3º exemplo da página 45).

b) **matriz coluna** é toda matriz do tipo m × 1, isto é, é uma matriz que tem uma única coluna (4º exemplo da página 45).

c) **matriz nula** é toda matriz que tem todos os elementos iguais a zero.

Exemplos:

1º) $\begin{bmatrix} 0 & 0 & 0 \\ 0 & 0 & 0 \end{bmatrix}$ é a matriz nula do tipo 2 × 3.

2º) $\begin{bmatrix} 0 & 0 \\ 0 & 0 \end{bmatrix}$ é a matriz nula do tipo 2 × 2.

33. d) **matriz quadrada de ordem *n*** é toda matriz do tipo n × n, isto é, uma matriz que tem igual número de linhas e colunas:

$$\begin{bmatrix} a_{11} & a_{12} & a_{13} & \dots & a_{1n} \\ a_{21} & a_{22} & a_{23} & \dots & a_{2n} \\ a_{31} & a_{32} & a_{33} & \dots & a_{3n} \\ \dots & \dots & \dots & \dots & \dots \\ a_{n1} & a_{n2} & a_{n3} & \dots & a_{nn} \end{bmatrix}$$

Chama-se **diagonal principal** de uma matriz quadrada de ordem *n* o conjunto dos elementos que têm os dois índices iguais, isto é,

$\{a_{ij} | i = j\} = \{a_{11}, a_{22}, a_{33}, \dots, a_{nn}\}$

Chama-se **diagonal secundária** de uma matriz quadrada de ordem *n* o conjunto dos elementos que têm soma dos índices igual a n + 1, isto é,

$\{a_{ij} | i + j = n + 1\} = \{a_{1n}, a_{2, n-1}, a_{3, n-2}, \dots, a_{n1}\}$

Exemplos:

1º) A matriz M = $\begin{bmatrix} 8 & 9 & -7 \\ 6 & 4 & -5 \\ -1 & 2 & 3 \end{bmatrix}$ é quadrada de ordem 3.

Sua diagonal principal é {8, 4, 3} e sua diagonal secundária é {−7, 4, −1}.

2º) A matriz M = $\begin{bmatrix} 0 & 1 & 2 & 3 \\ 4 & 5 & 6 & 7 \\ 8 & 9 & -1 & -2 \\ -3 & -4 & -5 & -6 \end{bmatrix}$ é quadrada de ordem 4.

Sua diagonal principal é {0, 5, −1, −6} e sua diagonal secundária é {3, 6, 9, −3}.

34. e) **matriz diagonal** é toda matriz quadrada em que os elementos que não pertencem à diagonal principal são iguais a zero.

Exemplos:

1º) $\begin{bmatrix} 3 & 0 \\ 0 & -2 \end{bmatrix}$
3º) $\begin{bmatrix} 0 & 0 & 0 \\ 0 & 0 & 0 \\ 0 & 0 & 0 \end{bmatrix}$
5º) $\begin{bmatrix} 2 & 0 & 0 \\ 0 & 3 & 0 \\ 0 & 0 & 0 \end{bmatrix}$

2º) $\begin{bmatrix} 4 & 0 & 0 \\ 0 & -2 & 0 \\ 0 & 0 & -3 \end{bmatrix}$
4º) $\begin{bmatrix} 0 & 0 \\ 0 & 0 \end{bmatrix}$

35. **f) matriz unidade** (ou **matriz identidade**) **de ordem n** (indica-se I_n) é toda matriz diagonal em que os elementos da diagonal principal são iguais a 1.

Exemplos:

$I_2 = \begin{bmatrix} 1 & 0 \\ 0 & 1 \end{bmatrix}$
$I_3 = \begin{bmatrix} 1 & 0 & 0 \\ 0 & 1 & 0 \\ 0 & 0 & 1 \end{bmatrix}$
$I_4 = \begin{bmatrix} 1 & 0 & 0 & 0 \\ 0 & 1 & 0 & 0 \\ 0 & 0 & 1 & 0 \\ 0 & 0 & 0 & 1 \end{bmatrix}$

EXERCÍCIOS

186. Indique explicitamente os elementos da matriz $A = (a_{ij})_{3 \times 3}$ tal que $a_{ij} = i - j$.

Solução

Temos, por definição:

$a_{11} = 1 - 1 = 0,$ $a_{12} = 1 - 2 = -1,$ $a_{13} = 1 - 3 = -2$

$a_{21} = 2 - 1 = 1,$ $a_{22} = 2 - 2 = 0,$ $a_{23} = 2 - 3 = -1$

$a_{31} = 3 - 1 = 2,$ $a_{32} = 3 - 2 = 1,$ $a_{33} = 3 - 3 = 0$

Assim, a matriz é: $A = \begin{bmatrix} 0 & -1 & -2 \\ 1 & 0 & -1 \\ 2 & 1 & 0 \end{bmatrix}$.

187. Construa as seguintes matrizes:

$$A = (a_{ij})_{3 \times 3} \text{ tal que } a_{ij} = \begin{cases} 1, & \text{se } i = j \\ 0, & \text{se } i \neq j \end{cases}$$

$$B = (b_{ij})_{3 \times 3} \text{ tal que } b_{ij} = \begin{cases} 1, & \text{se } i + j = 4 \\ 0, & \text{se } i + j \neq 4 \end{cases}$$

188. A é uma matriz 3 por 2 definida pela lei $a_{ij} = \begin{cases} 1, & \text{se } i = j \\ i^2, & \text{se } i \neq j \end{cases}$. Escreva a matriz A.

189. Dada uma matriz $A_{m \times n}$ e as operações:

1) $+/A$, que transforma a matriz A numa outra matriz $A'_{m \times 1}$ em que cada elemento da única coluna de A' é obtido somando-se os elementos da linha correspondente de A.

2) $+\not/A$, que transforma a matriz $A_{m \times n}$ numa outra matriz $A''_{1 \times n}$ em que cada elemento da única linha de A'' é obtido somando-se os elementos da coluna correspondente de A.

Nessas condições, se A for a matriz identidade de ordem p, calcule a expressão $+/(+\not/A)$.

III. Igualdade

36. Definição

Duas matrizes, $A = (a_{ij})_{m \times n}$ e $B = (b_{ij})_{m \times n}$, são iguais quando $a_{ij} = b_{ij}$ para todo i ($i \in \{1, 2, 3, ..., m\}$) e todo j ($j \in \{1, 2, 3, ..., n\}$). Isso significa que, para serem iguais, duas matrizes devem ser do mesmo tipo e apresentar todos os elementos correspondentes iguais (elementos com índices iguais).

Exemplos:

1º) $\begin{bmatrix} 1 & -3 \\ 7 & -4 \end{bmatrix} = \begin{bmatrix} 1 & -3 \\ 7 & -4 \end{bmatrix}$, pois $a_{11} = b_{11}$, $a_{12} = b_{12}$, $a_{21} = b_{21}$ e $a_{22} = b_{22}$.

2º) $\begin{bmatrix} 1 & -3 \\ 7 & -4 \end{bmatrix} \neq \begin{bmatrix} 1 & 7 \\ -3 & -4 \end{bmatrix}$, pois $a_{12} \neq b_{12}$ e $a_{21} \neq b_{21}$.

MATRIZES

EXERCÍCIOS

190. Determine x e y de modo que se tenha $\begin{bmatrix} 2x & 3y \\ 3 & 4 \end{bmatrix} = \begin{bmatrix} x+1 & 2y \\ 3 & y+4 \end{bmatrix}$.

Solução

Temos, por definição, que satisfazer o sistema:

$\begin{cases} 2x = x+1 \\ 3y = 2y \\ 4 = y+4 \end{cases}$ e, então, $x = 1$ e $y = 0$.

191. Determine x, y, z e t de modo que se tenha

$\begin{bmatrix} x^2 & 2x & y \\ 4 & 5 & t^2 \end{bmatrix} = \begin{bmatrix} x & x & 3 \\ z & 5t & t \end{bmatrix}$

IV. Adição

37. Definição

Dadas duas matrizes, $A = (a_{ij})_{m \times n}$ e $B = (b_{ij})_{m \times n}$, chama-se **soma** A + B a matriz $C = (c_{ij})_{m \times n}$ tal que $c_{ij} = a_{ij} + b_{ij}$, para todo *i* e todo *j*. Isso significa que a soma de duas matrizes A e B do tipo m × n é uma matriz C do mesmo tipo em que cada elemento é a soma dos elementos correspondentes em A e B.

38. Exemplos:

1º) $\begin{bmatrix} 1 & 2 & 3 \\ 4 & 5 & 6 \end{bmatrix} + \begin{bmatrix} 4 & -1 & 1 \\ -4 & 0 & -6 \end{bmatrix} = \begin{bmatrix} 1+4 & 2-1 & 3+1 \\ 4-4 & 5+0 & 6-6 \end{bmatrix} =$

$= \begin{bmatrix} 5 & 1 & 4 \\ 0 & 5 & 0 \end{bmatrix}$

2º) $\begin{bmatrix} 7 & 8 \\ 9 & 9 \end{bmatrix} + \begin{bmatrix} 0 & 1 \\ 2 & 3 \end{bmatrix} = \begin{bmatrix} 7+0 & 8+1 \\ 9+2 & 9+3 \end{bmatrix} = \begin{bmatrix} 7 & 9 \\ 11 & 12 \end{bmatrix}$

3º) $\begin{bmatrix} 5 \\ 11 \\ \frac{3}{4} \end{bmatrix} + \begin{bmatrix} 1 \\ -2 \\ 3 \end{bmatrix} = \begin{bmatrix} 5+1 \\ 11-2 \\ \frac{3}{4}+3 \end{bmatrix} = \begin{bmatrix} 6 \\ 9 \\ \frac{15}{4} \end{bmatrix}$

39. Teorema

A adição de matrizes do tipo m × n apresenta as seguintes propriedades:

(1) é associativa: (A + B) + C = A + (B + C) quaisquer que sejam A, B e C do tipo m × n;

(2) é comutativa: A + B = B + A quaisquer que sejam A e B, do tipo m × n;

(3) tem elemento neutro: ∃ M|A + M = A qualquer que seja A do tipo m × n;

(4) todo elemento tem simétrico: para todo A do tipo m × n:
∃ A' | A + A' = M.

Demonstração:

(1) Fazendo (A + B) + C = X e A + (B + C) = Y, temos:
Para todo *i* e todo *j*
$x_{ij} = (a_{ij} + b_{ij}) + c_{ij} = a_{ij} + (b_{ij} + c_{ij}) = y_{ij}$.

(2) Fazendo A + B = X e B + A = Y, temos:
$x_{ij} = a_{ij} + b_{ij} = b_{ij} + a_{ij} = y_{ij}$.

(3) Impondo A + M = A, resulta:
$a_{ij} + m_{ij} = a_{ij} \Rightarrow m_{ij} = 0 \Rightarrow M = 0$
isto é, o elemento neutro é a matriz nula do tipo m × n.

(4) Impondo A + A' = M = 0, resulta:
$a_{ij} + a'_{ij} = 0 \Rightarrow a'_{ij} = -a_{ij}$ ∀i, ∀j
isto é, a simétrica da matriz A para a adição é a matriz A' de mesmo tipo que A, na qual cada elemento é simétrico do correspondente em A.

40. Definição

Dada a matriz $A = (a_{ij})_{m \times n}$, chama-se **oposta de A** (indica-se $-A$) a matriz A' tal que $A + A' = 0$.

Exemplos:

1º) $A = \begin{bmatrix} 1 & 2 \\ -3 & \frac{4}{5} \end{bmatrix} \Rightarrow -A = \begin{bmatrix} -1 & -2 \\ 3 & -\frac{4}{5} \end{bmatrix}$

2º) $A = \begin{bmatrix} 9 & 8 & 7 \\ -\sqrt{2} & 0 & 1 \end{bmatrix} \Rightarrow -A = \begin{bmatrix} -9 & -8 & -7 \\ \sqrt{2} & 0 & -1 \end{bmatrix}$

41. Definição

Dadas duas matrizes, $A = (a_{ij})_{m \times n}$ e $B = (b_{ij})_{m \times n}$, chama-se **diferença** $A - B$ a matriz soma de A com a oposta de B.

Exemplo:

$\begin{bmatrix} 11 & 9 & 8 & 1 \\ -1 & 4 & 7 & 1 \end{bmatrix} - \begin{bmatrix} 0 & 0 & 1 & 1 \\ 4 & 7 & 8 & -1 \end{bmatrix} =$

$= \begin{bmatrix} 11 & 9 & 8 & 1 \\ -1 & 4 & 7 & 1 \end{bmatrix} + \begin{bmatrix} 0 & 0 & -1 & -1 \\ -4 & -7 & -8 & 1 \end{bmatrix} = \begin{bmatrix} 11 & 9 & 7 & 0 \\ -5 & -3 & -1 & 2 \end{bmatrix}$

EXERCÍCIOS

192. Dadas $A = \begin{bmatrix} 5 & 6 \\ 4 & 2 \end{bmatrix}$ e $B = \begin{bmatrix} 0 & -1 \\ 5 & 4 \end{bmatrix}$, calcule $A + B$ e $A - B$.

193. Dadas $A = \begin{bmatrix} 1 & 5 & 7 \\ 3 & 9 & 11 \end{bmatrix}$, $B = \begin{bmatrix} 2 & 4 & 6 \\ 8 & 10 & 12 \end{bmatrix}$ e $C = \begin{bmatrix} 0 & -1 & -5 \\ 1 & 4 & 7 \end{bmatrix}$,

calcule $A + B + C$, $A - B + C$, $A - B - C$ e $-A + B - C$.

194. Calcule a soma C = $(c_{ij})_{3 \times 3}$ das matrizes A = $(a_{ij})_{3 \times 3}$ e B = $(b_{ij})_{3 \times 3}$ tais que $a_{ij} = i^2 + j^2$ e $b_{ij} = 2ij$.

195. Seja C = $(c_{ij})_{2 \times 3}$ a soma das matrizes A = $\begin{bmatrix} 0 & 1 & 2 \\ 3 & 4 & 5 \end{bmatrix}$ e B = $\begin{bmatrix} 6 & 7 & 8 \\ 9 & 10 & 11 \end{bmatrix}$.

Calcule a soma $c_{21} + c_{22} + c_{23}$.

196. Determine α, β, γ e δ de modo que se tenha:

$$\begin{bmatrix} \alpha & 1 \\ 1 & 2 \end{bmatrix} + \begin{bmatrix} 2 & \beta \\ 0 & -1 \end{bmatrix} = \begin{bmatrix} 3 & 2 \\ \gamma & \delta \end{bmatrix}$$

197. Determine x e y de modo que se tenha:

$$\begin{bmatrix} y^3 & 3x \\ y^2 & 4x \end{bmatrix} + \begin{bmatrix} -y & x^2 \\ 2y & x^2 \end{bmatrix} + \begin{bmatrix} -1 & 1 \\ 2 & 2 \end{bmatrix} = \begin{bmatrix} 5 & 1 \\ 10 & -1 \end{bmatrix}$$

198. Dadas as matrizes:

$$A = \begin{bmatrix} 1 & 2 \\ 2 & 3 \end{bmatrix}, B = \begin{bmatrix} 0 & 5 \\ 7 & 6 \end{bmatrix} \text{ e } C = \begin{bmatrix} -1 & 7 \\ 5 & -2 \end{bmatrix}$$

determine a matriz X tal que X + A = B − C.

Solução 1

Fazendo X = $\begin{bmatrix} x & y \\ z & t \end{bmatrix}$, temos: $\begin{bmatrix} x & y \\ z & t \end{bmatrix} + \begin{bmatrix} 1 & 2 \\ 2 & 3 \end{bmatrix} = \begin{bmatrix} 0 & 5 \\ 7 & 6 \end{bmatrix} - \begin{bmatrix} -1 & 7 \\ 5 & -2 \end{bmatrix} \Rightarrow$

$\Rightarrow \begin{bmatrix} x+1 & y+2 \\ z+2 & t+3 \end{bmatrix} = \begin{bmatrix} 1 & -2 \\ 2 & 8 \end{bmatrix} \Rightarrow$

$\Rightarrow (x + 1 = 1, y + 2 = -2, z + 2 = 2 \text{ e } t + 3 = 8)$

$\Rightarrow (x = 0, y = -4, z = 0 \text{ e } t = 5)$, então X = $\begin{bmatrix} 0 & -4 \\ 0 & 5 \end{bmatrix}$

MATRIZES

> **Solução 2**
>
> Utilizando as propriedades da adição, temos:
>
> $X + A = B - C \Rightarrow X + A - A = B - C - A \Rightarrow X = B - C - A$
>
> então: $X = \begin{bmatrix} 0 & 5 \\ 7 & 6 \end{bmatrix} + \begin{bmatrix} -1 & 7 \\ 5 & -2 \end{bmatrix} - \begin{bmatrix} 1 & 2 \\ 2 & 3 \end{bmatrix} = \begin{bmatrix} 0 & -4 \\ 0 & 5 \end{bmatrix}$

199. Resolva a equação matricial $X - A - B = C$, sendo dadas:

$A = \begin{bmatrix} 1 & 0 \\ 7 & 2 \end{bmatrix}, B = \begin{bmatrix} 1 & 5 \\ 2 & 4 \end{bmatrix}$ e $C = \begin{bmatrix} -1 & -2 \\ 3 & 5 \end{bmatrix}$

200. Obtenha X tal que:

$X + \begin{bmatrix} 1 \\ 4 \\ 7 \end{bmatrix} = \begin{bmatrix} 5 \\ 7 \\ 2 \end{bmatrix} + \begin{bmatrix} 1 \\ -1 \\ -2 \end{bmatrix}$

201. Define-se **distância** entre duas matrizes $A = (a_{ij})$ e $B = (b_{ij})$ quadradas e de mesma ordem n pela fórmula:

$d(A; B) = \text{máx } |a_{ij} - b_{ij}|, i, j = 1, 2, ..., n.$

Calcule a distância entre as matrizes $\begin{bmatrix} 1 & 2 \\ 3 & 4 \end{bmatrix}$ e $\begin{bmatrix} 5 & 7 \\ 6 & 8 \end{bmatrix}$.

V. Produto de número por matriz

42. Definição

Dado um número k e uma matriz $A = (a_{ij})_{m \times n}$, chama-se **produto kA** a matriz $B = (b_{ij})_{m \times n}$ tal que $b_{ij} = k \cdot a_{ij}$ para todo i e todo j. Isso significa que multiplicar uma matriz A por um número k é construir uma matriz B formada pelos elementos de A todos multiplicados por k.

43. Exemplos:

1º) $3 \cdot \begin{bmatrix} 1 & 7 & 2 \\ 5 & -1 & -2 \end{bmatrix} = \begin{bmatrix} 3 & 21 & 6 \\ 15 & -3 & -6 \end{bmatrix}$

2º) $\dfrac{1}{2} \cdot \begin{bmatrix} 0 & 2 & 4 \\ 8 & 6 & 4 \\ 10 & 12 & -6 \end{bmatrix} = \begin{bmatrix} 0 & 1 & 2 \\ 4 & 3 & 2 \\ 5 & 6 & -3 \end{bmatrix}$

44. Teorema

O produto de um número por uma matriz apresenta as seguintes propriedades:

(1) $a \cdot (b \cdot A) = (a \cdot b) \cdot A$
(2) $a \cdot (A + B) = a \cdot A + a \cdot B$
(3) $(a + b) \cdot A = a \cdot A + b \cdot A$
(4) $1 \cdot A = A$

em que A e B são matrizes quaisquer do tipo m × n e a e b são números reais quaisquer.

Deixamos a demonstração desse teorema como exercício para o leitor.

EXERCÍCIOS

202. Calcule as matrizes 2A, $\dfrac{1}{3}$B e $\dfrac{1}{2}$(A + B), sendo dadas

$A = \begin{bmatrix} 1 & 1 \\ 5 & 7 \end{bmatrix}$ e $B = \begin{bmatrix} 0 & 6 \\ 9 & 3 \end{bmatrix}.$

203. Se $a \begin{bmatrix} 1 \\ -2 \\ -3 \end{bmatrix} + b \begin{bmatrix} 2 \\ 3 \\ -1 \end{bmatrix} + c \begin{bmatrix} 3 \\ 2 \\ 1 \end{bmatrix} = \begin{bmatrix} 0 \\ 0 \\ 0 \end{bmatrix}$, determine os valores de a, b e c.

204. Se $A = \begin{bmatrix} 1 & 7 \\ 2 & 6 \end{bmatrix}$, $B = \begin{bmatrix} 2 & 1 \\ 4 & 3 \end{bmatrix}$ e $C = \begin{bmatrix} 0 & 2 \\ 2 & 0 \end{bmatrix}$,

determine X em cada uma das equações abaixo:

a) $2X + A = 3B + C$

c) $3X + A = B - X$

b) $X + A = \dfrac{1}{2}(B - C)$

d) $\dfrac{1}{2}(X - A - B) = \dfrac{1}{3}(X - C)$

205. Se $A = \begin{bmatrix} 2 & 1 \\ 3 & -1 \end{bmatrix}$, $B = \begin{bmatrix} -1 & 2 \\ 1 & 0 \end{bmatrix}$ e $C = \begin{bmatrix} 4 & -1 \\ 2 & 1 \end{bmatrix}$, determine a matriz X de ordem 2, tal que $\dfrac{X - A}{2} = \dfrac{B + X}{3} + C$.

206. Resolva o sistema:

$\begin{cases} X + Y = 3A \\ X - Y = 2B \end{cases}$ em que $A = \begin{bmatrix} 2 & 0 \\ 0 & 4 \end{bmatrix}$ e $B = \begin{bmatrix} 1 & 5 \\ 3 & 0 \end{bmatrix}$.

Solução

Somando membro a membro as duas equações, resulta:

$X + Y + X - Y = 3A + 2B \Rightarrow 2X = 3A + 2B \Rightarrow X = \dfrac{1}{2}(3A + 2B)$

Subtraindo membro a membro as duas equações, resulta:

$X + Y - X + Y = 3A - 2B \Rightarrow 2Y = 3A - 2B \Rightarrow Y = \dfrac{1}{2}(3A - 2B)$

Temos:

$X = \dfrac{1}{2}\left(\begin{bmatrix} 6 & 0 \\ 0 & 12 \end{bmatrix} + \begin{bmatrix} 2 & 10 \\ 6 & 0 \end{bmatrix}\right) = \dfrac{1}{2}\begin{bmatrix} 8 & 10 \\ 6 & 12 \end{bmatrix} = \begin{bmatrix} 4 & 5 \\ 3 & 6 \end{bmatrix}$

$Y = \dfrac{1}{2}\left(\begin{bmatrix} 6 & 0 \\ 0 & 12 \end{bmatrix} - \begin{bmatrix} 2 & 10 \\ 6 & 0 \end{bmatrix}\right) = \dfrac{1}{2}\begin{bmatrix} 4 & -10 \\ -6 & 12 \end{bmatrix} = \begin{bmatrix} 2 & -5 \\ -3 & 6 \end{bmatrix}$

207. Determine as matrizes X e Y que satisfazem o sistema

$$\begin{cases} X + Y = A \\ X - Y = B \end{cases}, \text{ sendo dadas } A = [1\ 4\ 7] \text{ e } B = [2\ 1\ 5].$$

208. Obtenha X e Y a partir do sistema:

$$\begin{cases} 2X + 3Y = A + B \\ 3X + 4Y = A - B \end{cases} \text{em que } A = \begin{bmatrix} 1 \\ 3 \\ 9 \end{bmatrix} \text{ e } B = \begin{bmatrix} 2 \\ 5 \\ 0 \end{bmatrix}$$

VI. Produto de matrizes

45. Definição

Dadas duas matrizes, $A = (a_{ij})_{m \times n}$ e $B = (b_{jk})_{n \times p}$, chama-se **produto AB** a matriz $C = (c_{ik})_{m \times p}$ tal que

$$c_{ik} = a_{i1} \cdot b_{1k} + a_{i2} \cdot b_{2k} + a_{i3} \cdot b_{3k} + \ldots + a_{in} \cdot b_{nk} = \sum_{j=1}^{n} a_{ij} b_{jk}$$

para todo $i \in \{1, 2, \ldots, m\}$ e todo $k \in \{1, 2, \ldots, p\}$.

46. Observações:

1ª) A definição dada garante a existência do produto AB somente se o número de colunas de A for igual ao número de linhas de B, pois A é do tipo $m \times n$ e B é do tipo $n \times p$.

2ª) A definição dada afirma que o produto AB é uma matriz que tem o número de linhas de A e o número de colunas de B, pois $C = AB$ é do tipo $m \times p$.

3ª) Ainda pela definição, um elemento c_{ik} da matriz AB deve ser obtido pelo procedimento seguinte:

(I) toma-se a linha *i* da matriz A:

$$\boxed{a_{i1} \quad a_{i2} \quad a_{i3} \quad \ldots \quad a_{in}} \quad (n \text{ elementos})$$

(II) toma-se a coluna k da matriz B:

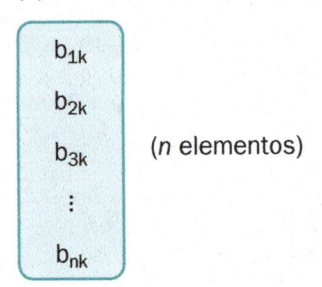

$$\begin{bmatrix} b_{1k} \\ b_{2k} \\ b_{3k} \\ \vdots \\ b_{nk} \end{bmatrix} \quad (n \text{ elementos})$$

(III) coloca-se a linha i de A na "vertical" ao lado da coluna k de B (conforme esquema):

$$\begin{bmatrix} a_{i1} \\ a_{i2} \\ a_{i3} \\ \vdots \\ a_{in} \end{bmatrix} \quad \begin{bmatrix} b_{1k} \\ b_{2k} \\ b_{3k} \\ \vdots \\ b_{nk} \end{bmatrix}$$

(IV) calculam-se os n produtos dos elementos que ficaram lado a lado (conforme esquema):

$$\begin{bmatrix} a_{i1} \cdot b_{1k} \\ a_{i2} \cdot b_{2k} \\ a_{i3} \cdot b_{3k} \\ \vdots \\ a_{in} \cdot b_{nk} \end{bmatrix}$$

(V) somam-se esses n produtos, obtendo c_{ik}.

47. Exemplos:

1º) Dadas

$$A = \begin{bmatrix} 1 & 2 & 3 \\ 4 & 5 & 6 \end{bmatrix} \text{ e } B = \begin{bmatrix} 7 \\ 8 \\ 9 \end{bmatrix}, \text{ calcular AB.}$$

Sendo A do tipo 2 × 3 e B do tipo 3 × 1, decorre que existe AB e é do tipo 2 × 1. Fazendo AB = C, devemos calcular c_{11} e c_{21}:

$$C = \begin{bmatrix} c_{11} \\ c_{21} \end{bmatrix} = \begin{bmatrix} (1^a \text{ l. de A} \times 1^a \text{ c. de B}) \\ (2^a \text{ l. de A} \times 1^a \text{ c. de B}) \end{bmatrix} =$$

$$= \begin{bmatrix} \begin{pmatrix} 1 \times 7 \\ 2 \times 8 \\ 3 \times 9 \end{pmatrix} \\ \begin{pmatrix} 4 \times 7 \\ 5 \times 8 \\ 6 \times 9 \end{pmatrix} \end{bmatrix} = \begin{bmatrix} (7 + 16 + 27) \\ (28 + 40 + 54) \end{bmatrix} = \begin{bmatrix} 50 \\ 122 \end{bmatrix}$$

2º) Dadas $A = \begin{bmatrix} 1 & 2 \\ 3 & 4 \end{bmatrix}$ e $B = \begin{bmatrix} 5 & 6 \\ 7 & 8 \end{bmatrix}$, calcular AB.

Sendo A do tipo 2 × 2 e B do tipo 2 × 2, decorre que existe AB e é do tipo 2 × 2. Fazendo AB = C, temos:

$$C = \begin{bmatrix} c_{11} & c_{12} \\ c_{21} & c_{22} \end{bmatrix} = \begin{bmatrix} (1^a \text{ l. de A} \times 1^a \text{ c. de B}) & (1^a \text{ l. de A} \times 2^a \text{ c. de B}) \\ (2^a \text{ l. de A} \times 1^a \text{ c. de B}) & (2^a \text{ l. de A} \times 2^a \text{ c. de B}) \end{bmatrix} =$$

$$= \begin{bmatrix} \begin{pmatrix} 1 \times 5 \\ 2 \times 7 \end{pmatrix} & \begin{pmatrix} 1 \times 6 \\ 2 \times 8 \end{pmatrix} \\ \begin{pmatrix} 3 \times 5 \\ 4 \times 7 \end{pmatrix} & \begin{pmatrix} 3 \times 6 \\ 4 \times 8 \end{pmatrix} \end{bmatrix} = \begin{bmatrix} 5 + 14 & 6 + 16 \\ 15 + 28 & 18 + 32 \end{bmatrix} = \begin{bmatrix} 19 & 22 \\ 43 & 50 \end{bmatrix}$$

EXERCÍCIOS

209. Calcule os seguintes produtos:

a) $\begin{bmatrix} 0 & 1 \\ 1 & 0 \end{bmatrix} \begin{bmatrix} 4 & 7 \\ 2 & 3 \end{bmatrix}$

b) $\begin{bmatrix} 1 \\ 2 \\ 3 \end{bmatrix} \begin{bmatrix} 3 & 1 & 1 & 2 \end{bmatrix}$

MATRIZES

c) $\begin{bmatrix} 1 & 5 & 2 \\ -1 & 4 & 7 \end{bmatrix} \begin{bmatrix} 1 & -1 \\ 2 & 3 \\ -3 & 0 \end{bmatrix}$

e) $\begin{bmatrix} 1 & -1 \\ 2 & 2 \\ 3 & 4 \end{bmatrix} \begin{bmatrix} 1 & 2 & 3 \\ 4 & -5 & 1 \end{bmatrix}$

d) $\begin{bmatrix} 1 & -1 & 5 & 0 \\ 2 & 3 & 7 & 1 \end{bmatrix} \begin{bmatrix} 1 & 1 \\ 2 & 1 \\ 3 & 1 \\ 1 & 1 \end{bmatrix}$

f) $\begin{bmatrix} 0 & 1 & 1 \\ 2 & 2 & 0 \\ 0 & 3 & 4 \end{bmatrix} \begin{bmatrix} 1 & 4 & 7 \\ 0 & 0 & 1 \\ 1 & 2 & 0 \end{bmatrix}$

210. Considere as matrizes:

$A = (a_{ij})$, 4×7, definida por $a_{ij} = i - j$.

$B = (b_{ij})$, 7×9, definida por $b_{ij} = i$.

$C = (c_{ij})$, $C = AB$.

Determine o elemento c_{23}.

211. Sendo $A = \begin{bmatrix} 1 & 1 \\ 0 & 1 \end{bmatrix}$, calcule A^2, A^3, A^4 e A^n ($n \in \mathbb{N}$ e $n \geq 1$).

Solução

$A^2 = AA = \begin{bmatrix} 1 & 1 \\ 0 & 1 \end{bmatrix} \begin{bmatrix} 1 & 1 \\ 0 & 1 \end{bmatrix} = \begin{bmatrix} 1 & 2 \\ 0 & 1 \end{bmatrix}$

$A^3 = A^2 A = \begin{bmatrix} 1 & 2 \\ 0 & 1 \end{bmatrix} \begin{bmatrix} 1 & 1 \\ 0 & 1 \end{bmatrix} = \begin{bmatrix} 1 & 3 \\ 0 & 1 \end{bmatrix}$

$A^4 = A^3 A = \begin{bmatrix} 1 & 3 \\ 0 & 1 \end{bmatrix} \begin{bmatrix} 1 & 1 \\ 0 & 1 \end{bmatrix} = \begin{bmatrix} 1 & 4 \\ 0 & 1 \end{bmatrix}$

Observamos que em cada multiplicação por A os elementos a_{11}, a_{21} e a_{22} não se alteram e o elemento a_{12} sofre acréscimo de 1. Provaríamos por indução finita sobre *n* que:

$A^n = \begin{bmatrix} 1 & n \\ 0 & 1 \end{bmatrix}$.

212. Calcule AB, BA, A² e B², sabendo que

$$A = \begin{bmatrix} 2 & 1 \\ -4 & -2 \end{bmatrix} \text{ e } B = \begin{bmatrix} 2 & 1 \\ 1 & 0 \end{bmatrix}.$$

213. Calcule o produto ABC, sendo dadas:

$$A = \begin{bmatrix} 1 & 2 \\ 5 & 1 \end{bmatrix}, B = \begin{bmatrix} 1 & 1 & 1 \\ 3 & 2 & 1 \end{bmatrix} \text{ e } C = \begin{bmatrix} 3 & 1 \\ 1 & 0 \\ 2 & -1 \end{bmatrix}.$$

Solução

$$AB = \begin{bmatrix} 1 & 2 \\ 5 & 1 \end{bmatrix}\begin{bmatrix} 1 & 1 & 1 \\ 3 & 2 & 1 \end{bmatrix} = \begin{bmatrix} 1\times 1 & 1\times 1 & 1\times 1 \\ 2\times 3 & 2\times 2 & 2\times 1 \\ 5\times 1 & 5\times 1 & 5\times 1 \\ 1\times 3 & 1\times 2 & 1\times 1 \end{bmatrix} = \begin{bmatrix} 7 & 5 & 3 \\ 8 & 7 & 6 \end{bmatrix}$$

$$(AB)C = \begin{bmatrix} 7 & 5 & 3 \\ 8 & 7 & 6 \end{bmatrix}\begin{bmatrix} 3 & 1 \\ 1 & 0 \\ 2 & -1 \end{bmatrix} = \begin{bmatrix} 7\times 3 & 7\times 1 \\ 5\times 1 & 5\times 0 \\ 3\times 2 & 3\times -1 \\ 8\times 3 & 8\times 1 \\ 7\times 1 & 7\times 0 \\ 6\times 2 & 6\times -1 \end{bmatrix} = \begin{bmatrix} 32 & 4 \\ 43 & 2 \end{bmatrix}$$

214. Se $A = \begin{bmatrix} 1 & 2 \\ 4 & -3 \end{bmatrix}$, determine $A^2 + 2A - 11 \cdot I$, em que $I = \begin{bmatrix} 1 & 0 \\ 0 & 1 \end{bmatrix}$.

215. Calcule os seguintes produtos:

a) $\begin{bmatrix} 1 & 1 \\ 1 & 2 \end{bmatrix}\begin{bmatrix} 1 & 1 & 2 \\ 1 & 3 & 5 \end{bmatrix}\begin{bmatrix} 7 \\ 5 \\ 0 \end{bmatrix}$

b) $\begin{bmatrix} 1 & 0 \\ 0 & 1 \end{bmatrix}\begin{bmatrix} 2 & 3 \\ 5 & 7 \end{bmatrix}\begin{bmatrix} -1 & 0 \\ 1 & 2 \end{bmatrix}\begin{bmatrix} 0 & 1 \\ 1 & 0 \end{bmatrix}$

MATRIZES

216. Resolva a equação matricial:

$$\begin{bmatrix} a & b \\ c & d \end{bmatrix} \begin{bmatrix} 3 & 1 \\ -2 & 2 \end{bmatrix} = \begin{bmatrix} 5 & 7 \\ -5 & 9 \end{bmatrix}$$

Solução

A equação dada equivale a:

$$\begin{bmatrix} 3a - 2b & a + 2b \\ 3c - 2d & c + 2d \end{bmatrix} = \begin{bmatrix} 5 & 7 \\ -5 & 9 \end{bmatrix}$$

então:

$$\left.\begin{matrix} 3a - 2b = 5 \\ a + 2b = 7 \end{matrix}\right\} \Rightarrow a = 3 \text{ e } b = 2$$

$$\left.\begin{matrix} 3c - 2d = -5 \\ c + 2d = 9 \end{matrix}\right\} \Rightarrow c = 1 \text{ e } d = 4$$

e a resposta é $\begin{bmatrix} 3 & 2 \\ 1 & 4 \end{bmatrix}$.

217. Resolva as seguintes equações:

a) $\begin{bmatrix} 1 & 3 \\ -2 & 2 \end{bmatrix} \begin{bmatrix} a & b \\ c & d \end{bmatrix} = \begin{bmatrix} 5 & 7 \\ -5 & 9 \end{bmatrix}$

b) $\begin{bmatrix} a & b & c \\ d & e & f \\ g & h & i \end{bmatrix} \begin{bmatrix} 1 & 1 & 1 \\ 0 & 1 & 1 \\ 0 & 0 & 1 \end{bmatrix} = \begin{bmatrix} 1 & 0 & 0 \\ 1 & 1 & 0 \\ 2 & 1 & 1 \end{bmatrix}$

218. Se $\begin{bmatrix} -2 & 1 \\ 1 & -2 \end{bmatrix} \cdot \begin{bmatrix} x \\ y \end{bmatrix} = \begin{bmatrix} 9 \\ 3 \end{bmatrix}$, determine os valores de x e y.

219. Sabe-se que $A = \begin{bmatrix} x & 1 & 2 \\ 3 & y & 5 \\ 2 & 3 & z \end{bmatrix}$, $B = (b_{ij})$ é uma matriz diagonal ($b_{ij} = 0$ se $i \neq j$)

e $AB = \begin{bmatrix} 2 & 3 & 10 \\ 6 & 12 & 25 \\ 4 & 9 & 20 \end{bmatrix}$. Determine os valores de x, y e z.

48. Teorema

Se $A = (a_{ij})_{m \times n}$, então $AI_n = A$ e $I_m A = A$.

Demonstração:
I) Sendo $I_n = (\delta_{ij})_{n \times n}$ e $B = AI_n = (b_{ij})_{m \times n}$, temos:
$$b_{ij} = a_{i1}\delta_{1j} + a_{i2}\delta_{2j} + a_{i3}\delta_{3j} + \ldots + a_{ii}\delta_{ii} + \ldots + a_{in}\delta_{nj} =$$
$$= a_{i1} \cdot 0 + a_{i2} \cdot 0 + a_{i3} \cdot 0 + \ldots + a_{ii} \cdot 1 + \ldots + a_{in} \cdot 0 = a_{ii}$$ para todos i e j, então $A \cdot I_n = A$.

II) Analogamente.

49. Teorema

A multiplicação de matrizes apresenta as seguintes propriedades:
(1) é associativa: $(AB)C = A(BC)$ quaisquer que sejam as matrizes $A = (a_{ij})_{m \times n}$, $B = (b_{jk})_{n \times p}$ e $C = (c_{k\ell})_{p \times r}$;

(2) é distributiva à direita em relação à adição: $(A + B)C = AC + BC$ quaisquer que sejam as matrizes $A = (a_{ij})_{m \times n}$, $B = (b_{ij})_{m \times n}$ e $C = (c_{jk})_{n \times p}$;

(3) é distributiva à esquerda: $C(A + B) = CA + CB$ quaisquer que sejam as matrizes $A = (a_{ij})_{m \times n}$, $B = (b_{ij})_{m \times n}$ e $C = (c_{ki})_{p \times m}$;

(4) $(kA)B = A(kB) = k(AB)$ quaisquer que sejam o número k e as matrizes $A = (a_{ij})_{m \times n}$ e $B = (b_{jk})_{n \times p}$.

Demonstração:
(1) Fazendo $D = AB = (d_{ik})_{m \times p}$, $E = (AB)C = (e_{i\ell})_{m \times r}$ e $F = BC = (f_{j\ell})_{n \times r}$, temos:

$$e_{i\ell} = \sum_{k=1}^{p} d_{ik} \cdot c_{k\ell} = \sum_{k=1}^{p} \left(\sum_{j=1}^{n} a_{ij} \cdot b_{jk} \right) \cdot c_{k\ell} =$$
$$= \sum_{k=1}^{p} \left(\sum_{j=1}^{n} a_{ij} \cdot b_{jk} \cdot c_{k\ell} \right) = \sum_{j=1}^{n} a_{ij} \cdot \left(\sum_{k=1}^{p} b_{jk} \cdot c_{k\ell} \right) =$$
$$= \sum_{j=1}^{n} a_{ij} \cdot f_{j\ell}$$

então $(AB)C = A(BC)$.

(2) Fazendo $D = (A + B)C = (d_{ik})_{m \times p}$, temos:

$$d_{ik} = \sum_{j=1}^{n} (a_{ij} + b_{ij}) \cdot c_{jk} = \sum_{j=1}^{n} (a_{ij} \cdot c_{jk} + b_{ij} \cdot c_{jk}) =$$

$$= \sum_{j=1}^{n} a_{ij} \cdot c_{jk} + \sum_{j=1}^{n} b_{ij} \cdot c_{jk}$$

então $(A + B)C = AC + BC$.

(3) Análoga a (2).

(4) Fazendo $C = kA = (c_{ij})_{m \times n}$, $D = kB = (d_{jk})_{n \times p}$ e $E = AB = (e_{ik})_{m \times p}$, temos:

$$\sum_{j=1}^{n} c_{ij} \cdot b_{jk} = \sum_{j=1}^{n} (k \cdot a_{ij}) \cdot b_{jk} = k \sum_{j=1}^{n} a_{ij} \cdot b_{jk}$$

$$\sum_{j=1}^{n} a_{ij} \cdot d_{jk} = \sum_{j=1}^{n} a_{ij} \cdot (k \cdot b_{jk}) = k \sum_{j=1}^{n} a_{ij} \cdot b_{jk}$$

então $(kA)B = A(kB) = k(AB)$.

50. Observações:

É muito importante notar que a multiplicação de matrizes não é comutativa, isto é, para duas matrizes quaisquer A e B é falso que $AB = BA$ necessariamente.

Exemplos:

1º) Há casos em que existe AB e não existe BA. Isso ocorre quando A é $m \times n$, B é $n \times p$ e $m \neq p$:

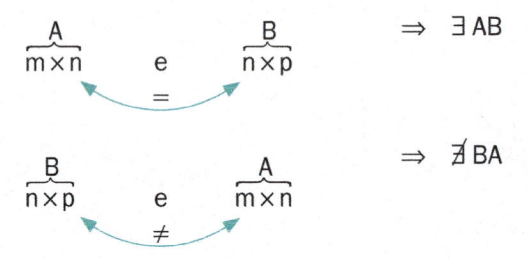

$\underbrace{A}_{m \times n}$ e $\underbrace{B}_{n \times p}$ $\Rightarrow \exists\, AB$

$\underbrace{B}_{n \times p}$ e $\underbrace{A}_{m \times n}$ $\Rightarrow \nexists\, BA$

2º) Há casos em que existem AB e BA, porém são matrizes de tipos diferentes e, portanto, AB ≠ BA. Isso ocorre quando A é m × n, B é n × m e m ≠ n:

$$\underbrace{A}_{m \times n} \quad e \quad \underbrace{B}_{n \times m} \quad \Rightarrow \quad \exists \underbrace{AB}_{m \times m}$$

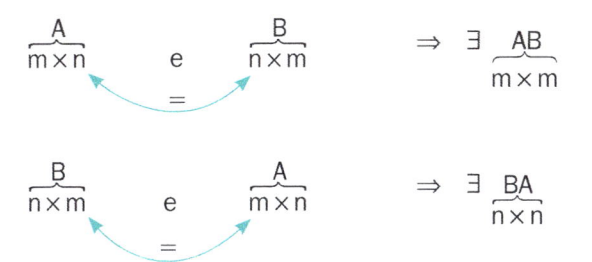

$$\underbrace{B}_{n \times m} \quad e \quad \underbrace{A}_{m \times n} \quad \Rightarrow \quad \exists \underbrace{BA}_{n \times n}$$

3º) Mesmo nos casos em que AB e BA são do mesmo tipo (o que ocorre quando A e B são quadradas e de mesma ordem), temos quase sempre AB ≠ BA. Assim, por exemplo:

$$A = \begin{bmatrix} 1 & 0 \\ 2 & 3 \end{bmatrix} e\ B = \begin{bmatrix} 4 & 5 \\ 6 & 0 \end{bmatrix} \Rightarrow AB = \begin{bmatrix} 4 & 5 \\ 26 & 10 \end{bmatrix} e\ BA = \begin{bmatrix} 14 & 15 \\ 6 & 0 \end{bmatrix}$$

Quando A e B são tais que AB = BA, dizemos que A e B comutam. Notemos que uma condição necessária para A e B comutarem é que sejam quadradas e de mesma ordem.

Exemplos:

1º) $\begin{bmatrix} a & b \\ c & d \end{bmatrix}$ comuta com $\begin{bmatrix} 1 & 0 \\ 0 & 1 \end{bmatrix}$

2º) $\begin{bmatrix} a & b \\ c & d \end{bmatrix}$ comuta com $\begin{bmatrix} 0 & 0 \\ 0 & 0 \end{bmatrix}$

3º) $\begin{bmatrix} a & b \\ c & d \end{bmatrix}$ comuta com $\begin{bmatrix} d & -b \\ -c & a \end{bmatrix}$

É importante observar também que a implicação

AB = 0 ⇒ A = 0 ou B = 0

não é válida para matrizes, isto é, é possível encontrar duas matrizes não nulas cujo produto é a matriz nula.

MATRIZES

Exemplo:

$$\begin{bmatrix} 1 & 0 \\ 0 & 0 \end{bmatrix} \begin{bmatrix} 0 & 0 \\ 0 & 1 \end{bmatrix} = \begin{bmatrix} 0 & 0 \\ 0 & 0 \end{bmatrix}$$

EXERCÍCIOS

220. Sendo $A = \begin{bmatrix} 1 & -1 \\ 0 & 2 \end{bmatrix}$, qual das matrizes abaixo comuta com A?

$B = \begin{bmatrix} 2 \\ 3 \end{bmatrix}$ $C = \begin{bmatrix} 1 & 3 & 2 \\ 4 & 5 & 1 \end{bmatrix}$ $D = \begin{bmatrix} 0 & 0 \\ 1 & 0 \end{bmatrix}$ $E = \begin{bmatrix} 5 & 2 \\ 0 & 3 \end{bmatrix}$

221. Determine x e y de modo que as matrizes

$A = \begin{bmatrix} 1 & 2 \\ 1 & 0 \end{bmatrix}$ e $B = \begin{bmatrix} 0 & 1 \\ x & y \end{bmatrix}$ comutem.

222. Obtenha todas as matrizes B que comutam com $A = \begin{bmatrix} 1 & -1 \\ 3 & 0 \end{bmatrix}$.

Solução

Notemos inicialmente que uma condição necessária para que A e B sejam comutáveis é que A e B sejam quadradas e de mesma ordem. Assim, fazendo

$B = \begin{bmatrix} a & b \\ c & d \end{bmatrix}$, temos: $\begin{bmatrix} 1 & -1 \\ 3 & 0 \end{bmatrix} \begin{bmatrix} a & b \\ c & d \end{bmatrix} = \begin{bmatrix} a & b \\ c & d \end{bmatrix} \begin{bmatrix} 1 & -1 \\ 3 & 0 \end{bmatrix}$, isto é:

$\begin{bmatrix} a-c & b-d \\ 3a & 3b \end{bmatrix} = \begin{bmatrix} a+3b & -a \\ c+3d & -c \end{bmatrix}$ e então: $\begin{cases} a-c = a+3b & (1) \\ b-d = -a & (2) \\ 3a = c+3d & (3) \\ 3b = -c & (4) \end{cases}$

De (1) e (4) vem $c = -3b$.

De (2) e (3) vem d = a + b.

Resposta: $B = \begin{bmatrix} a & b \\ -3b & a+b \end{bmatrix}$ com $a, b \in \mathbb{R}$.

223. Calcule, em cada caso, as matrizes que comutam com A.

a) $A = \begin{bmatrix} 2 & 1 \\ 0 & 1 \end{bmatrix}$ b) $A = \begin{bmatrix} 0 & 1 \\ 1 & 1 \end{bmatrix}$ c) $A = \begin{bmatrix} 1 & 0 & 0 \\ 1 & 1 & 0 \\ 0 & 1 & 1 \end{bmatrix}$

224. Prove que, se A e B são matrizes comutáveis, então vale a igualdade:
$(A + B)(A - B) = A^2 - B^2$.

Solução

Lembrando que $AB = BA \Leftrightarrow BA - AB = 0$, temos:

$(A + B)(A - B) = A(A - B) + B(A - B) = A^2 - AB + BA - B^2 =$

$= A^2 + (BA - AB) - B^2 = A^2 + 0 - B^2 = A^2 - B^2$

225. Prove que, se A e B são matrizes comutáveis, então valem as seguintes igualdades:
a) $(A + B)^2 = A^2 + 2AB + B^2$
b) $(A - B)^2 = A^2 - 2AB + B^2$
c) $(A + B)^3 = A^3 + 3A^2B + 3AB^2 + B^3$
d) $(A - B)^3 = A^3 - 3A^2B + 3AB^2 - B^3$
e) $(AB)^n = A^n B^n$

226. Sendo $A = \begin{bmatrix} 1 & 9 \\ 2 & 1 \end{bmatrix}$ e $B = \begin{bmatrix} 0 & -8 \\ 3 & -1 \end{bmatrix}$, calcule:

a) $(A + B)^2$
b) $(A + B)(A - B)$
c) $A^2 - 2I_2A + I_2^2$
d) $A^3 - I_2^3$

227. Calcule todas as matrizes X, quadradas de ordem 2 tais que $X^2 = 0$.

Solução

Fazendo $X = \begin{bmatrix} a & b \\ c & d \end{bmatrix}$, resulta: $\begin{bmatrix} a & b \\ c & d \end{bmatrix} \begin{bmatrix} a & b \\ c & d \end{bmatrix} = \begin{bmatrix} 0 & 0 \\ 0 & 0 \end{bmatrix}$

$\begin{bmatrix} a^2 + bc & ab + bd \\ ca + dc & cb + d^2 \end{bmatrix} = \begin{bmatrix} 0 & 0 \\ 0 & 0 \end{bmatrix}$

então: $\begin{cases} a^2 + bc = 0 & (1) \\ b(a+d) = 0 & (2) \\ c(a+d) = 0 & (3) \\ bc + d^2 = 0 & (4) \end{cases}$

1ª possibilidade: $b = 0$

$\left. \begin{array}{l} (1) \Rightarrow a^2 = 0 \Rightarrow a = 0 \\ (4) \Rightarrow d^2 = 0 \Rightarrow d = 0 \end{array} \right\} \Rightarrow a + d = 0 \Rightarrow$ (3) é satisfeita $\forall c \in \mathbb{R}$.

2ª possibilidade: $b \neq 0$.

(2) $\Rightarrow a + d = 0 \Rightarrow d = -a$

(1) e (4) $\Rightarrow bc = -a^2 \Rightarrow c = -\dfrac{a^2}{b}$

Resposta:

$X = \begin{bmatrix} 0 & 0 \\ c & 0 \end{bmatrix}$ com $c \in \mathbb{R}$ ou $X = \begin{bmatrix} a & b \\ -\dfrac{a^2}{b} & -a \end{bmatrix}$ com $a, b, c \in \mathbb{R}$.

228. Calcule todas as matrizes X, quadradas de ordem 2, tais que $X^2 = I_2$.

229. Calcule todas as matrizes X, quadradas de ordem 2, tais que $X^2 = X$.

VII. Matriz transposta

51. Definição

Dada uma matriz $A = (a_{ij})_{m \times n}$, chama-se **transposta de A** a matriz $A^t = (a'_{ji})_{n \times m}$ tal que $a'_{ji} = a_{ij}$, para todo i e todo j. Isso significa que, por exemplo, $a'_{11}, a'_{21}, a'_{31}, \ldots, a'_{n1}$ são respectivamente iguais a $a_{11}, a_{12}, a_{13}, \ldots, a_{1n}$; vale dizer que a 1ª coluna de A^t é igual à 1ª linha de A. Repetindo o raciocínio, chegaríamos à conclusão de que as colunas de A^t são ordenadamente iguais às linhas de A.

52. Exemplos:

1º) $A = \begin{bmatrix} a & b \\ c & d \end{bmatrix} \Rightarrow A^t = \begin{bmatrix} a & c \\ b & d \end{bmatrix}$

2º) $A = \begin{bmatrix} a & b & c \\ d & e & f \end{bmatrix} \Rightarrow A^t = \begin{bmatrix} a & d \\ b & e \\ c & f \end{bmatrix}$

3º) $A = [1\ 3\ 5\ 7] \Rightarrow A^t = \begin{bmatrix} 1 \\ 3 \\ 5 \\ 7 \end{bmatrix}$

53. Teorema

A matriz transposta apresenta as seguintes propriedades:
(1) $(A^t)^t = A$ para toda matriz $A = (a_{ij})_{m \times n}$;
(2) Se $A = (a_{ij})_{m \times n}$ e $B = (b_{ij})_{m \times n}$, então $(A + B)^t = A^t + B^t$;
(3) Se $A = (a_{ij})_{m \times n}$ e $k \in \mathbb{R}$, então $(kA)^t = kA^t$;
(4) Se $A = (a_{ij})_{m \times n}$ e $B = (b_{ij})_{m \times p}$, então $(AB)^t = B^t A^t$.

Demonstração:

(1) Fazendo $(A^t)^t = (a'''_{ij})_{m \times n}$, resulta:
$a'''_{ij} = a'_{ji} = a_{ij}$ para todos i, j.

(2) Fazendo $A + B = C = (c_{ij})_{m \times n}$ e $(A + B)^t = C^t = (c'_{ji})_{n \times m}$, temos:
$c'_{ji} = c_{ij} = a_{ij} + b_{ij} = a'_{ji} + b'_{ji}$ para todos i, j.

(3) Fazendo $(kA)^t = (a''_{ji})_{n \times m}$, resulta:
$a''_{ji} = ka_{ij} = ka'_{ji}$ para todos i, j.

(4) Fazendo $AB = C = (c_{ik})_{m \times p}$ e $(AB)^t = C^t = (c'_{ki})_{p \times m}$, resulta:

$$c'_{ki} = c_{ik} = \sum_{j=1}^{n} a_{ij} b_{jk} = \sum_{j=1}^{n} b_{jk} a_{ij} = \sum_{j=1}^{n} b'_{kj} a'_{ji}.$$

54. Aplicação

Verificar diretamente a validade do teorema anterior com

$$A = \begin{bmatrix} a & b \\ c & d \end{bmatrix}, B = \begin{bmatrix} e & f \\ g & h \end{bmatrix} \text{ e } k = 2.$$

(1) $A = \begin{bmatrix} a & b \\ c & d \end{bmatrix} \Rightarrow A^t = \begin{bmatrix} a & c \\ b & d \end{bmatrix} \Rightarrow (A^t)^t = \begin{bmatrix} a & b \\ c & d \end{bmatrix} = A$

(2) $A + B = \begin{bmatrix} a+e & b+f \\ c+g & d+h \end{bmatrix} \Rightarrow (A + B)^t = \begin{bmatrix} a+e & c+g \\ b+f & d+h \end{bmatrix} =$

$= \begin{bmatrix} a & c \\ b & d \end{bmatrix} + \begin{bmatrix} e & g \\ f & h \end{bmatrix} = A^t + B^t$

(3) $2 \cdot A = \begin{bmatrix} 2a & 2b \\ 2c & 2d \end{bmatrix} \Rightarrow (2A)^t = \begin{bmatrix} 2a & 2c \\ 2b & 2d \end{bmatrix} = 2\begin{bmatrix} a & c \\ b & d \end{bmatrix} = 2A^t$

(4) $AB = \begin{bmatrix} ae+bg & af+bh \\ ce+dg & cf+dh \end{bmatrix} \Rightarrow (AB)^t = \begin{bmatrix} ae+bg & ce+dg \\ af+bh & cf+dh \end{bmatrix} =$

$= \begin{bmatrix} e & g \\ f & h \end{bmatrix}\begin{bmatrix} a & c \\ b & d \end{bmatrix} = B^t A^t$

55. Definição

Chama-se **matriz simétrica** toda matriz quadrada A, de ordem *n*, tal que

$$A^t = A.$$

Decorre da definição que, se $A = (a_{ij})$ é uma matriz simétrica, temos:

$a_{ij} = a_{ji}$; $\forall i, \forall j \in \{1, 2, 3, ..., n\}$

isto é, os elementos simetricamente dispostos em relação à diagonal principal são iguais.

Exemplo:
São simétricas as matrizes:

$$\begin{bmatrix} a & b \\ b & d \end{bmatrix} \quad \begin{bmatrix} a & b & c \\ b & d & e \\ c & e & f \end{bmatrix} \quad \begin{bmatrix} a & b & c & d \\ b & e & f & g \\ c & f & h & i \\ d & g & i & j \end{bmatrix}$$

56. Definição

Chama-se **matriz antissimétrica** toda matriz quadrada A, de ordem *n*, tal que

$$A^t = -A.$$

Decorre da definição que, se $A = (a_{ij})$ é uma matriz antissimétrica, temos:

$a_{ij} = -a_{ji}$; $\forall i, \forall j \in \{1, 2, 3, ..., n\}$

isto é, os elementos simetricamente dispostos em relação à diagonal principal são opostos.

Exemplo:
São antissimétricas as matrizes:

$$\begin{bmatrix} 0 & a \\ -a & 0 \end{bmatrix} \quad \begin{bmatrix} 0 & a & b \\ -a & 0 & c \\ -b & -c & 0 \end{bmatrix} \quad \begin{bmatrix} 0 & a & b & c \\ -a & -0 & d & e \\ -b & -d & 0 & f \\ -c & -e & -f & 0 \end{bmatrix}$$

EXERCÍCIOS

230. Determine, em cada caso, a matriz X:

a) $X = \begin{bmatrix} 1 & 2 & 5 \\ -1 & 7 & 2 \end{bmatrix}^t$

b) $X + \begin{bmatrix} 1 & 2 \\ 5 & 1 \end{bmatrix} = \begin{bmatrix} 0 & 0 \\ 2 & 3 \end{bmatrix}^t$

c) $2X = \begin{bmatrix} 1 & 1 & 1 \\ 2 & 3 & 4 \end{bmatrix}^t$

d) $3X^t = \begin{bmatrix} 1 & 1 \\ 2 & 7 \end{bmatrix} - \begin{bmatrix} 1 & 4 \\ 7 & 2 \end{bmatrix}$

231. Sendo $A = \begin{bmatrix} 1 & 2 & -1 \\ 0 & -1 & 2 \end{bmatrix}$, $B = \begin{bmatrix} 2 & -1 \\ 1 & 0 \end{bmatrix}$ e A^t a matriz transposta de A, determine o valor de $A^t \cdot B$.

232. Determine x, y, z para que a matriz

$A = \begin{bmatrix} 1 & x & 5 \\ 2 & 7 & -4 \\ y & z & -3 \end{bmatrix}$ seja simétrica.

233. Determine x, y e z de modo que a matriz

$A = \begin{bmatrix} 0 & -4 & 2 \\ x & 0 & 1-z \\ y & 2z & 0 \end{bmatrix}$ seja antissimétrica.

234. Prove que, se A e B são matrizes simétricas de ordem n, então $A + B$ também é simétrica.

VIII. Matrizes inversíveis

57. Definição

Seja A uma matriz quadrada de ordem n. Dizemos que A é **matriz inversível** se existir uma matriz B tal que $AB = BA = I_n$. Se A não é inversível, dizemos que A é uma matriz singular.

58. Teorema

Se A é inversível, então é única a matriz B tal que $AB = BA = I_n$.

Demonstração:

Admitamos que exista uma matriz C tal que $AC = CA = I_n$. Temos:

$C = I_n C = (BA)C = B(AC) = BI_n = B$.

59. Definição

Dada uma matriz inversível A, chama-se **inversa de A** a matriz A^{-1} (que é única) tal que $AA^{-1} = A^{-1}A = I_n$.

É evidente que A^{-1} deve ser também quadrada de ordem n, pois A^{-1} comuta com A.

Exemplos:

1º) A matriz $A = \begin{bmatrix} 1 & 3 \\ 2 & 7 \end{bmatrix}$ é inversível e $A^{-1} = \begin{bmatrix} 7 & -3 \\ -2 & 1 \end{bmatrix}$, pois:

$AA^{-1} = \begin{bmatrix} 1 & 3 \\ 2 & 7 \end{bmatrix} \begin{bmatrix} 7 & -3 \\ -2 & 1 \end{bmatrix} = \begin{bmatrix} 1 & 0 \\ 0 & 1 \end{bmatrix} = I_2$

$A^{-1}A = \begin{bmatrix} 7 & -3 \\ -2 & 1 \end{bmatrix} \begin{bmatrix} 1 & 3 \\ 2 & 7 \end{bmatrix} = \begin{bmatrix} 1 & 0 \\ 0 & 1 \end{bmatrix} = I_2$

2º) A matriz $A = \begin{bmatrix} 1 & 2 & 7 \\ 0 & 3 & 1 \\ 0 & 5 & 2 \end{bmatrix}$ é inversível e $A^{-1} = \begin{bmatrix} 1 & 31 & -19 \\ 0 & 2 & -1 \\ 0 & -5 & 3 \end{bmatrix}$, pois:

MATRIZES

$$AA^{-1} = \begin{bmatrix} 1 & 2 & 7 \\ 0 & 3 & 1 \\ 0 & 5 & 2 \end{bmatrix} \begin{bmatrix} 1 & 31 & -19 \\ 0 & 2 & -1 \\ 0 & -5 & 3 \end{bmatrix} = \begin{bmatrix} 1 & 0 & 0 \\ 0 & 1 & 0 \\ 0 & 0 & 1 \end{bmatrix} = I_3$$

$$A^{-1}A = \begin{bmatrix} 1 & 31 & -19 \\ 0 & 2 & -1 \\ 0 & -5 & 3 \end{bmatrix} \begin{bmatrix} 1 & 2 & 7 \\ 0 & 3 & 1 \\ 0 & 5 & 2 \end{bmatrix} = \begin{bmatrix} 1 & 0 & 0 \\ 0 & 1 & 0 \\ 0 & 0 & 1 \end{bmatrix} = I_3$$

3º) Qual é a inversa da matriz $A = \begin{bmatrix} 3 & 7 \\ 5 & 11 \end{bmatrix}$?

Fazendo $A^{-1} = \begin{bmatrix} a & b \\ c & d \end{bmatrix}$, temos:

$$A^{-1}A = I_2 \Rightarrow \begin{bmatrix} a & b \\ c & d \end{bmatrix} \begin{bmatrix} 3 & 7 \\ 5 & 11 \end{bmatrix} = \begin{bmatrix} 1 & 0 \\ 0 & 1 \end{bmatrix} \Rightarrow$$

$$\Rightarrow \begin{bmatrix} 3a + 5b & 7a + 11b \\ 3c + 5d & 7c + 11d \end{bmatrix} = \begin{bmatrix} 1 & 0 \\ 0 & 1 \end{bmatrix}$$

Pela definição de igualdade de matrizes, temos:

$$\begin{cases} 3a + 5b = 1 \\ 7a + 11b = 0 \end{cases} \Rightarrow a = -\frac{11}{2} \text{ e } b = \frac{7}{2}$$

e

$$\begin{cases} 3c + 5d = 0 \\ 7c + 11d = 1 \end{cases} \Rightarrow c = \frac{5}{2} \text{ e } d = -\frac{3}{2}$$

isto é, $A^{-1} = \begin{bmatrix} -\frac{11}{2} & \frac{7}{2} \\ \frac{5}{2} & -\frac{3}{2} \end{bmatrix}$, pois temos também:

$$AA^{-1} = \begin{bmatrix} 3 & 7 \\ 5 & 11 \end{bmatrix} \begin{bmatrix} -\frac{11}{2} & \frac{7}{2} \\ \frac{5}{2} & -\frac{3}{2} \end{bmatrix} = \begin{bmatrix} 1 & 0 \\ 0 & 1 \end{bmatrix} = I_2$$

4º) A matriz $\begin{bmatrix} 1 & 2 \\ 4 & 8 \end{bmatrix}$ é singular (não é inversível), pois, se $A^{-1} = \begin{bmatrix} a & b \\ c & d \end{bmatrix}$, decorre:

$$\begin{bmatrix} 1 & 2 \\ 4 & 8 \end{bmatrix} \begin{bmatrix} a & b \\ c & d \end{bmatrix} = \begin{bmatrix} 1 & 0 \\ 0 & 1 \end{bmatrix} \Rightarrow$$

$$\Rightarrow \begin{bmatrix} a+2c & b+2d \\ 4a+8c & 4b+8d \end{bmatrix} = \begin{bmatrix} 1 & 0 \\ 0 & 1 \end{bmatrix} \text{ e então:}$$

$$\underbrace{a + 2c = 1, \ 4a + 8c = 0}_{\text{impossível}}, \ \underbrace{b + 2d = 0 \text{ e } 4b + 8d = 1}_{\text{impossível}}$$

Portanto, não existem a, b, c, d satisfazendo a definição.

5º) Qual é a inversa da matriz $A = \begin{bmatrix} 1 & 1 & 1 \\ 2 & 3 & 1 \\ 4 & 9 & 1 \end{bmatrix}$?

Fazendo $A^{-1} = \begin{bmatrix} a & b & c \\ d & e & f \\ g & h & i \end{bmatrix}$, resulta:

$$A^{-1}A = I_3 \Rightarrow \begin{bmatrix} a & b & c \\ d & e & f \\ g & h & i \end{bmatrix} \begin{bmatrix} 1 & 1 & 1 \\ 2 & 3 & 1 \\ 4 & 9 & 1 \end{bmatrix} = \begin{bmatrix} 1 & 0 & 0 \\ 0 & 1 & 0 \\ 0 & 0 & 1 \end{bmatrix} \Rightarrow$$

$$\Rightarrow \begin{bmatrix} a+2b+4c & a+3b+9c & a+b+c \\ d+2e+4f & d+3e+9f & d+e+f \\ g+2h+4i & g+3h+9i & g+h+i \end{bmatrix} = \begin{bmatrix} 1 & 0 & 0 \\ 0 & 1 & 0 \\ 0 & 0 & 1 \end{bmatrix}$$

Devemos ter: $\begin{cases} a + 2b + 4c = 1 \\ a + 3b + 9c = 0 \\ a + b + c = 0 \end{cases} \Rightarrow a = -3, \ b = 4, \ c = -1$

$\begin{cases} d + 2e + 4f = 0 \\ d + 3e + 9f = 1 \\ d + e + f = 0 \end{cases} \Rightarrow d = 1, \ e = -\dfrac{3}{2}, \ f = \dfrac{1}{2}$

$$\begin{cases} g + 2h + 4i = 0 \\ g + 3h + 9i = 0 \\ g + h + i = 1 \end{cases} \Rightarrow g = 3, \ h = -\frac{5}{2}, \ i = \frac{1}{2}$$

Portanto, vem:

$$A^{-1} = \begin{bmatrix} -3 & 4 & -1 \\ 1 & -\dfrac{3}{2} & \dfrac{1}{2} \\ 3 & -\dfrac{5}{2} & \dfrac{1}{2} \end{bmatrix}$$

60. Observação

Do exposto, observamos que, para determinar a inversa de uma matriz quadrada de ordem *n*, temos de obter n^2 incógnitas, resolvendo *n* sistemas de *n* equações a *n* incógnitas cada um. Isso não é nada prático. No final do capítulo sobre determinantes, expomos um outro método para se obter a inversa de uma matriz.

Uma aplicação prática da inversa de uma matriz é exposta no início do capítulo sobre sistemas lineares.

EXERCÍCIOS

235. Determine a inversa de cada matriz abaixo:

$$A = \begin{bmatrix} 5 & 6 \\ 4 & 5 \end{bmatrix} \quad B = \begin{bmatrix} 2 & 5 \\ 1 & 3 \end{bmatrix} \quad C = \begin{bmatrix} 1 & 0 \\ 0 & 2 \end{bmatrix} \quad D = \begin{bmatrix} 1 & -1 \\ 1 & 1 \end{bmatrix}$$

236. Determine a inversa de cada matriz abaixo:

$$A = \begin{bmatrix} 1 & 1 & 0 \\ 1 & 0 & 1 \\ 0 & 1 & 1 \end{bmatrix} \quad B = \begin{bmatrix} 1 & 0 & 1 \\ 1 & 2 & 3 \\ 1 & 2 & 4 \end{bmatrix} \quad C = \begin{bmatrix} 1 & 9 & 5 \\ 3 & 1 & 2 \\ 6 & 4 & 4 \end{bmatrix}$$

237. Sejam $A = \begin{bmatrix} 1 & 2 \\ 1 & 4 \end{bmatrix}$ e $B = \begin{bmatrix} 2 & -1 \\ x & y \end{bmatrix}$ duas matrizes. Se B é a inversa de A, calcule o valor de x + y.

238. Sendo $A = \begin{bmatrix} 2 & 1 \\ x & x \end{bmatrix}$, determine os valores de x tais que $A + A^{-1} = \begin{bmatrix} 3 & 0 \\ 0 & 3 \end{bmatrix}$.

239. Se $A = \begin{bmatrix} 1 & 0 \\ 0 & -1 \end{bmatrix}$, determine $(A + A^{-1})^3$.

240. Resolva a equação matricial:
$$\begin{bmatrix} 3 & 4 \\ 2 & 3 \end{bmatrix} X = \begin{bmatrix} -1 \\ -1 \end{bmatrix}$$

Solução 1

Fazendo $\begin{bmatrix} 3 & 4 \\ 2 & 3 \end{bmatrix} = A$ e $\begin{bmatrix} -1 \\ -1 \end{bmatrix} = B$, vemos que a equação dada é AX = B.

Temos:
$\exists$ AX, A é 2 × 2 e X é m × n $\Rightarrow$ m = 2
AX = B e B é 2 × 1 $\Rightarrow$ n = 1

Fazendo $X = \begin{bmatrix} a \\ b \end{bmatrix}$, vem:

$\begin{bmatrix} 3 & 4 \\ 2 & 3 \end{bmatrix} \begin{bmatrix} a \\ b \end{bmatrix} = \begin{bmatrix} -1 \\ -1 \end{bmatrix} \Leftrightarrow \begin{bmatrix} 3a + 4b \\ 2a + 3b \end{bmatrix} = \begin{bmatrix} -1 \\ -1 \end{bmatrix} \Leftrightarrow \begin{cases} 3a + 4b = -1 \\ 2a + 3b = -1 \end{cases}$

e, então, a = 1 e b = –1; portanto, $X = \begin{bmatrix} 1 \\ -1 \end{bmatrix}$.

Solução 2

Notando que, se A é matriz inversível, então AX = B $\Rightarrow$ X = $A^{-1}B$, temos:

$X = A^{-1}B = \begin{bmatrix} 3 & -4 \\ -2 & 3 \end{bmatrix} \begin{bmatrix} -1 \\ -1 \end{bmatrix} = \begin{bmatrix} 1 \\ -1 \end{bmatrix}$

MATRIZES

241. Resolva as equações matriciais abaixo:

a) $\begin{bmatrix} 1 & 2 \\ 1 & 3 \end{bmatrix} X = \begin{bmatrix} 13 \\ 18 \end{bmatrix}$

c) $\begin{bmatrix} \cos a & \operatorname{sen} a \\ -\operatorname{sen} a & \cos a \end{bmatrix} X = \begin{bmatrix} \cos 2a \\ \operatorname{sen} 2a \end{bmatrix}$

b) $X \begin{bmatrix} 3 & 4 \\ 1 & 3 \end{bmatrix} = \begin{bmatrix} 7 \\ 5 \end{bmatrix}$

d) $\begin{bmatrix} 0 & 1 \\ 1 & 0 \end{bmatrix} X = \begin{bmatrix} 9 \\ -7 \end{bmatrix}$

242. Resolva as equações matriciais abaixo:

a) $\begin{bmatrix} 1 & 0 & 0 \\ 2 & 1 & 0 \\ 2 & 3 & 1 \end{bmatrix} X = \begin{bmatrix} 5 \\ 7 \\ 2 \end{bmatrix}$

b) $X \begin{bmatrix} 0 & 0 & 1 \\ 0 & 1 & 2 \\ 1 & 2 & 3 \end{bmatrix} = \begin{bmatrix} -1 \\ -3 \\ -6 \end{bmatrix}$

243. Se $A = \begin{bmatrix} 1 & 4 \\ 1 & 2 \end{bmatrix}$ e $B = \begin{bmatrix} 1 & 2 \\ 1 & 1 \end{bmatrix}$, determine a matriz X, de ordem 2, tal que $AX = B$.

244. Dadas $A = \begin{bmatrix} 3 & 0 \\ 0 & -2 \end{bmatrix}$, $P = \begin{bmatrix} 2 & -1 \\ 3 & 5 \end{bmatrix}$ e $B = \dfrac{1}{13} \begin{bmatrix} a & 10 \\ 75 & b \end{bmatrix}$, determine os valores de a e b, tais que $B = PAP^{-1}$.

245. Expresse X em função de A, B e C, sabendo que A, B e C são matrizes quadradas de ordem n inversíveis e $AXB = C$.

> **Solução**
>
> Vamos multiplicar ambos os membros da igualdade $AXB = C$ por A^{-1}:
>
> $A^{-1}AXB = A^{-1}C \Leftrightarrow I_n XB = A^{-1}C \Leftrightarrow XB = A^{-1}C$
>
> Vamos multiplicar ambos os membros da igualdade $XB = A^{-1}C$ por B^{-1}:
>
> $XBB^{-1} = A^{-1}CB^{-1} \Leftrightarrow XI_n = A^{-1}CB^{-1} \Leftrightarrow X = A^{-1}CB^{-1}$
>
> Temos, portanto: $X = A^{-1}CB^{-1}$.

246. Sendo A e B matrizes inversíveis de ordem n, isole X a partir de cada equação abaixo:

a) $AX = B$ c) $(AX)^{-1} = B$ e) $(AX)^t = B$

b) $AXB = I_n$ d) $BAX = A$ f) $(A + X)^t = B$

247. Dadas as matrizes $A = \begin{bmatrix} 3 & 4 \\ -2 & 1 \end{bmatrix}$ e $B = \begin{bmatrix} 5 & -2 \\ 0 & 3 \end{bmatrix}$, determine a matriz X, de ordem 2, tal que $(XA)^{-1} = B$.

248. Determine X tal que:

a) $\begin{bmatrix} 1 & 2 \\ 1 & 3 \end{bmatrix} \cdot X \cdot \begin{bmatrix} 2 & 3 \\ 3 & 5 \end{bmatrix} = \begin{bmatrix} 0 & 1 \\ 1 & 0 \end{bmatrix}$

b) $\begin{bmatrix} 2 & 2 \\ 5 & 5 \end{bmatrix} + \begin{bmatrix} 1 & 2 \\ 3 & 5 \end{bmatrix} \cdot X = \begin{bmatrix} 1 & 7 \\ 2 & 7 \end{bmatrix}$

249. Prove que, se A e B são matrizes inversíveis de ordem n, então $(AB)^{-1} = B^{-1}A^{-1}$.

Solução

Para provarmos que $C = B^{-1}A^{-1}$ é a matriz inversa de AB, basta mostrar que $C(AB) = (AB)C = I_n$. De fato:

$C(AB) = (B^{-1}A^{-1})(AB) = B^{-1}(A^{-1}A)B = B^{-1}I_nB = B^{-1}B = I_n$;

$(AB)C = (AB)(B^{-1}A^{-1}) = A(BB^{-1})A^{-1} = AI_nA^{-1} = AA^{-1} = I_n$.

250. Prove que, se A, B e C são matrizes inversíveis de ordem n, então $(ABC)^{-1} = C^{-1}B^{-1}A^{-1}$.

251. Verifique diretamente que, se A é uma matriz inversível de ordem 2, então $(A^t)^{-1} = (A^{-1})^t$.

MATRIZES

LEITURA

Cayley e a Teoria das Matrizes

Hygino H. Domingues

A disputa entre Newton e Leibniz (ou, mais exatamente, entre seus adeptos), em torno da primazia da criação do Cálculo, foi negativa para a matemática inglesa, embora Newton tivesse levado vantagem na polêmica. Considerando uma questão de honra nacional ser fiel ao seu mais eminente cientista, nos cem anos seguintes ao início desse episódio, os matemáticos britânicos fixaram-se nos métodos geométricos puros, preferidos de Newton, em detrimento dos métodos analíticos, muito mais produtivos. Como os matemáticos da Europa Continental exploraram grandemente estes últimos métodos nesse período, a matemática britânica acabou ficando bem para trás.

Mas acabou havendo uma reação e a matemática britânica conseguiu voltar ao primeiro plano no século XIX, especialmente em Álgebra, um campo que de modo geral ficara algo marginalizado nesse meio-tempo. E um dos maiores responsáveis por essa reascensão foi Arthur Cayley (1821-1895).

Natural de Richmond, Inglaterra, Cayley descendia de uma família que conciliava talento e tradição. Desde muito cedo demonstrou grande aptidão para os estudos. Diante disso, e atendendo a sugestões de alguns de seus professores, os pais resolveram enviá-lo para estudar em Cambridge, em vez de iniciá-lo nos negócios da família. Assim, em 1838 ingressa no Trinity College, onde iria se graduar com distinção máxima. Logo em seguida inicia-se no ensino, no próprio Trinity, mas desiste três anos depois, pois sua permanência exigiria abraçar a carreira religiosa, o que não estava em seus planos. Nos quinze anos seguintes dedicou-se à advocacia, mas com certeza não integralmente, como mostram os mais de duzentos artigos que publicou no período, na área de Matemática. Foi também nessa época que conheceu James Joseph Sylvester (1814-1897), outro dos grandes expoentes da "álgebra

Arthur Cayley (1821-1895).

britânica" do século XIX, com quem estabeleceu sólida amizade, consolidada até por áreas de pesquisa comuns, como a teoria dos invariantes. Em 1863 aceita convite para ocupar uma nova cadeira de matemática pura criada em Cambridge, à testa da qual ficou até a morte (salvo um semestre de 1882, em que deu cursos nos Estados Unidos).

Em volume de produção matemática, em todos os tempos, Cayley talvez só seja superado por Euler e Cauchy. E, embora sua obra seja bastante diversificada, foi no campo da Álgebra, com a grande facilidade que tinha para formulações abstratas, que mais se sobressaiu. Assim, por exemplo, deve-se a ele, num artigo de 1854, a noção de **grupo abstrato**. (Galois, que introduzira o termo **grupo** em 1830, com o sentido atual, só considerara grupos de permutações.) Outra contribuição importante de Cayley, iniciada em 1843, é a geometria analítica n-dimensional, em cuja elaboração utiliza determinantes e coordenadas homogêneas como instrumentos essenciais.

O início da teoria das matrizes remonta a um artigo de Cayley de 1855. Diga-se de passagem, porém, que o termo **matriz** já fora usado, com o mesmo sentido, cinco anos antes por Sylvester. Nesse artigo, Cayley fez questão de salientar que, embora logicamente a ideia de matriz preceda a de determinante, historicamente ocorreu o contrário: de fato, os determinantes já eram usados há muito na resolução de sistemas lineares. Quanto às matrizes, Cayley introduziu-as para simplificar a notação de uma transformação linear. Assim, em lugar de

$$\begin{cases} x' = ax + by \\ y' = cx + dy \end{cases} \quad \text{escrevia} \quad (x', y') = \begin{bmatrix} a & b \\ c & d \end{bmatrix} (x, y).$$

A observação do efeito de duas transformações sucessivas sugeriu-lhe a definição de produto de matrizes. Daí chegou à ideia de inversa de uma matriz, o que obviamente pressupõe a de elemento neutro (no caso, a matriz idêntica). Curiosamente, foi só num outro artigo, três anos depois, que Cayley introduziu o conceito de adição de matrizes e o de multiplicação de matrizes por escalares, chamando inclusive a atenção para as propriedades algébricas dessas operações.

Ao desenvolver a teoria das matrizes, como outros assuntos, a grande preocupação de Cayley era com a forma e a estrutura em Álgebra. O século XX se encarregaria de encontrar inúmeras aplicações para suas matrizes.

CAPÍTULO V

Determinantes

I. Introdução

A teoria dos determinantes teve origem em meados do século XVII, quando eram estudados processos para resolução de sistemas lineares de equações. Hoje em dia, embora não sejam um instrumento prático para resolução de sistemas, os determinantes são utilizados, por exemplo, para sintetizar certas expressões matemáticas complicadas.

II. Definição de determinante ($n \leq 3$)

Consideremos o conjunto das **matrizes quadradas** de elementos reais. Seja M uma matriz de ordem *n* desse conjunto. Chamamos **determinante da matriz M** (e indicamos por det M) o número que podemos obter operando com os elementos de M da seguinte forma:

61. 1º) **Se M é de ordem n = 1**, então det M é o único elemento de M.

$M = [a_{11}] \Rightarrow \det M = a_{11}$

Exemplo:

$M = [6] \Rightarrow \det M = 6.$

Podemos também indicar o **determinante de M** pelo símbolo $|a_{11}|$, isto é, colocando uma barra vertical de cada lado de M.

62. 2º) **Se M é de ordem n = 2**, então det M é o produto dos elementos da diagonal principal menos o produto dos elementos da diagonal secundária.

$$M = \begin{bmatrix} a_{11} & a_{12} \\ a_{21} & a_{22} \end{bmatrix} \Rightarrow \det M = \begin{vmatrix} a_{11} & a_{12} \\ a_{21} & a_{22} \end{vmatrix} = a_{11}a_{22} - a_{12}a_{21}$$

Exemplos:

$$\begin{vmatrix} 3 & -1 \\ 4 & 2 \end{vmatrix} = 3 \cdot 2 - 4(-1) = 10$$

$$\begin{vmatrix} \cos x & \sen x \\ \sen y & \cos y \end{vmatrix} = \cos x \cdot \cos y - \sen x \cdot \sen y = \cos (x + y)$$

63. 3º) **Se M é de ordem n = 3**, isto é,

$$M = \begin{bmatrix} a_{11} & a_{12} & a_{13} \\ a_{21} & a_{22} & a_{23} \\ a_{31} & a_{32} & a_{33} \end{bmatrix}, \text{ definimos:}$$

det M = $a_{11} \cdot a_{22} \cdot a_{33} + a_{12} \cdot a_{23} \cdot a_{31} + a_{13} \cdot a_{21} \cdot a_{32} - a_{13} \cdot a_{22} \cdot a_{31} - a_{11} \cdot a_{23} \cdot a_{32} - a_{12} \cdot a_{21} \cdot a_{33}$

Podemos memorizar esta definição da seguinte forma:

a) Repetimos, ao lado da matriz, as duas primeiras colunas.

b) Os termos precedidos pelo sinal $(+)$ são obtidos multiplicando-se os elementos segundo as flechas situadas na direção da diagonal principal:

$a_{11} \cdot a_{22} \cdot a_{33}$; $a_{12} \cdot a_{23} \cdot a_{31}$; $a_{13} \cdot a_{21} \cdot a_{32}$.

c) Os termos precedidos pelo sinal $(-)$ são obtidos multiplicando-se os elementos segundo as flechas situadas na direção da diagonal secundária:

$-a_{13} \cdot a_{22} \cdot a_{31}$; $-a_{11} \cdot a_{23} \cdot a_{32}$; $-a_{12} \cdot a_{21} \cdot a_{33}$.

Este dispositivo prático é conhecido como **regra de Sarrus** para o cálculo de determinantes de ordem 3.

Exemplo:

$$\begin{vmatrix} 1 & 3 & 4 \\ 5 & 2 & -3 \\ 1 & 4 & 2 \end{vmatrix} = 4 - 9 + 80 - 8 + 12 - 30 = 49$$

Uma outra forma de memorizar a definição é a indicada ao lado.

Os termos precedidos pelos sinal $(+)$ são obtidos multiplicando-se os elementos segundo as trajetórias indicadas.

Os termos precedidos pelo sinal $(-)$ são obtidos multiplicando-se os elementos segundo as trajetórias indicadas.

EXERCÍCIOS

252. Calcule os determinantes:

a) $\begin{vmatrix} -3 & -2 \\ 2 & \frac{1}{2} \end{vmatrix}$
b) $\begin{vmatrix} 13 & 7 \\ 11 & 5 \end{vmatrix}$
c) $\begin{vmatrix} 3i & 1 \\ 5 & 2 \end{vmatrix}$

253. Calcule os determinantes:

a) $\begin{vmatrix} \text{sen } x & -\cos x \\ \text{sen } y & \cos y \end{vmatrix}$

b) $\begin{vmatrix} \text{sen } x & -\cos x \\ \cos x & \text{sen } x \end{vmatrix}$

c) $\begin{vmatrix} 2 \cdot \text{sen } x & 3 \cdot \cos x \\ 1 - 2 \cdot \cos x & 3 \cdot \text{sen } x + 2 \end{vmatrix}$

254. Calcule os determinantes:

a) $\begin{vmatrix} \log a & \log b \\ \dfrac{1}{2} & \dfrac{1}{4} \end{vmatrix}$

b) $\begin{vmatrix} 2m^2 & 2m^4 - m \\ m & m^3 - 1 \end{vmatrix}$

255. Sendo $A = (a_{ij})$ uma matriz quadrada de ordem 2 e $a_{ij} = j - i^2$, qual é o determinante da matriz A?

256. Determine x tal que:

a) $\begin{vmatrix} 2x & 3x + 2 \\ 1 & x \end{vmatrix} = 0$

b) $\begin{vmatrix} 2x & x - 2 \\ 4x + 5 & 3x - 1 \end{vmatrix} = 11$

257. Determine o número de raízes reais distintas da equação:

$\begin{vmatrix} x^2 & -1 \\ -1 & x^2 \end{vmatrix} = 0$

258. Sendo x e y, respectivamente, os determinantes das matrizes não singulares

$\begin{bmatrix} a & b \\ c & d \end{bmatrix}$ e $\begin{bmatrix} -2a & 2c \\ -3b & 3d \end{bmatrix}$, calcule $\dfrac{y}{x}$.

259. Calcule os determinantes pela regra de Sarrus:

a) $\begin{vmatrix} 1 & 1 & 0 \\ 0 & 1 & 0 \\ 0 & 1 & 1 \end{vmatrix}$

b) $\begin{vmatrix} 1 & 3 & 2 \\ -1 & 0 & -2 \\ 2 & 5 & 1 \end{vmatrix}$

c) $\begin{vmatrix} -3 & 1 & 7 \\ 2 & 1 & -3 \\ 5 & 4 & 2 \end{vmatrix}$

DETERMINANTES

260. Calcule os determinantes pela regra de Sarrus:

a) $\begin{vmatrix} 9 & 7 & 11 \\ -2 & 1 & 13 \\ 5 & 3 & 6 \end{vmatrix}$
b) $\begin{vmatrix} 0 & a & c \\ -c & 0 & b \\ a & b & 0 \end{vmatrix}$
c) $\begin{vmatrix} 2 & -1 & 0 \\ m & n & 2 \\ 3 & 5 & 4 \end{vmatrix}$

261. Calcule o valor do determinante $D = \begin{vmatrix} 2 & \log_5 5 & \log_5 5 \\ 5 & \log_5 125 & \log_5 25 \\ 8 & \log_3 27 & \log_3 243 \end{vmatrix}$.

262. Se somarmos 4 a todos os elementos da matriz $A = \begin{bmatrix} 1 & 2 & 3 \\ 1 & 1 & m \\ 1 & 1 & 1 \end{bmatrix}$, cujo determinante é D, qual é o determinante da nova matriz?

263. Determine x tal que:

a) $\begin{vmatrix} 1 & x & x \\ 2 & 2x & 1 \\ 3 & x+1 & 1 \end{vmatrix} = 0$
b) $\begin{vmatrix} 1 & x & 1 \\ 1 & -1 & x \\ 1 & -x & 1 \end{vmatrix} = 0$
c) $\begin{vmatrix} 1 & x & 2 \\ -2 & x & -4 \\ 1 & -3 & -x \end{vmatrix} = 0$

264. Determine x tal que:

$\begin{vmatrix} x-1 & 2 & x \\ 0 & 1 & -1 \\ 3x & x+1 & 2x \end{vmatrix} = \begin{vmatrix} 3x & 2x \\ 4 & -x \end{vmatrix}$

265. Determine o conjunto solução da equação $\begin{vmatrix} 0 & 3^x & 1 \\ 0 & 3^x & 2 \\ 4 & 3^x & 3 \end{vmatrix} = 0$.

266. Se $0 < x < 2\pi$, determine o menor valor de x tal que: $\begin{vmatrix} -\operatorname{sen} x & -8 & -5 \\ 0 & -\operatorname{sen} x & \operatorname{cotg} x \\ 0 & 0 & \cos x \end{vmatrix} = 0$.

267. Qual o valor do determinante associado à matriz

$A = \begin{bmatrix} \operatorname{sen}^2 x & \operatorname{sen}^2 x & 0 \\ \cos^2 x & \cos^2 y & \operatorname{sen}^2 y \\ r^2 & 0 & r^2 \end{bmatrix}$?

268. Chama-se **traço** de uma matriz quadrada a soma dos elementos da diagonal principal. Sabendo que o traço vale 9 e o determinante 15, calcule os elementos x e y da matriz:

$$\begin{bmatrix} 1 & 2 & 3 \\ 0 & x & z \\ 0 & 0 & y \end{bmatrix}$$

III. Menor complementar e complemento algébrico

64. Definição

Consideremos uma matriz M de ordem $n \geq 2$; seja a_{ij} um elemento de M. Definimos **menor complementar do elemento a_{ij}**, e indicamos por D_{ij}, como sendo o determinante da matriz que se obtém suprimindo a linha i e a coluna j de M.

65. Exemplos:

1º) Seja $M = \begin{bmatrix} 4 & 3 & 4 \\ 2 & 1 & 5 \\ 3 & 3 & 2 \end{bmatrix}$ e calculemos D_{11}, D_{21}, D_{31}.

Temos:

$\begin{bmatrix} 4 & 3 & 4 \\ 2 & 1 & 5 \\ 3 & 3 & 2 \end{bmatrix}$, então $D_{11} = \begin{vmatrix} 1 & 5 \\ 3 & 2 \end{vmatrix} = -13$

$\begin{bmatrix} 4 & 3 & 4 \\ 2 & 1 & 5 \\ 3 & 3 & 2 \end{bmatrix}$, então $D_{21} = \begin{vmatrix} 3 & 4 \\ 3 & 2 \end{vmatrix} = -6$

$\begin{bmatrix} 4 & 3 & 4 \\ 2 & 1 & 5 \\ 3 & 3 & 2 \end{bmatrix}$, então $D_{31} = \begin{vmatrix} 3 & 4 \\ 1 & 5 \end{vmatrix} = 11$

2º) Seja $M = \begin{bmatrix} 5 & 6 \\ 7 & 8 \end{bmatrix}$ e calculemos D_{12}, D_{22}.

Temos: $\begin{bmatrix} 5 & 6 \\ 7 & 8 \end{bmatrix}$, então $D_{12} = |7| = 7$

$\begin{bmatrix} 5 & 6 \\ 7 & 8 \end{bmatrix}$, então $D_{22} = |5| = 5$.

66. Definição

Consideremos uma matriz de ordem $n \geq 2$; seja a_{ij} um elemento de M. Definimos **complemento algébrico do elemento a_{ij}** (ou cofator de a_{ij}) e indicamos por A_{ij}, o número $(-1)^{i+j} \cdot D_{ij}$.

Exemplo:

Seja $M = \begin{bmatrix} 2 & 3 & -2 \\ 1 & 4 & 8 \\ 7 & 5 & 3 \end{bmatrix}$ e calculemos A_{11}, A_{12}, A_{13}.

Temos:

$\begin{bmatrix} 2 & 3 & -2 \\ 1 & 4 & 8 \\ 7 & 5 & 3 \end{bmatrix}$, então $A_{11} = (-1)^{1+1} \begin{vmatrix} 4 & 8 \\ 5 & 3 \end{vmatrix} = -28$.

$\begin{bmatrix} 2 & 3 & 2 \\ 1 & 4 & 8 \\ 7 & 5 & 3 \end{bmatrix}$, então $A_{12} = (-1)^{1+2} \begin{vmatrix} 1 & 8 \\ 7 & 3 \end{vmatrix} = 53$.

$\begin{bmatrix} 2 & 3 & 2 \\ 1 & 4 & 8 \\ 7 & 5 & 3 \end{bmatrix}$, então $A_{13} = (-1)^{1+3} \begin{vmatrix} 1 & 4 \\ 7 & 5 \end{vmatrix} = -23$.

IV. Definição de determinante por recorrência (caso geral)

Já vimos no tópico II a definição de determinante para matrizes de ordem 1, 2 e 3. Vamos agora, com o auxílio do conceito de cofator (complemento algébrico), dar a definição de determinante, válida para matrizes de ordem *n* qualquer.

Seja M uma matriz de ordem n. Definimos determinante da matriz M e indicamos por det M, da seguinte forma:

1º) Se M é de ordem 1, então $M = [a_{11}]$ e det $M = a_{11}$.

2º) Se M é de ordem $n \geq 2$, então

$$M = \begin{bmatrix} a_{11} & a_{12} & \cdots & a_{1n} \\ a_{21} & a_{22} & \cdots & a_{2n} \\ \cdots & \cdots & \cdots & \cdots \\ a_{n1} & a_{n2} & \cdots & a_{nn} \end{bmatrix} \text{ e definimos det } M = \begin{vmatrix} a_{11} & a_{12} & \cdots & a_{1n} \\ a_{21} & a_{22} & \cdots & a_{2n} \\ \cdots & \cdots & \cdots & \cdots \\ a_{n1} & a_{n2} & \cdots & a_{nn} \end{vmatrix} =$$

$$= a_{11} \cdot A_{11} + a_{21} \cdot A_{21} + a_{31} \cdot A_{31} + \ldots + a_{n1} \cdot A_{n1} = \sum_{i=1}^{n} a_{i1} \cdot A_{i1}.$$

Isto é, o determinante de uma matriz de ordem $n \geq 2$ é **a soma dos produtos dos elementos da 1ª coluna pelos respectivos cofatores**.

67. Exemplos:

1º) $\begin{vmatrix} a & b \\ c & d \end{vmatrix} = a \cdot A_{11} + c \cdot A_{21} = a \cdot (-1)^2 \cdot |d| + c \cdot (-1)^3 \cdot |b| = ad - bc$

que coincide com a definição particular dada em II.

2º) $\begin{vmatrix} a & b & c \\ d & e & f \\ g & h & i \end{vmatrix} = a \cdot A_{11} + d \cdot A_{21} + \cdot A_{31} =$

$$= a \cdot (-1)^2 \cdot \begin{vmatrix} e & f \\ h & i \end{vmatrix} + d \cdot (-1)^3 \cdot \begin{vmatrix} b & c \\ h & i \end{vmatrix} + g \cdot (-1)^4 \cdot \begin{vmatrix} b & c \\ e & f \end{vmatrix} =$$

$= a(ei - hf) - d(bi - ch) + g(bf - ce) = aei + dhc + gbf - gce - dbi - ahf$, que coincide com a definição dada no tópico II (ver regra de Sarrus).

DETERMINANTES

3º) $\begin{vmatrix} 3 & 1 & 2 & -2 \\ 0 & 2 & 0 & 4 \\ 0 & 4 & 1 & -2 \\ 0 & 1 & 3 & 3 \end{vmatrix} = 3 \cdot A_{11} + \underbrace{0 \cdot A_{21}}_{0} + \underbrace{0 \cdot A_{31}}_{0} + \underbrace{0 \cdot A_{41}}_{0} =$

$= 3 \cdot A_{11} = 3 \cdot (-1)^2 \cdot \begin{vmatrix} 2 & 0 & 4 \\ 4 & 1 & -2 \\ 1 & 3 & 3 \end{vmatrix} = 3 \cdot 62 = 186$

4º) $\begin{vmatrix} 1 & 2 & 1 & 1 \\ 2 & 1 & 4 & 3 \\ 3 & 0 & 0 & 2 \\ 4 & 3 & 2 & -5 \end{vmatrix} = 1 \cdot A_{11} + 2 \cdot A_{21} + 3 \cdot A_{31} + 4 \cdot A_{41} =$

$= \begin{vmatrix} 1 & 4 & 3 \\ 0 & 0 & 2 \\ 3 & 2 & -5 \end{vmatrix} - 2 \cdot \begin{vmatrix} 2 & 1 & 1 \\ 0 & 0 & 2 \\ 3 & 2 & -5 \end{vmatrix} + 3 \cdot \begin{vmatrix} 2 & 1 & 1 \\ 1 & 4 & 3 \\ 3 & 2 & -5 \end{vmatrix} = -4 \cdot \begin{vmatrix} 2 & 1 & 1 \\ 1 & 4 & 3 \\ 0 & 0 & 2 \end{vmatrix} =$

$= 20 - 2(-2) + 3 \cdot (-48) - 4 \cdot (14) = -176$

68. Observação

Notemos que, no exemplo 4º, quando a 1ª coluna não possui zeros, o cálculo do determinante torna-se trabalhoso. Isso pode ser atenuado, de certo modo, com o teorema que veremos a seguir.

EXERCÍCIOS

269. Seja

$M = \begin{bmatrix} 2 & 4 & 3 \\ 5 & 2 & 1 \\ -3 & 7 & -1 \end{bmatrix}$; calcule D_{21}, D_{22}, D_{23}.

270. Encontre o cofator de 3 na matriz

$$M = \begin{bmatrix} 2 & 4 & 1 & 0 \\ 6 & -2 & 5 & 7 \\ -1 & 7 & 2 & 4 \\ 0 & 3 & -1 & -10 \end{bmatrix}$$

271. Seja

$$M = \begin{bmatrix} 1 & -1 & 0 & 0 \\ 0 & 2 & -2 & 1 \\ 3 & 3 & 4 & 1 \\ 4 & 5 & 7 & 6 \end{bmatrix}; \text{ calcule } D_{13}, D_{24}, D_{32}, D_{43}.$$

272. Seja

$$M = \begin{bmatrix} 1 & 0 & 2 & 0 \\ 1 & -3 & 4 & 0 \\ 5 & 2 & -1 & 2 \\ -2 & 2 & 0 & 3 \end{bmatrix}; \text{ calcule } D_{11}, D_{22}, D_{33}, D_{44}.$$

273. Determine o cofator do elemento a_{23} da matriz $A = \begin{bmatrix} 2 & 1 & 3 \\ 1 & 2 & 1 \\ 0 & 1 & 2 \end{bmatrix}$.

274. Calcule os determinantes das matrizes abaixo, usando a definição:

a) $M = \begin{bmatrix} 1 & 0 & -1 & 3 \\ 2 & 3 & 4 & 2 \\ 0 & 2 & 5 & 1 \\ 4 & 1 & 0 & 0 \end{bmatrix}$
b) $M = \begin{bmatrix} 2 & 4 & 2 & 4 \\ 0 & 1 & 1 & 0 \\ 1 & 0 & 2 & 3 \\ 3 & 0 & 1 & 0 \end{bmatrix}$

V. Teorema fundamental (de Laplace)

O determinante de uma matriz M, de ordem $n \geq 2$, é a soma dos produtos dos elementos de uma fila qualquer (linha ou coluna) pelos respectivos cofatores.

Isto é,

a) Se escolhermos a coluna j da matriz M

$$\begin{bmatrix} a_{11} & a_{12} & \cdots & a_{1j} & \cdots & a_{1n} \\ a_{21} & a_{22} & \cdots & a_{2j} & \cdots & a_{2n} \\ \cdots & \cdots & \cdots & \cdots & \cdots & \cdots \\ a_{n1} & a_{n2} & \cdots & a_{nj} & \cdots & a_{nn} \end{bmatrix}$$

Então: $\det M = a_{1j} \cdot A_{ij} + a_{2j} \cdot A_{2j} + \ldots + a_{nj} \cdot A_{nj}$.

b) Se escolhermos a linha i da matriz M

$$\begin{bmatrix} a_{11} & a_{12} & \cdots & a_{1n} \\ a_{21} & a_{22} & \cdots & a_{2n} \\ \cdots & \cdots & \cdots & \cdots \\ a_{i1} & a_{i2} & \cdots & a_{in} \\ \cdots & \cdots & \cdots & \cdots \\ a_{n1} & a_{n2} & \cdots & a_{nn} \end{bmatrix}$$

Então: $\det M = a_{i1} \cdot A_{i1} + a_{i2} \cdot A_{i2} + \ldots + a_{in} \cdot A_{in}$.

Portanto, para calcularmos um determinante, não precisamos necessariamente dos elementos da 1ª coluna e seus cofatores; qualquer outra coluna (ou linha) e seus cofatores permitem o cálculo.

Para calcularmos o determinante:

$$\begin{vmatrix} 1 & 2 & 1 & 1 \\ 2 & 1 & 4 & 3 \\ 3 & 0 & 0 & 2 \\ 4 & 3 & 2 & 5 \end{vmatrix}$$

Se escolhermos a 3ª linha para seu cálculo, obteremos:

$\det M = 3 \cdot A_{31} + \underbrace{0 \cdot A_{32}}_{0} + \underbrace{0 \cdot A_{33}}_{0} + 2 \cdot A_{34} = 3 \cdot A_{31} + 2 \cdot A_{34}$ e só teremos que calcular dois cofatores, em vez de quatro se usássemos a definição.

Concluímos então que, quanto mais zeros houver em uma fila, mais fácil será o cálculo do determinante se usarmos essa fila. Em particular, se a matriz tiver uma fila de zeros, seu determinante será zero.

EXERCÍCIOS

275. Calcule os determinantes das matrizes abaixo utilizando o teorema de Laplace.

a) $M = \begin{bmatrix} 3 & 4 & 2 & 1 \\ 5 & 0 & -1 & -2 \\ 0 & 0 & 4 & 0 \\ -1 & 0 & 3 & 3 \end{bmatrix}$

d) $M = \begin{bmatrix} 1 & 2 & 3 & 4 & 5 \\ 0 & a & -1 & 3 & 1 \\ 0 & 0 & b & 2 & 3 \\ 0 & 0 & 0 & c & 2 \\ 0 & 0 & 0 & 0 & d \end{bmatrix}$

b) $M = \begin{bmatrix} 0 & a & b & 1 \\ 0 & 1 & 0 & 0 \\ a & a & 0 & b \\ 1 & b & a & 0 \end{bmatrix}$

e) $M = \begin{bmatrix} x & 0 & 0 & 0 & 0 & 0 \\ a & y & 0 & 0 & 0 & 0 \\ l & p & z & 0 & 0 & 0 \\ m & n & p & x & 0 & 0 \\ b & c & d & e & y & 0 \\ a & b & c & d & e & z \end{bmatrix}$

c) $M = \begin{bmatrix} 1 & 3 & 2 & 0 \\ 3 & 1 & 0 & 2 \\ 2 & 3 & 0 & 1 \\ 0 & 2 & 1 & 3 \end{bmatrix}$

276. Desenvolva o determinante abaixo, pelos elementos da 2ª coluna.

$D = \begin{vmatrix} 0 & a & 1 & 0 \\ 1 & b & -1 & 1 \\ 2 & c & 0 & -1 \\ 0 & d & 1 & 0 \end{vmatrix}$

277. Calcule o valor do determinante $\begin{vmatrix} 1 & 2 & 3 & -4 & 2 \\ 0 & 1 & 0 & 0 & 0 \\ 0 & 4 & 0 & 2 & 1 \\ 0 & -5 & 5 & 1 & 4 \\ 0 & 1 & 0 & -1 & 2 \end{vmatrix}$.

278. Determine o valor de x para que $\begin{vmatrix} a & 0 & b & 0 & x \\ c & 0 & d & x & e \\ f & 0 & x & 0 & 0 \\ g & x & h & i & j \\ x & 0 & 0 & 0 & 0 \end{vmatrix} < -32.$

VI. Propriedades dos determinantes

A definição de determinante e o teorema de Laplace permitem-nos o cálculo de qualquer determinante; contudo, é possível simplificar o cálculo com o emprego de certas propriedades. Vejamos quais são elas.

69. (P_1) Matriz transposta

Se M é a matriz de ordem n e M^t sua transposta, então $\det M^t = \det M$.

Demonstração:
Vamos usar o princípio da indução finita.

1ª parte
Para n = 1, a propriedade é imediata.

2ª parte
Suponhamos a propriedade válida para matrizes de ordem (n − 1) e provemos que ela também será válida para determinantes de ordem n. Temos:

$$M = \begin{bmatrix} a_{11} & a_{12} & a_{13} & \cdots & a_{1n} \\ a_{21} & a_{22} & a_{23} & \cdots & a_{2n} \\ a_{31} & a_{32} & a_{33} & \cdots & a_{3n} \\ \cdots & \cdots & \cdots & \cdots & \cdots \\ a_{n1} & a_{n2} & a_{n3} & \cdots & a_{nn} \end{bmatrix} \quad M^t = \begin{bmatrix} b_{11} & b_{12} & b_{13} & \cdots & b_{1n} \\ b_{21} & b_{22} & b_{23} & \cdots & b_{2n} \\ b_{31} & b_{32} & b_{33} & \cdots & b_{3n} \\ \cdots & \cdots & \cdots & \cdots & \cdots \\ b_{n1} & b_{n2} & b_{n3} & \cdots & b_{nn} \end{bmatrix}$$

em que $b_{ij} = a_{ji}$ $\forall i \in \{1, 2, ..., n\}$ e $\forall j \in \{1, 2, ..., n\}$.

$\det M = a_{11} \cdot A_{11} + a_{21} \cdot A_{21} + a_{31} \cdot A_{31} + ... + a_{n1} \cdot A_{n1}$ (pela 1ª coluna)

$\det M^t = b_{11} \cdot A'_{11} + b_{12} \cdot A'_{12} + b_{13} \cdot A'_{13} + ... + b_{1n} \cdot A'_{1n}$ (pela 1ª linha)

Mas, por definição de matriz transposta, temos:

$a_{11} = b_{11}, a_{21} = b_{12}, a_{31} = b_{13}, \ldots, a_{n1} = b_{1n}$

e pela hipótese da indução temos:

$A_{11} = A'_{11}, A_{21} = A'_{12}, A_{31} = A'_{13}, \ldots, A_{n1} = A'_{1n}$

Logo det M^t = det M.
Portanto, a propriedade é válida para matrizes de ordem n, $\forall n \geqslant 1$.

Exemplos:

$$\begin{vmatrix} 1 & 4 \\ 2 & 5 \end{vmatrix} = \begin{vmatrix} 1 & 2 \\ 4 & 5 \end{vmatrix} = -3$$

$$\begin{vmatrix} 1 & 0 & 2 \\ 3 & 1 & 3 \\ 4 & 5 & 2 \end{vmatrix} = \begin{vmatrix} 1 & 3 & 4 \\ 0 & 1 & 5 \\ 2 & 3 & 2 \end{vmatrix} = 9$$

A importância dessa propriedade reside no fato de que toda propriedade válida para as linhas de uma matriz também é válida para as colunas e vice-versa.

70. (P_2) Fila nula

Se os elementos de uma fila qualquer (linha ou coluna) de uma matriz M de ordem n forem todos nulos, então det M = 0.

Demonstração:

Suponhamos que a j-ésima coluna de M tenha todos os elementos nulos, isto é:

$a_{1j} = a_{2j} = a_{3j} = \ldots = a_{nj} = 0$

Desenvolvendo o determinante por esta fila, temos:

det M = $0 \cdot A_{1j} + 0 \cdot A_{2j} + \ldots + 0 \cdot A_{nj} = 0$

Exemplos:

$$\begin{vmatrix} 3 & 1 & 4 \\ 0 & 0 & 0 \\ a & b & c \end{vmatrix} = 0 \qquad \begin{vmatrix} 1 & 5 & x & 0 \\ 3 & 7 & y & 0 \\ 4 & -2 & z & 0 \\ 2 & 3 & t & 0 \end{vmatrix} = 0$$

DETERMINANTES

71. (P₃) Multiplicação de uma fila por uma constante

Se multiplicarmos uma fila qualquer de uma matriz M de ordem *n* por número K, o determinante da nova matriz M' obtida será o produto de K pelo determinante de M, isto é, det M' = K · det M.

Demonstração:

Seja

$$M = \begin{bmatrix} a_{11} & a_{12} & \cdots & a_{1n} \\ a_{21} & a_{22} & \cdots & a_{2n} \\ \cdots & \cdots & \cdots & \cdots \\ a_{i1} & a_{i2} & \cdots & a_{in} \\ \cdots & \cdots & \cdots & \cdots \\ a_{n1} & a_{n2} & \cdots & a_{nn} \end{bmatrix} \quad e \quad M' = \begin{bmatrix} a_{11} & a_{12} & \cdots & a_{1n} \\ a_{21} & a_{22} & \cdots & a_{2n} \\ \cdots & \cdots & \cdots & \cdots \\ K \cdot a_{i1} & K \cdot a_{i2} & \cdots & K \cdot a_{in} \\ \cdots & \cdots & \cdots & \cdots \\ a_{n1} & a_{n2} & \cdots & a_{nn} \end{bmatrix}$$

Notemos que os cofatores dos elementos da i-ésima linha de M são os mesmos que os da i-ésima linha de M'.
Desenvolvendo det M e det M' pela i-ésima linha, temos:

$$\det M = a_{i1} \cdot A_{i1} + a_{i2} \cdot A_{i2} + \ldots + a_{in} \cdot A_{in} \quad (I)$$

$$\det M' = K \cdot a_{i1} \cdot A_{i1} + K \cdot a_{i2} \cdot A_{i2} + \ldots + K \cdot a_{in} \cdot A_{in} \quad (II)$$

De (I) e (II) concluímos que det M' = K · det M.
A demonstração seria análoga se tomássemos uma coluna de M.

Exemplos:

1º) $\begin{vmatrix} 7 & 14 & 49 \\ 3 & 5 & 2 \\ 0 & 2 & 7 \end{vmatrix} = 7 \cdot \begin{vmatrix} 1 & 2 & 7 \\ 3 & 5 & 2 \\ 0 & 2 & 7 \end{vmatrix}$

2º) $\begin{vmatrix} 5 & 7 & 2 \\ 10 & 28 & 8 \\ 15 & 7 & 16 \end{vmatrix} = 5 \cdot \begin{vmatrix} 1 & 7 & 2 \\ 2 & 28 & 8 \\ 3 & 7 & 16 \end{vmatrix} =$

$$= 5 \cdot 7 \cdot \begin{vmatrix} 1 & 1 & 2 \\ 2 & 4 & 8 \\ 3 & 1 & 16 \end{vmatrix} = 5 \cdot 7 \cdot 2 \cdot \begin{vmatrix} 1 & 1 & 1 \\ 2 & 4 & 4 \\ 3 & 1 & 8 \end{vmatrix} =$$

$$= 5 \cdot 7 \cdot 2 \cdot 2 \cdot \begin{vmatrix} 1 & 1 & 1 \\ 1 & 2 & 2 \\ 3 & 1 & 8 \end{vmatrix} = 140 \cdot \begin{vmatrix} 1 & 1 & 1 \\ 1 & 2 & 2 \\ 3 & 1 & 8 \end{vmatrix}$$

3º) $K \cdot \begin{vmatrix} 1 & 2 & 3 \\ 4 & 5 & 6 \\ 7 & 8 & 5 \end{vmatrix} = \begin{vmatrix} K & 2K & 3K \\ 4 & 5 & 6 \\ 7 & 8 & 5 \end{vmatrix} = \begin{vmatrix} 1 & 2 & 3K \\ 4 & 5 & 6K \\ 7 & 8 & 5K \end{vmatrix}$

4º) Se A é matriz de ordem n, então:
$\det(\alpha \cdot A) = \alpha^n \cdot \det A$.

72. (P$_4$) Troca de filas paralelas

Seja M uma matriz de ordem $n \geq 2$. Se trocarmos de posição duas filas paralelas (duas linhas ou duas colunas), obteremos uma nova matriz M' tal que $\det M' = -\det M$.

Demonstração:

Vamos usar o princípio da indução finita.

1ª parte
Provemos que a propriedade vale para $n = 2$.

Seja $M = \begin{bmatrix} a_{11} & a_{12} \\ a_{21} & a_{22} \end{bmatrix}$, $\det M = a_{11} \cdot a_{22} - a_{12} \cdot a_{21}$.

Trocando de posição as linhas, obtemos:

$M' = \begin{bmatrix} a_{21} & a_{22} \\ a_{11} & a_{12} \end{bmatrix} \Rightarrow \det M' = a_{21} \cdot a_{12} - a_{11} \cdot a_{22} = -\det M$.

Trocando de posição as colunas, obtemos:

$M' = \begin{bmatrix} a_{12} & a_{11} \\ a_{22} & a_{21} \end{bmatrix} \Rightarrow \det M' = a_{12} \cdot a_{21} - a_{11} \cdot a_{22} = -\det M$.

2ª parte

Admitamos que a propriedade seja válida para matrizes de ordem $(n - 1)$ e provemos que ela também será válida para matrizes de ordem n.

Tomemos a linha i, admitindo que ela não seja nenhuma das duas que tenham sido trocadas de lugar. Desenvolvendo det M e det M' por essa linha, temos:

$$\det M = \sum_{j=1}^{n} a_{ij} \cdot A_{ij} \text{ e } \det M' = \sum_{j=1}^{n} a_{ij} \cdot A'_{ij}$$

Como cada cofator A'_{ij} é obtido de A_{ij} trocando de posição duas linhas e, por hipótese de indução, $D'_{ij} = -D_{ij}$, $\forall j \in \{1, 2, ..., n\}$, segue que $A'_{ij} = -A_{ij}$, $\forall j \in \{1, 2, ..., n\}$ e, portanto, det M' $= -$det M.

A demonstração seria análoga se trocássemos de posição duas colunas.

Exemplos:

1º) $\begin{vmatrix} 3 & 4 \\ 7 & 2 \end{vmatrix} = -22$ $\begin{vmatrix} 7 & 2 \\ 3 & 4 \end{vmatrix} = 22$

2º) $\begin{vmatrix} 1 & 4 & -1 \\ 3 & 1 & 2 \\ 0 & 3 & 2 \end{vmatrix} = -37$ $\begin{vmatrix} -1 & 4 & 1 \\ 2 & 1 & 3 \\ 2 & 3 & 0 \end{vmatrix} = 37$

73. (P_5) Filas paralelas iguais

Se uma matriz M de ordem $n \geq 2$ tem duas filas paralelas (duas linhas ou duas colunas) formadas por elementos respectivamente iguais, então det M $= 0$.

Demonstração:

Suponhamos que as linhas de índices i e k sejam formadas por elementos respectivamente iguais, isto é, $a_{ij} = a_{kj}$, $\forall j \in \{1, 2, ..., n\}$.

De acordo com a propriedade P_4, se trocarmos de posição essas duas linhas, obteremos uma nova matriz M' tal que det M' $= -$det M (1).

Por outro lado, M $=$ M' (pois as filas paralelas trocadas são iguais).

Logo det M' $=$ det M (2).

De (1) e (2) concluímos que:

det M $= -$det M $\Rightarrow$ 2 det M $= 0 \Rightarrow$ det M $= 0$.

Analogamente se demonstra para o caso de duas colunas iguais.

Exemplos:

$$\begin{vmatrix} a & b & c \\ 1 & 4 & 7 \\ a & b & c \end{vmatrix} = 0 \qquad \begin{vmatrix} 3 & 2 & 3 \\ 1 & 8 & 1 \\ 7 & 2 & 7 \end{vmatrix} = 0$$

74. (P_6) Teorema de Cauchy

A soma dos produtos dos elementos de uma fila qualquer de uma matriz M, ordenadamente, pelos cofatores dos elementos de uma fila paralela, é igual a zero.

Demonstração:

Seja

$$M = \begin{bmatrix} a_{11} & a_{12} & \cdots & a_{1n} \\ a_{21} & a_{22} & \cdots & a_{2n} \\ \cdots & \cdots & \cdots & \cdots \\ a_{r1} & a_{r2} & \cdots & a_{rn} \\ \cdots & \cdots & \cdots & \cdots \\ a_{s1} & a_{s2} & \cdots & a_{sn} \\ \cdots & \cdots & \cdots & \cdots \\ a_{n1} & a_{n2} & \cdots & a_{nn} \end{bmatrix}$$

Substituindo em M a s-ésima linha pela r-ésima, obtemos a matriz

$$M' = \begin{bmatrix} a_{11} & a_{12} & \cdots & a_{1n} \\ a_{21} & a_{22} & \cdots & a_{2n} \\ \cdots & \cdots & \cdots & \cdots \\ a_{r1} & a_{r2} & \cdots & a_{rn} \\ \cdots & \cdots & \cdots & \cdots \\ a_{r1} & a_{r2} & \cdots & a_{rn} \\ \cdots & \cdots & \cdots & \cdots \\ a_{n1} & a_{n2} & \cdots & a_{nn} \end{bmatrix} \rightarrow \text{linha s}$$

DETERMINANTES

Pela P_5, det M' = 0.

Desenvolvendo det M' pela s-ésima linha,

$$\det M' = a_{r1} \cdot A_{s1} + a_{r2} \cdot A_{s2} + \ldots + a_{rn} \cdot A_{sn} = 0.$$

Observemos que os cofatores dos elementos da s-ésima linha de M são os mesmos que os da s-ésima linha de M'.
A demonstração é análoga se tomarmos em M duas colunas.

Exemplo:

$$M = \begin{bmatrix} 3 & 4 & 2 \\ 1 & 3 & 5 \\ 5 & 6 & 7 \end{bmatrix}$$

1ª linha (3 4 2) 3ª linha (5 6 7)
$a_{11}\ a_{12}\ a_{13} \to$ elementos $A_{31}\ A_{32}\ A_{33} \to$ cofatores

$$A_{31} = \begin{vmatrix} 4 & 2 \\ 3 & 5 \end{vmatrix} = 14,\ A_{32} = -\begin{vmatrix} 3 & 2 \\ 1 & 5 \end{vmatrix} = -13 \text{ e } A_{33} = \begin{vmatrix} 3 & 4 \\ 1 & 3 \end{vmatrix} = 5$$

$$a_{11} \cdot A_{31} + a_{12} \cdot A_{32} + a_{13} \cdot A_{33} = 3 \cdot 14 + 4 \cdot (-13) + 2 \cdot 5 = 0$$

75. (P_7) Filas paralelas proporcionais

Se uma matriz M de ordem $n \geq 2$ tem duas filas paralelas (duas linhas ou duas colunas) formadas por elementos respectivamente proporcionais, então det M = 0.

Demonstração:

Suponhamos que as linhas de índices i e p de M sejam formadas por elementos proporcionais, isto é:

$$a_{ij} = K \cdot a_{pj} \quad \forall j \in \{1, 2, \ldots, n\}.$$

Então:

$$\det M = \begin{vmatrix} a_{11} & a_{12} & \cdots & a_{1n} \\ a_{21} & a_{22} & \cdots & a_{2n} \\ \cdots & \cdots & \cdots & \cdots \\ K \cdot a_{p1} & K \cdot a_{p2} & \cdots & K \cdot a_{pn} \\ \cdots & \cdots & \cdots & \cdots \\ a_{p1} & a_{p2} & \cdots & a_{pn} \\ \cdots & \cdots & \cdots & \cdots \\ a_{n1} & a_{n2} & \cdots & a_{nn} \end{vmatrix} \stackrel{P_3}{=} K \cdot \begin{vmatrix} a_{11} & a_{12} & \cdots & a_{1n} \\ a_{21} & a_{22} & \cdots & a_{2n} \\ \cdots & \cdots & \cdots & \cdots \\ a_{p1} & a_{p2} & \cdots & a_{pn} \\ \cdots & \cdots & \cdots & \cdots \\ a_{p1} & a_{p2} & \cdots & a_{pn} \\ \cdots & \cdots & \cdots & \cdots \\ a_{n1} & a_{n2} & \cdots & a_{nn} \end{vmatrix} \stackrel{P_5}{=} 0$$

(linha i → linha $K \cdot a_{p1}$ ...; linha p → linha a_{p1} ...)

A demonstração seria análoga se tivéssemos duas colunas proporcionais.

Exemplo:

$$\begin{vmatrix} 1 & 2x & x \\ 2 & 2y & y \\ 3 & 2z & z \end{vmatrix} = 0 \text{ (2}^\text{a}\text{ e 3}^\text{a}\text{ colunas proporcionais.)}$$

EXERCÍCIOS

279. Calcule os determinantes, utilizando as propriedades anteriores:

a) $\begin{vmatrix} ax & 2a & a^2 \\ x & 4 & 1 \\ 3x & 6 & 2 \end{vmatrix}$

b) $\begin{vmatrix} x^2 & xy^2 & x \\ xy & y^3 & y \\ x^2 & y^2 & x \end{vmatrix}$

c) $\begin{vmatrix} 2 & 7 & 6 & 11 \\ -2 & 14 & 9 & 22 \\ 4 & 21 & 15 & 55 \\ 6 & 49 & 30 & 121 \end{vmatrix}$

d) $\begin{vmatrix} 3 & 5 & 0 & 4 & 7 \\ 2 & 13 & 0 & 19 & 17 \\ 9 & 27 & 0 & 25 & 35 \\ 16 & 51 & 0 & 42 & 47 \\ 21 & 73 & 0 & 54 & 49 \end{vmatrix}$

DETERMINANTES

280. Prove que os determinantes abaixo são múltiplos de 12, sem desenvolvê-los.

$$D_1 = \begin{vmatrix} 1 & 12 & 11 \\ 5 & 24 & 13 \\ 7 & 36 & 17 \end{vmatrix} \quad D_2 = \begin{vmatrix} 2 & 1 & 3 & 11 \\ 4 & 8 & 12 & 8 \\ 10 & 5 & 9 & 13 \\ 14 & 7 & -3 & 15 \end{vmatrix} \quad D_3 = \begin{vmatrix} 1 & 7 & 5 \\ 3 & 11 & 15 \\ 5 & 13 & 25 \end{vmatrix}$$

281. A é uma matriz quadrada de ordem 4 e det (A) = −6. Calcule o valor de x tal que det (2A) = x − 97.

282. Calcule det Q, sabendo que Q é uma matriz 4 × 4 tal que det Q ≠ 0 e $Q^3 + 2Q^2 = 0$.

283. Sem desenvolver, diga por que o valor dos determinantes abaixo é zero.

a) $\begin{vmatrix} 4 & 3 & 5 & 9 \\ 12 & 11 & 15 & 27 \\ 20 & 12 & 25 & 51 \\ 28 & 23 & 35 & 64 \end{vmatrix}$
c) $\begin{vmatrix} x & xy & x^2y \\ y & yz & xyz \\ z & xz & x^2z \end{vmatrix}$

b) $\begin{vmatrix} a & ab & a & a^2b \\ b & bc & b & c \\ c & cd & c & b \\ d & ad & d & d \end{vmatrix}$

284. Sem desenvolver nenhum dos determinantes, prove que D' = 8 · D, sabendo que:

$$D = \begin{vmatrix} x & x^2 & x^3 & x^4 \\ y & y^2 & y^3 & y^4 \\ z & z^2 & z^3 & z^4 \\ t & t^2 & t^3 & t^4 \end{vmatrix} \qquad D' = \begin{vmatrix} 8x & -2x^2 & 2x^3 & -2x^4 \\ 4y & -y^2 & y^3 & -y^4 \\ 4z & -z^2 & z^3 & -z^4 \\ 4t & -t^2 & t^3 & -t^4 \end{vmatrix}$$

285. Sem desenvolver, prove que: $\begin{vmatrix} bc & a & a^2 \\ ac & b & b^2 \\ ab & c & c^2 \end{vmatrix} = \begin{vmatrix} 1 & a^2 & a^3 \\ 1 & b^2 & b^3 \\ 1 & c^2 & c^3 \end{vmatrix}$.

Solução

Multiplicamos a 1ª linha por a, a 2ª por b e a 3ª por c.

$$\begin{vmatrix} bc & a & a^2 \\ ac & b & b^2 \\ ab & c & c^2 \end{vmatrix} = \frac{1}{abc} \begin{vmatrix} abc & a^2 & a^3 \\ abc & b^2 & b^3 \\ abc & c^2 & c^3 \end{vmatrix} = \frac{abc}{abc} \begin{vmatrix} 1 & a^2 & a^3 \\ 1 & b^2 & b^3 \\ 1 & c^2 & c^3 \end{vmatrix} = \begin{vmatrix} 1 & a^2 & a^3 \\ 1 & b^2 & b^3 \\ 1 & c^2 & c^3 \end{vmatrix}$$

286. Sem desenvolver, prove que: $\begin{vmatrix} zy & x & 1 \\ xz & y & 1 \\ xy & z & 1 \end{vmatrix} = \begin{vmatrix} 1 & x^2 & x \\ 1 & y^2 & y \\ 1 & z^2 & z \end{vmatrix}$.

76. (P_8) Adição de determinantes

Seja M uma matriz de ordem n, em que os elementos da j-ésima coluna são tais que:

$$\begin{aligned} a_{1j} &= b_{1j} + c_{1j} \\ a_{2j} &= b_{2j} + c_{2j} \\ a_{3i} &= b_{3j} + c_{3j} \\ &\vdots \\ a_{nj} &= b_{nj} + c_{nj} \end{aligned} \quad \text{isto é, } M = \begin{bmatrix} a_{11} & a_{12} & \ldots & (b_{1j} + c_{1j}) & \ldots & a_{1n} \\ a_{21} & a_{22} & \ldots & (b_{2j} + c_{2j}) & \ldots & a_{2n} \\ a_{31} & a_{32} & \ldots & (b_{3j} + c_{3j}) & \ldots & a_{3n} \\ \hdashline a_{n1} & a_{n2} & \ldots & (b_{nj} + c_{nj}) & \ldots & a_{nn} \end{bmatrix}$$

coluna j

Então, teremos:

$\det M = \det M' + \det M''$

em que M' é a matriz que se obtém de M, substituindo os elementos a_{ij} da j-ésima coluna pelos elementos b_{ij} ($1 \leq i \leq n$), e M'' é a matriz que se obtém de M, substituindo os elementos a_{ij} da j-ésima coluna pelos elementos c_{ij} ($1 \leq i \leq n$).

DETERMINANTES

Isto é:

$$\begin{vmatrix} a_{11} & a_{12} & \cdots & (b_{1j}+c_{1j}) & \cdots & a_{1n} \\ a_{21} & a_{22} & \cdots & (b_{2j}+c_{2j}) & \cdots & a_{2n} \\ \vdots & & & & & \vdots \\ a_{n1} & a_{n2} & \cdots & (b_{nj}+c_{nj}) & \cdots & a_{nn} \end{vmatrix} = \begin{vmatrix} a_{11} & a_{12} & \cdots & b_{1j} & \cdots & a_{1n} \\ a_{21} & a_{22} & \cdots & b_{2j} & \cdots & a_{2n} \\ \vdots & & & & & \vdots \\ a_{n1} & a_{n2} & \cdots & b_{nj} & \cdots & a_{nn} \end{vmatrix} + \begin{vmatrix} a_{11} & a_{12} & \cdots & c_{1j} & \cdots & a_{1n} \\ a_{21} & a_{22} & \cdots & c_{2j} & \cdots & a_{2n} \\ \vdots & & & & & \vdots \\ a_{n1} & a_{n2} & \cdots & c_{nj} & \cdots & a_{nn} \end{vmatrix}$$

Demonstração:

Notemos que os cofatores dos elementos da j-ésima coluna de M são os mesmos que os da j-ésima coluna de M' e M".

Desenvolvendo o determinante de M, pela j-ésima coluna, temos:

$$\det M = (b_{1j}+c_{1j})A_{1j} + (b_{2j}+c_{2j})A_{2j} + \ldots + (b_{nj}+c_{nj})A_{nj}$$

$$\det M = \underbrace{(b_{1j}A_{1j} + b_{2j}A_{2j} + \ldots + b_{nj}A_{nj})}_{\det M'} + \underbrace{(c_{1j}A_{1j} + c_{2j}A_{2j} + \ldots + c_{nj}A_{nj})}_{\det M''}$$

$\det M = \det M' + \det M''$

77. Observação

A propriedade é válida também se tivermos uma **linha** cujos elementos se decompõem em soma.

Exemplos:

1º) $\begin{vmatrix} x & a+b & m \\ y & c+d & n \\ z & e+f & p \end{vmatrix} = \begin{vmatrix} x & a & m \\ y & c & n \\ z & e & p \end{vmatrix} + \begin{vmatrix} x & b & m \\ y & d & n \\ z & f & p \end{vmatrix}$

2º) $\begin{vmatrix} 3 & 4 & 2 \\ x+y & a+b & m+p \\ 0 & 3 & 4 \end{vmatrix} = \begin{vmatrix} 3 & 4 & 2 \\ x & a & m \\ 0 & 3 & 4 \end{vmatrix} + \begin{vmatrix} 3 & 4 & 2 \\ y & b & p \\ 0 & 3 & 4 \end{vmatrix}$

DETERMINANTES

78. Combinação linear de filas paralelas

Seja $M = [a_{ij}]$ uma matriz de ordem n e sejam p quaisquer de suas colunas (ou linhas) de índices $s_1, s_2, s_3, \ldots, s_p$. Multipliquemos, respectivamente, estas p colunas pelos números $c_1, c_2, c_3, \ldots, c_p$ e construamos as somas:

$$\begin{cases} \alpha_1 = c_1 \cdot a_{1s_1} + c_2 \cdot a_{1s_2} + \ldots + c_p \cdot a_{1s_p} \\ \alpha_2 = c_1 \cdot a_{2s_1} + c_2 \cdot a_{2s_2} + \ldots + c_p \cdot a_{2s_p} \\ \alpha_3 = c_1 \cdot a_{3s_1} + c_2 \cdot a_{3s_2} + \ldots + c_p \cdot a_{3s_p} \\ \ldots\ldots\ldots\ldots\ldots\ldots\ldots\ldots\ldots\ldots\ldots\ldots\ldots\ldots\ldots\ldots \\ \alpha_n = c_1 \cdot a_{ns_1} + c_2 \cdot a_{ns_2} + \ldots + c_p \cdot a_{ns_p} \end{cases}$$

Diremos que o conjunto $\{\alpha_1, \alpha_2, \ldots, \alpha_n\}$ é uma **combinação linear** das p colunas.

Se substituirmos a coluna de índice q, diferente das p colunas consideradas, pelos números:

$$a_{1_q} + \alpha_1, a_{2_q} + \alpha_2, a_{3_q} + \alpha_3, \ldots, a_{n_q} + \alpha_n$$

diremos que se adicionou à coluna de índice q uma **combinação linear** das outras colunas.

Exemplo:

Vamos construir uma combinação linear da 2ª e da 3ª coluna da matriz:

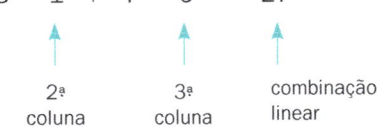

$$M = \begin{bmatrix} 1 & 7 & 1 \\ 2 & 8 & 5 \\ 3 & 1 & 6 \end{bmatrix}$$

usando os multiplicadores 3 e 4, respectivamente:
$3 \cdot 7 + 4 \cdot 1 = 25$
$3 \cdot 8 + 4 \cdot 5 = 44$
$3 \cdot 1 + 4 \cdot 6 = 27$

↑ 2ª coluna   ↑ 3ª coluna   ↑ combinação linear

Vamos somar essa combinação linear à 1ª coluna e obteremos a matriz:

$$M' = \begin{bmatrix} 26 & 7 & 1 \\ 46 & 8 & 5 \\ 30 & 1 & 6 \end{bmatrix}$$

De forma análoga, definimos **combinação linear** de p linhas e adição dessa combinação linear a uma outra linha diferente das consideradas.

79. (P_9) Teorema da combinação linear

Se uma matriz quadrada $M = [a_{ij}]$, de ordem n, tem uma linha (ou coluna) que é combinação linear de outras linhas (ou colunas), então det $M = 0$.

Demonstração:

Suponhamos que a $q^{\underline{a}}$ coluna seja combinação linear de p outras colunas, de índices $s_1, s_2, s_3, ..., s_p$.

Desenvolvendo o determinante de M pela $q^{\underline{a}}$ coluna, temos:

$$\det M = \sum_{i=1}^{n} a_{iq} \cdot A_{iq} = \sum_{i=1}^{n} \left[c_1 \cdot a_{is_1} + c_2 \cdot a_{is_2} + ... + c_p \cdot a_{is_p} \right] \cdot A_{iq} \stackrel{P_8}{=}$$

$$= c_1 \sum_{i=1}^{n} a_{is_1} \cdot A_{iq} + c_2 \sum_{i=1}^{n} a_{is_2} \cdot A_{iq} + ... + c_p \sum_{i=1}^{n} a_{is_p} \cdot A_{iq} \stackrel{P_8}{=}$$

$$= c_1 \cdot 0 + c_2 \cdot 0 + ... + c_p \cdot 0 = 0$$

Exemplos:

São nulos os determinantes:

1º) $\begin{vmatrix} 2 & 3 & 5 \\ 4 & -1 & 3 \\ 5 & 4 & 9 \end{vmatrix}$, pois 3ª coluna = 1 × 1ª coluna + 1 × 2ª coluna.

2º) $\begin{vmatrix} 2 & 3 & 4 \\ 1 & 2 & 5 \\ 7 & 12 & 23 \end{vmatrix}$, pois 3ª linha = 2 × 1ª linha + 3 × 2ª linha.

80. (P_{10}) Teorema de Jacobi

Adicionando a uma fila de uma matriz M, de ordem *n*, uma outra fila paralela, previamente multiplicada por uma constante, obteremos uma nova matriz M', tal que det M' = det M.

Demonstração:

Seja

$$M = \begin{bmatrix} a_{11} & a_{12} & \ldots & a_{1p} & \ldots & a_{1j} & \ldots & a_{1n} \\ a_{21} & a_{22} & \ldots & a_{2p} & \ldots & a_{2j} & \ldots & a_{2n} \\ a_{31} & a_{32} & \ldots & a_{3p} & \ldots & a_{3j} & \ldots & a_{3n} \\ \ldots & \ldots & \ldots & \ldots & \ldots & \ldots & \ldots & \ldots \\ a_{n1} & a_{n2} & \ldots & a_{np} & \ldots & a_{nj} & \ldots & a_{nn} \end{bmatrix}$$

Adicionemos à j-ésima coluna a p-ésima multiplicada pela constante K. Obtemos a matriz:

$$M' = \begin{bmatrix} a_{11} & a_{12} & \ldots & a_{1p} & \ldots & (a_{1j} + K \cdot a_{1p}) & \ldots & a_{1n} \\ a_{21} & a_{22} & \ldots & a_{2p} & \ldots & (a_{2j} + K \cdot a_{2p}) & \ldots & a_{2n} \\ a_{31} & a_{32} & \ldots & a_{3p} & \ldots & (a_{3j} + K \cdot a_{3p}) & \ldots & a_{3n} \\ \ldots & \ldots & \ldots & \ldots & \ldots & \ldots & \ldots & \ldots \\ a_{n1} & a_{n2} & \ldots & a_{np} & \ldots & (a_{nj} + K \cdot a_{np}) & \ldots & a_{nn} \end{bmatrix}$$

De acordo com P_8, temos:

$$\det M' = \begin{vmatrix} a_{11} & a_{12} & \ldots & a_{1p} & \ldots & a_{1j} & \ldots & a_{1n} \\ a_{21} & a_{22} & \ldots & a_{2p} & \ldots & a_{2j} & \ldots & a_{2n} \\ a_{31} & a_{32} & \ldots & a_{3p} & \ldots & a_{3j} & \ldots & a_{3n} \\ \ldots & \ldots & \ldots & \ldots & \ldots & \ldots & \ldots & \ldots \\ a_{n1} & a_{n2} & \ldots & a_{np} & \ldots & a_{nj} & \ldots & a_{nn} \end{vmatrix} +$$

DETERMINANTES

$$+\begin{vmatrix} a_{11} & a_{12} & \ldots & a_{1p} & \ldots & Ka_{1p} & \ldots & a_{1n} \\ a_{21} & a_{22} & \ldots & a_{2p} & \ldots & Ka_{2p} & \ldots & a_{2n} \\ a_{31} & a_{32} & \ldots & a_{3p} & \ldots & Ka_{3p} & \ldots & a_{3n} \\ \vdots & & & & & & & \vdots \\ a_{n1} & a_{n2} & \ldots & a_{np} & \ldots & Ka_{np} & \ldots & a_{nn} \end{vmatrix} = \det M$$

$$\underbrace{}_{0} \quad (P_7)$$

Exemplos:

1º) $\begin{vmatrix} 1 & 3 & 5 \\ 4 & 2 & 7 \\ 4 & 1 & -6 \end{vmatrix} = \begin{vmatrix} 1 & 0 & 5 \\ 4 & -10 & 7 \\ 4 & -11 & -6 \end{vmatrix}$ (multiplicador: -3 na 1ª coluna somado à 2ª)

Adicionamos, à 2ª coluna, a 1ª multiplicada por (-3).

2º) $\begin{vmatrix} 1 & 2 & 3 & 4 \\ 3 & -2 & 5 & 7 \\ 2 & 1 & 4 & 6 \\ 1 & 3 & 3 & 5 \end{vmatrix} = \begin{vmatrix} 1 & 0 & 0 & 0 \\ 3 & -8 & -4 & -5 \\ 2 & -3 & -2 & -2 \\ 1 & 1 & 0 & 1 \end{vmatrix}$

Adicionamos, à 2ª coluna, a 1ª multiplicada por (-2).
Adicionamos, à 3ª coluna, a 1ª multiplicada por (-3).
Adicionamos, à 4ª coluna, a 1ª multiplicada por (-4).

81. Observação

A importância desta propriedade reside no fato de que podemos "introduzir zeros" numa fila de uma matriz, sem alterar seu determinante: com isso, podemos facilitar bastante seu cálculo através do teorema de Laplace.

EXERCÍCIOS

287. Complete, em seu caderno, o que falta:

$$\begin{vmatrix} a+b+c & 1 & 2 \\ a-b+c & 3 & 4 \\ a-b-c & 5 & 6 \end{vmatrix} = \begin{vmatrix} 1 & 2 \\ 3 & 4 \\ 5 & 6 \end{vmatrix} + \begin{vmatrix} 1 & 2 \\ 3 & 4 \\ 5 & 6 \end{vmatrix} + \begin{vmatrix} 1 & 2 \\ 3 & 4 \\ 5 & 6 \end{vmatrix}$$

288. Calcule o valor de:

$$\begin{vmatrix} 1 & 2 & 3 & 4 & 5 \\ 6 & 7 & 8 & 9 & 10 \\ 11 & 12 & 13 & 14 & 15 \\ 16 & 17 & 18 & 19 & 20 \\ 21 & 22 & 23 & 24 & 25 \end{vmatrix} + \begin{vmatrix} 1 & 2 & 4 & 5 \\ 0 & 1 & 0 & 0 \\ 1 & 3 & 0 & 1 \\ 1 & 4 & 2 & 1 \end{vmatrix}$$

289. Demonstre a identidade:

$$\begin{vmatrix} a & b & c \\ x & y & z \\ m & n & p \end{vmatrix} = \begin{vmatrix} a & b+2c & c \\ x & y+2z & z \\ m & n+2p & p \end{vmatrix}$$

290. Quais as condições necessárias e suficientes para que um determinante se anule?

291. Verifique a identidade seguinte, aplicando as propriedades dos determinantes:

$$\begin{vmatrix} \cos 2a & \cos^2 a & \text{sen}^2 a \\ \cos 2b & \cos^2 b & \text{sen}^2 b \\ \cos 2c & \cos^2 c & \text{sen}^2 c \end{vmatrix} = 0$$

292. Demonstre, sem desenvolver, o determinante que:

$$\begin{vmatrix} a-b & m-n & x-y \\ b-c & n-p & y-z \\ c-a & p-m & z-x \end{vmatrix} = 0$$

DETERMINANTES

293. Enuncie as propriedades que permitem escrever sucessivamente:

$$\begin{vmatrix} 1 & 2 & 3 \\ 4 & 5 & 6 \\ 7 & 8 & 9 \end{vmatrix} = \begin{vmatrix} 1 & 3 & 4 \\ 4 & 9 & 10 \\ 7 & 15 & 16 \end{vmatrix} = 6 \cdot \begin{vmatrix} 1 & 1 & 2 \\ 4 & 3 & 5 \\ 7 & 5 & 8 \end{vmatrix} = 6 \cdot \begin{vmatrix} 4 & 1 & 2 \\ 12 & 3 & 5 \\ 20 & 5 & 8 \end{vmatrix} = 0$$

294. Prove que o determinante é múltiplo de 17, sem desenvolvê-lo. Dado:

$$D = \begin{vmatrix} 1 & 1 & 9 \\ 1 & 8 & 7 \\ 1 & 5 & 3 \end{vmatrix}$$

Solução

Observemos que, se os elementos de uma matriz são números inteiros, então o determinante da matriz também é número inteiro; portanto, provar que D é divisível por 17 é provar que: $D = 17 \cdot D'$ em que D' é o determinante de uma matriz de elementos inteiros. Temos, por exemplo:

$$D = \frac{1}{100} \cdot \frac{1}{10} \cdot \begin{vmatrix} 100 & 10 & 9 \\ 100 & 80 & 7 \\ 100 & 50 & 3 \end{vmatrix} = \frac{1}{1000} \begin{vmatrix} 100 & 10 & 119 \\ 100 & 80 & 187 \\ 100 & 50 & 153 \end{vmatrix} =$$

$$= \begin{vmatrix} 1 & 1 & 119 \\ 1 & 8 & 187 \\ 1 & 5 & 153 \end{vmatrix} = 17 \cdot \underbrace{\begin{vmatrix} 1 & 1 & 7 \\ 1 & 8 & 11 \\ 1 & 5 & 9 \end{vmatrix}}_{D' \in \mathbb{Z}}$$

295. Prove que o determinante é múltiplo de 13, sem desenvolvê-lo:

$$\begin{vmatrix} 1 & 3 & 0 \\ 1 & 1 & 7 \\ 1 & 5 & 6 \end{vmatrix}$$

296. Demonstre que o determinante D é divisível por x + 3a sem desenvolvê-lo. Dado:

$$D = \begin{vmatrix} x & a & a & a \\ a & x & a & a \\ a & a & x & a \\ a & a & a & x \end{vmatrix}$$

297. Prove que:

$$\begin{vmatrix} a+x & b+x & c+x \\ a+y & b+y & c+y \\ a^2 & b^2 & c^2 \end{vmatrix} = (b-c)(c-a)(a-b)(x-y)$$

298. Demonstre a identidade:

$$\begin{vmatrix} a-b-c & 2a & 2a \\ 2b & b-c-a & 2b \\ 2c & 2c & c-a-b \end{vmatrix} = (a+b+c)^3$$

299. Mostre que $(a + b + c)$ é fator de:

$$\begin{vmatrix} (b+c)^2 & b^2 & c^2 \\ a^2 & (a+c)^2 & c^2 \\ a^2 & b^2 & (a+b)^2 \end{vmatrix}$$

300. Sem desenvolver, demonstre que:

$$\begin{vmatrix} \cos 0 & \cos a & \cos 2a \\ \cos a & \cos 2a & \cos 3a \\ \cos 2a & \cos 3a & \cos 4a \end{vmatrix} = 0$$

301. Mostre que o determinante da matriz

$$\begin{bmatrix} \cos(x+a) & \operatorname{sen}(x+a) & 1 \\ \cos(x+b) & \operatorname{sen}(x+b) & 1 \\ \cos(x+c) & \operatorname{sen}(x+c) & 1 \end{bmatrix}$$

é independente de x.

302. Prove que:

$$\begin{vmatrix} a^2 & (a+2)^2 & (a+4)^2 \\ (a+2)^2 & (a+4)^2 & (a+6)^2 \\ (a+4)^2 & (a+6)^2 & (a+8)^2 \end{vmatrix} = -2^9$$

82. (P_{11}) Matriz triangular

Chamamos **matriz triangular** aquela cujos elementos situados "de um mesmo lado" da diagonal principal são iguais a zero, isto é, $M = (a_{ij})$ é triangular se

$a_{ij} = 0$ para $i < j$
ou
$a_{ij} = 0$ para $i > j$

O determinante de uma matriz triangular é o produto dos elementos da diagonal principal.

Demonstração:

Consideremos a matriz triangular em que $a_{ij} = 0$ para $i < j$ (o caso $a_{ij} = 0$ para $i > j$ é análogo).

$$M = \begin{bmatrix} a_{11} & 0 & 0 & 0 & \cdots & 0 \\ a_{21} & a_{22} & 0 & 0 & \cdots & 0 \\ a_{31} & a_{32} & a_{33} & 0 & \cdots & 0 \\ \cdots & \cdots & \cdots & \cdots & \cdots & \cdots \\ a_{n1} & a_{n2} & a_{n3} & & \cdots & a_{nn} \end{bmatrix}$$

Aplicando sucessivamente o teorema de Laplace, através da 1ª linha, é imediato que:

$$\det M = a_{11} \cdot a_{22} \cdot \ldots \cdot a_{nn} = \prod_{i=1}^{n} (a_{ii})$$

Exemplos:

1º) $\begin{vmatrix} 3 & 0 & 0 \\ 2 & 5 & 0 \\ 4 & 3 & 1 \end{vmatrix} = 3 \cdot 5 \cdot 1 = 15$

2º) $\begin{vmatrix} 3 & 2 & 3 & 5 \\ 0 & 1 & 4 & 7 \\ 0 & 0 & 2 & 2 \\ 0 & 0 & 0 & 6 \end{vmatrix} = 3 \cdot 1 \cdot 2 \cdot 6 = 36$

83. (P_{12}) Teorema de Binet

Se A e B são matrizes quadradas de ordem n, então

det $(A \cdot B) = $ (det A) $\cdot$ (det B)

Exemplos:

Sejam as matrizes $A = \begin{bmatrix} 1 & 2 \\ 3 & 4 \end{bmatrix}$ e $B = \begin{bmatrix} 2 & 3 \\ 0 & 5 \end{bmatrix}$. Temos:

$A \cdot B = \begin{bmatrix} 2 & 13 \\ 6 & 29 \end{bmatrix}$, det (AB) $= 58 - 78 = -20$

$\left.\begin{array}{l} \det A = 4 - 6 = -2 \\ \det B = 10 - 0 = 10 \end{array}\right\} \Rightarrow$ (det A) $\cdot$ (det B) $= -20 =$ det (AB)

Consequência:

Decorre do teorema que det $(A^{-1}) = \dfrac{1}{\det A}$.

De fato, se $\exists\, A^{-1}$, então:

$A \cdot A^{-1} = I_n \Rightarrow \det(A \cdot A^{-1}) = \det I_n \Rightarrow \det(A) \cdot \det(A^{-1}) = 1 \Rightarrow$

$\Rightarrow \det(A) \neq 0$ e $\det A^{-1} = \dfrac{1}{\det A}$

VII. Abaixamento de ordem de um determinante – Regra de Chió

Como consequência do teorema de Jacobi (P_{10}), veremos agora um processo útil bastante prático para reduzirmos em uma unidade a ordem de um determinante de ordem $n \geq 2$, sem alterá-lo, e consequentemente facilitar seu cálculo.

Consideremos uma matriz M de ordem $n \geq 2$, tal que $a_{11} = 1$, isto é:

$$M = \begin{bmatrix} 1 & a_{12} & a_{13} & \cdots & a_{1n} \\ a_{21} & a_{22} & a_{23} & \cdots & a_{2n} \\ a_{31} & a_{32} & a_{33} & \cdots & a_{3n} \\ \cdots & \cdots & \cdots & \cdots & \cdots \\ a_{n1} & a_{n2} & a_{n3} & \cdots & a_{nn} \end{bmatrix}$$

Adicionemos, à 2ª coluna, a 1ª multiplicada por $-a_{12}$.

Adicionemos, à 3ª coluna, a 1ª multiplicada por $-a_{13}$.

....

Adicionemos, à j-ésima coluna, a 1ª multiplicada por $-a_{1j}$.

....

Adicionemos, à n-ésima coluna, a 1ª multiplicada por $-a_{1n}$.

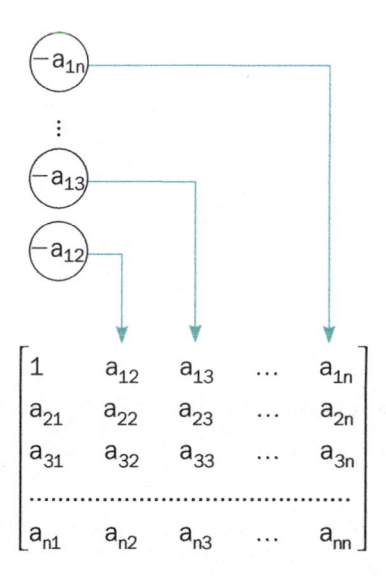

$$\begin{bmatrix} 1 & a_{12} & a_{13} & \cdots & a_{1n} \\ a_{21} & a_{22} & a_{23} & \cdots & a_{2n} \\ a_{31} & a_{32} & a_{33} & \cdots & a_{3n} \\ \cdots & \cdots & \cdots & \cdots & \cdots \\ a_{n1} & a_{n2} & a_{n3} & \cdots & a_{nn} \end{bmatrix}$$

Obteremos a matriz M', tal que det M' = det M.

$$\det M' = \begin{bmatrix} 1 & 0 & 0 & \cdots & 0 \\ a_{21} & a_{22} - a_{21} \cdot a_{12} & a_{23} - a_{21} \cdot a_{13} & \cdots & a_{2n} - a_{21} \cdot a_{1n} \\ a_{31} & a_{32} - a_{31} \cdot a_{12} & a_{33} - a_{31} \cdot a_{13} & \cdots & a_{3n} - a_{31} \cdot a_{1n} \\ \cdots & \cdots & \cdots & \cdots & \cdots \\ a_{n1} & a_{n2} - a_{n1} \cdot a_{12} & a_{n3} - a_{n1} \cdot a_{13} & \cdots & a_{nn} - a_{n1} \cdot a_{1n} \end{bmatrix}$$

Pelo teorema de Laplace, temos:

$$\det M' = \begin{bmatrix} a_{22} - a_{21} \cdot a_{12} & a_{23} - a_{21} \cdot a_{13} & \cdots & a_{2n} - a_{21} \cdot a_{1n} \\ a_{32} - a_{31} \cdot a_{12} & a_{33} - a_{31} \cdot a_{13} & \cdots & a_{3n} - a_{31} \cdot a_{1n} \\ \cdots & \cdots & \cdots & \cdots \\ a_{n2} - a_{n1} \cdot a_{12} & a_{n3} - a_{n1} \cdot a_{13} & \cdots & a_{nn} - a_{n1} \cdot a_{1n} \end{bmatrix}$$

em que det M' é de ordem (n − 1).

Isso pode ser resumido pela regra conhecida como **regra de Chió**:

1º) Desde que M tenha $a_{11} = 1$, suprimimos a 1ª linha e a 1ª coluna de M.

2º) De cada elemento restante na matriz subtraímos o produto dos elementos que se encontram nas "extremidades das perpendiculares" traçadas do elemento considerado à 1ª linha e à 1ª coluna.

3º) Com as diferenças obtidas, construímos uma matriz de ordem (n − 1) cujo determinante é igual ao de M.

Exemplo:

$$\begin{vmatrix} \boxed{1} & 2 & 4 & 2 \\ 3 & \boxed{7} & 5 & 6 \\ 1 & 10 & -4 & 5 \\ 3 & 8 & 2 & 3 \end{vmatrix} = \begin{vmatrix} 7-6 & 5-12 & 6-6 \\ 10-2 & -4-4 & 5-2 \\ 8-6 & 2-12 & 3-6 \end{vmatrix} =$$

$$= \begin{vmatrix} \boxed{1} & -7 & 0 \\ 8 & \boxed{-8} & 3 \\ 2 & -10 & -3 \end{vmatrix} = \begin{vmatrix} -8+56 & 3-0 \\ -10+14 & -3-0 \end{vmatrix} = \begin{vmatrix} 48 & 3 \\ 4 & -3 \end{vmatrix} =$$

$= -144 - 12 = -156.$

DETERMINANTES

84. Observações:

1ª) Se, na matriz M, $a_{11} \neq 1$ e existir algum outro elemento igual a 1, podemos pela troca de filas paralelas transformar M em uma outra matriz que tenha $a_{11} = 1$.

Exemplo:

$$\begin{vmatrix} 2 & 4 & 3 & 2 \\ 5 & 3 & 1 & 0 \\ 2 & 2 & 2 & 3 \\ 4 & 0 & 7 & 2 \end{vmatrix} = - \begin{vmatrix} 5 & 3 & 1 & 0 \\ 2 & 4 & 3 & 2 \\ 2 & 2 & 2 & 3 \\ 4 & 0 & 7 & 2 \end{vmatrix} = \begin{vmatrix} 1 & 3 & 5 & 0 \\ 3 & 4 & 2 & 2 \\ 2 & 2 & 2 & 3 \\ 7 & 0 & 4 & 2 \end{vmatrix}$$

2ª) Se não existir em M nenhum elemento igual a 1, podemos, usando o teorema de Jacobi, obter uma nova matriz M' que tenha um elemento igual a 1.

Exemplo:

$$\begin{vmatrix} 3 & 2 & 4 & 3 \\ 5 & 7 & 2 & 4 \\ 2 & 4 & 5 & 3 \\ 2 & 3 & 0 & 7 \end{vmatrix} = \begin{vmatrix} 1 & 2 & 4 & 3 \\ -2 & 7 & 2 & 4 \\ -2 & 4 & 5 & 3 \\ -1 & 3 & 0 & 7 \end{vmatrix}$$

EXERCÍCIOS

303. Seja $u = \begin{vmatrix} x & 1 & 2 & 0 \\ 0 & x & 1 & 1 \\ 0 & 0 & x & 1 \\ 0 & 0 & 0 & x \end{vmatrix}$. Determine os valores reais de x para os quais

$u^2 - 2u + 1 = 0$.

304. Considere a matriz $A = \begin{bmatrix} 2 & 1 & 0 \\ 6 & -1 & 3 \\ 2 & 0 & 1 \end{bmatrix}$. Calcule o valor do determinante A^{-1}.

305. Sejam A, B, C matrizes reais 3 × 3 que satisfazem as seguintes relações: $AB = C^{-1}$, $B = 2A$. Se o determinante de C é 32, qual é o valor do módulo do determinante de A?

306. Calcule o valor do determinante $\begin{vmatrix} 1 & 1 & 1 & 1 \\ 1 & 2 & 2 & 2 \\ 1 & 2 & 3 & 3 \\ 1 & 2 & 3 & 4 \end{vmatrix}$.

307. Calcule o valor do determinante $\begin{vmatrix} a & b & b & b \\ a & a & b & b \\ a & a & a & b \\ a & a & a & a \end{vmatrix}$.

308. Determine o conjunto solução da equação $\begin{vmatrix} x & 1 & 2 & 3 \\ x & x & 4 & 5 \\ x & x & x & 6 \\ x & x & x & x \end{vmatrix} = 0$.

309. Calcule os determinantes:

a) $\begin{vmatrix} 1 & 2 & 0 & 4 \\ 2 & -3 & 5 & 1 \\ 1 & 6 & 3 & -1 \\ 3 & 2 & 1 & 4 \end{vmatrix}$

b) $\begin{vmatrix} 4 & 1 & 2 & 0 \\ 3 & 1 & 0 & 2 \\ 5 & 3 & 2 & 2 \\ 1 & 0 & 2 & 1 \end{vmatrix}$

c) $\begin{vmatrix} 1 & 1 & 1 & 1 \\ 1 & 2 & 3 & 2 \\ 1 & 5 & 4 & 2 \\ 1 & 1 & 3 & 7 \end{vmatrix}$

DETERMINANTES

310. Calcule os determinantes, com o auxílio da regra de Chió.

a) $\begin{vmatrix} 1 & 1 & 1 \\ x & y & z \\ yz & xz & xy \end{vmatrix}$

c) $\begin{vmatrix} 1 & 1 & 1 \\ a & b & c \\ a^3 & b^3 & c^3 \end{vmatrix}$

b) $\begin{vmatrix} a & b & c \\ a^2 & b^2 & c^2 \\ b+c & c+a & a+b \end{vmatrix}$

311. Prove que:

$$\begin{vmatrix} 1 & 1 & 1 & 1 \\ 1 & r & r^2 & r^3 \\ 1 & r^2 & r^3 & r^4 \\ 1 & r^3 & r^4 & r^5 \end{vmatrix} = 0$$

312. Demonstre que:

$$\begin{vmatrix} a & a & a & a \\ a & b & b & b \\ a & b & c & c \\ a & b & c & d \end{vmatrix} = a(b-a)(c-b)(d-c)$$

Solução

$D = \begin{vmatrix} a & a & a & a \\ a & b & b & b \\ a & b & c & c \\ a & b & c & d \end{vmatrix} = a \cdot \begin{vmatrix} 1 & a & a & a \\ 1 & b & b & b \\ 1 & b & c & c \\ 1 & b & c & d \end{vmatrix} = a \cdot \begin{vmatrix} b-a & b-a & b-a \\ b-a & c-a & c-a \\ b-a & c-a & d-a \end{vmatrix} =$

$= a(b-a) \cdot \begin{vmatrix} 1 & b-a & b-a \\ 1 & c-a & c-a \\ 1 & c-a & d-a \end{vmatrix} =$

$= a(b-a) \cdot \begin{vmatrix} (c-a)-(b-a) & (c-a)-(b-a) \\ (c-a)-(b-a) & (d-a)-(b-a) \end{vmatrix} =$

▶

$$= a \cdot (b - a) \cdot \begin{vmatrix} c-b & c-b \\ c-b & d-b \end{vmatrix} = a(b-a)(c-b) \begin{vmatrix} 1 & c-b \\ 1 & d-b \end{vmatrix} =$$

$$= a(b-a)(c-b)(d-c)$$

313. Resolva a equação:

$$\begin{vmatrix} x & a & a & a \\ a & x & a & a \\ a & a & x & a \\ a & a & a & x \end{vmatrix} = 0$$

314. Sem desenvolver o determinante, calcule:

$$\begin{vmatrix} x & y & z & t \\ -x & y & a & b \\ -x & -y & z & c \\ -x & -y & -z & t \end{vmatrix}$$

315. Demonstre que:

$$\begin{vmatrix} 1 & 1 & 1 & \ldots & 1 \\ 1 & 1+a_1 & 1 & \ldots & 1 \\ 1 & 1 & 1+a_2 & \ldots & 1 \\ \vdots & \vdots & \vdots & \vdots & \vdots \\ 1 & 1 & 1 & \ldots & 1+a_n \end{vmatrix} = a_1 \cdot a_2 \cdot \ldots \cdot a_n$$

316. Subsiste sempre a igualdade

$$\begin{vmatrix} 1 & 1 & 1 \\ \sen x & \sen y & \sen z \\ \cos x & \cos y & \cos z \end{vmatrix} = \sen(x-y) + \sen(y-z) + \sen(z-x)?$$

317. Se a, b, c são reais, mostre que:

$$\begin{vmatrix} 1 & \sen a & \cos a \\ 1 & \sen b & \cos b \\ 1 & \sen c & \cos c \end{vmatrix} = 4 \cdot \sen \frac{b-c}{2} \cdot \sen \frac{a-c}{2} \cdot \sen \frac{a-b}{2}$$

318. Mostre que:

$$\begin{vmatrix} 1 & \cos 2a & \sen a \\ 1 & \cos 2b & \sen b \\ 1 & \cos 2c & \sen c \end{vmatrix} = 2 \cdot (\sen b - \sen c)(\sen c - \sen a)(\sen a - \sen b)$$

319. Sendo S_n a soma dos n primeiros números naturais, demonstre que:

$$\begin{vmatrix} S_1 & S_1 & S_1 & \cdots & S_1 & S_1 \\ S_1 & S_2 & S_2 & \cdots & S_2 & S_2 \\ S_1 & S_2 & S_3 & \cdots & S_3 & S_3 \\ \vdots & \vdots & \vdots & & \vdots & \vdots \\ S_1 & S_2 & S_3 & \cdots & S_{n-1} & S_{n-1} \\ S_1 & S_2 & S_3 & \cdots & S_{n-1} & S_n \end{vmatrix} = n!$$

VIII. Matriz de Vandermonde (ou das potências)

85. Definição

Chamamos **matriz de Vandermonde**, ou das potências, toda matriz de ordem $n \geq 2$, do tipo:

$$\begin{bmatrix} 1 & 1 & 1 & \cdots & 1 \\ a_1 & a_2 & a_3 & \cdots & a_n \\ a_1^2 & a_2^2 & a_3^2 & \cdots & a_n^2 \\ \vdots & \vdots & \vdots & & \vdots \\ a_1^{n-1} & a_2^{n-1} & a_3^{n-1} & \cdots & a_n^{n-1} \end{bmatrix}$$

Isto é, as colunas de M são formadas por potências de mesma base, com expoente inteiro, variando desde 0 até $n - 1$ (os elementos de cada coluna formam uma progressão geométrica cujo primeiro elemento é 1).

Os elementos da 2ª linha são chamados **elementos característicos** da matriz.

Indiquemos o determinante de uma matriz de Vandermonde por

$V(a_1, a_2, a_3, \ldots, a_n)$.

86. Propriedade

O determinante $V(a_1, a_2, a_3, ..., a_n)$ é igual ao produto de todas as diferenças possíveis entre os elementos característicos, com a condição de que, nas diferenças, o minuendo tenha índice maior que o subtraendo. Isto é:

$$V(a_1, a_2, a_3, ..., a_n) = (a_2 - a_1) ... (a_n - 1)(a_3 - a_2) ... (a_n - a_2) ... (a_n - a_{n-1}) =$$

$$= \prod_{i>j} (a_i - a_j) \qquad i \in \{1, 2, ..., n\} \qquad j \in \{1, 2, ..., n\}$$

Demonstração:

Vamos usar o princípio da indução finita.

1ª parte

Provemos que a propriedade é válida para $n = 2$.

Temos $M = \begin{bmatrix} 1 & 1 \\ a_1 & a_2 \end{bmatrix} \Rightarrow \det M = a_2 - a_1 \Rightarrow V(a_1, a_2) = a_2 - a_1$.

Portanto a propriedade é válida para $n = 2$.

2ª parte

Suponhamos a propriedade válida para matrizes de ordem $(n - 1)$ e provemos sua validade para matrizes de ordem n.

$$V = \begin{vmatrix} 1 & 1 & 1 & \cdots & 1 \\ a_1 & a_2 & a_3 & \cdots & a_n \\ a_1^2 & a_2^2 & a_3^2 & \cdots & a_n^2 \\ \cdots & \cdots & \cdots & \cdots & \cdots \\ a_1^{n-2} & a_2^{n-2} & a_3^{n-2} & \cdots & a_n^{n-2} \\ a_1^{n-1} & a_2^{n-1} & a_3^{n-1} & \cdots & a_n^{n-1} \end{vmatrix} \begin{matrix} -a_1 \\ -a_1 \\ -a_1 \\ \vdots \\ -a_1 \\ -a_1 \end{matrix} \quad \text{sentido das operações}$$

Adicionemos, à linha de índice n, a de índice $n - 1$ multiplicada por $-a_1$.
Adicionemos, à linha de índice $n - 1$, a de índice $n - 2$ multiplicada por $-a_1$.
....
....
Adicionemos, à linha de índice 3, a de índice 2 multiplicada por $-a_1$.
Adicionemos, à linha de índice 2, a de índice 1 multiplicada por $-a_1$.

Obteremos o determinante equivalente:

$$\begin{vmatrix} 1 & 1 & 1 & \cdots & 1 \\ 0 & a_2-a_1 & a_3-a_1 & \cdots & a_n-a_1 \\ 0 & a_2(a_2-a_1) & a_3(a_3-a_1) & \cdots & a_n(a_n-a_1) \\ \vdots & \vdots & \vdots & & \vdots \\ 0 & a_2^{n-2}(a_2-a_1) & a_3^{n-2}(a_3-a_1) & \cdots & a_n^{n-2}(a_n-a_1) \end{vmatrix}$$

Pelo teorema de Laplace e por P_3, temos:

$$V = (a_2 - a_1) \cdot (a_3 - a_1) \cdot \ldots \cdot (a_n - a_1) \underbrace{\begin{vmatrix} 1 & 1 & 1 & \cdots & 1 \\ a_2 & a_3 & & \cdots & a_n \\ a_2^2 & a_3^2 & & \cdots & a_n^2 \\ \vdots & \vdots & & & \vdots \\ a_2^{n-2} & a_3^{n-2} & & \cdots & a_n^{n-2} \end{vmatrix}}_{V'}$$

$V = (a_2 - a_1) \cdot (a_3 - a_1) \cdot (a_4 - a_1) \cdot \ldots \cdot (a_n - a_1) \cdot V'$

Mas V' é um determinante de Vandermonde de ordem $n - 1$; logo, por hipótese de indução:

$$V' = \prod_{i>j} (a_i - a_j) \quad \begin{array}{l} i \in \{2, 3, \ldots, n\} \\ j \in \{2, 3, \ldots, n\} \end{array}$$

Portanto, $V = \prod_{i>j} (a_i - a_j) \quad \begin{array}{l} i \in \{1, 2, \ldots, n\} \\ j \in \{1, 2, \ldots, n\} \end{array}$

E, assim, a propriedade é válida para matrizes de ordem n, $\forall n \geqslant 2$.

87. Exemplos:

1º) $\begin{vmatrix} 1 & 1 & 1 \\ 2 & 3 & 4 \\ 4 & 9 & 16 \end{vmatrix} = (4-3) \cdot (4-2) \cdot (3-2) = 2$

2º) $\begin{vmatrix} 1 & 1 & 1 & 1 \\ 2 & 1 & -3 & 5 \\ 4 & 1 & 9 & 25 \\ 8 & 1 & -27 & 125 \end{vmatrix} = 8 \cdot 4 \cdot 3 \cdot (-4) \cdot (-5) \cdot (-1) = -1920$

EXERCÍCIOS

320. Calcule os determinantes:

a) $\begin{vmatrix} 1 & 1 & 1 & 1 \\ 2 & 3 & 5 & 7 \\ 4 & 9 & 25 & 49 \\ 8 & 27 & 125 & 343 \end{vmatrix}$

c) $\begin{vmatrix} 1 & 1 & 1 \\ a & b & a^2 \\ a^2 & b^2 & a^4 \end{vmatrix}$

b) $\begin{vmatrix} -3 & 6 & 12 \\ -1 & 3 & 5 \\ -1 & 9 & 25 \end{vmatrix}$

321. Calcule o determinante:

$\begin{vmatrix} 1 & 1 & 1 & 1 & 1 \\ a & b & c & d & e \\ a^2 & b^2 & c^2 & d^2 & e^2 \\ a^3 & b^3 & c^3 & d^3 & e^3 \\ a^4 & b^4 & c^4 & d^4 & e^4 \end{vmatrix}$

322. Calcule o determinante:

$\begin{vmatrix} 1 & x & x^2 & x^3 \\ 1 & y & y^2 & y^3 \\ 1 & z & z^2 & z^3 \\ 1 & t & t^2 & t^3 \end{vmatrix}$

323. Dado o polinômio

$$P(x) = \begin{vmatrix} 1 & 1 & 1 & 1 \\ x & 1 & 2 & 3 \\ x^2 & 1 & 4 & 9 \\ x^3 & 1 & 8 & 27 \end{vmatrix}$$, diga quais são as raízes de P(x).

324. Calcule o determinante:

$$\begin{vmatrix} 1 & 1 & 1 & 1 & 1 & 1 \\ 2 & 3 & 4 & 1 & 5 & 6 \\ 2^2 & 3^2 & 4^2 & 1 & 5^2 & 6^2 \\ 2^3 & 3^3 & 4^3 & 1 & 5^3 & 6^3 \\ 2^4 & 3^4 & 4^4 & 1 & 5^4 & 6^4 \\ 2^5 & 3^5 & 4^5 & 1 & 5^5 & 6^5 \end{vmatrix}$$

325. Determine o valor numérico do determinante:

$$\begin{vmatrix} 1 & 1 & 1 & 1 \\ \log 7 & \log 70 & \log 700 & \log 7000 \\ (\log 7)^2 & (\log 70)^2 & (\log 700)^2 & (\log 7000)^2 \\ (\log 7)^3 & (\log 70)^3 & (\log 700)^3 & (\log 7000)^3 \end{vmatrix}$$

326. Calcule o valor do determinante:

$$\begin{vmatrix} 1 & 1 & 1 & 1 \\ \log 2 & \log 20 & \log 200 & \log 2000 \\ (\log 2)^2 & (\log 20)^2 & (\log 200)^2 & (\log 2000)^2 \\ (\log 2)^3 & (\log 20)^3 & (\log 200)^3 & (\log 2000)^3 \end{vmatrix}$$

327. Resolva a equação:

$$\begin{vmatrix} 1 & 1 & 1 & 1 \\ 1 & 2 & x & -5 \\ 1 & 4 & x^2 & 25 \\ 1 & 8 & x^3 & -125 \end{vmatrix} = 0$$

328. Supondo positivos todos os elementos literais da matriz quadrada

$$\begin{bmatrix} a_1 & a_2 & \cdots & & a_n \\ b_1 & b_2 & \cdots & b_{n-1} & 0 \\ \cdots & \cdots & \cdots & \cdots & \cdots \\ r_1 & 0 & \cdots & 0 & 0 \end{bmatrix}$$

e sendo n múltiplo de 4, qual é o sinal do determinante correspondente?

329. Demonstre que, se os elementos de uma matriz quadrada M são números inteiros, então o determinante de M é um número inteiro.

330. Calcule o determinante:

$$\begin{vmatrix} 1 & \binom{p}{1} & \binom{p+1}{2} & \binom{p+2}{3} \\ 1 & \binom{p+1}{1} & \binom{p+2}{2} & \binom{p+3}{3} \\ 1 & \binom{p+2}{1} & \binom{p+3}{2} & \binom{p+4}{3} \\ 1 & \binom{p+3}{1} & \binom{p+4}{2} & \binom{p+5}{3} \end{vmatrix}$$

Sugestão: Relação de Stifel.

331. Demonstre a identidade:

$$\begin{vmatrix} a & b & c & d \\ b & c & d & a \\ c & d & a & b \\ d & a & b & c \end{vmatrix} = -(a + b + c + d)(a - b + c - d)\left[(a - c)^2 + (d - d)^2\right]$$

332. Demonstre que, num determinante de uma matriz simétrica, os complementos algébricos de dois elementos situados simetricamente em relação à diagonal principal são iguais.

333. Em uma matriz quadrada de ordem $n \geq 3$, os elementos de cada linha estão em P.G. Mostre que o determinante de M se anula quando, e somente quando, duas progressões têm a mesma razão.

334. Mostre que:

$$\begin{vmatrix} 1 & 2 & 2 & \ldots & 2 \\ 2 & 2 & 2 & \ldots & 2 \\ 2 & 2 & 3 & \ldots & 2 \\ \ldots & & & & \\ 2 & 2 & 2 & \ldots & n \end{vmatrix} = -2(n-2)!$$

335. Prove que:

$$\begin{vmatrix} \cotg \dfrac{A}{2} & \cotg \dfrac{B}{2} & \cotg \dfrac{C}{2} \\ a & b & c \\ 1 & 1 & 1 \end{vmatrix} = 0$$

sendo A, B, C ângulos de um triângulo e a, b, c os lados respectivamente opostos aos mesmos ângulos.

336. Quantos termos se obtêm no desenvolvimento do determinante de uma matriz quadrada de 6 filas?

337. Determine o valor de *m* que verifica a igualdade

$$\begin{vmatrix} A_{m,2} & A_{m,1} & A_{m,0} \\ C_{m,2} & m & 3! \\ m(m-1) & \dfrac{m!}{(m-1)!} & 0 \end{vmatrix} = -10m$$

338. Demonstre que toda matriz antissimétrica de ordem ímpar e elementos reais tem determinante nulo.

Apêndice

Cálculo da matriz inversa por meio de determinantes

1. Matriz dos cofatores

Seja M uma matriz quadrada de ordem *n*. Chamamos de **matriz dos cofatores de M**, e indicamos por M', a matriz que se obtém de M, substituindo cada elemento de M por seu cofator.

Assim, se

$$M = \begin{bmatrix} a_{11} & a_{12} & a_{13} & \cdots & a_{1n} \\ a_{21} & a_{22} & a_{23} & \cdots & a_{2n} \\ a_{31} & a_{32} & a_{33} & \cdots & a_{3n} \\ \cdots & \cdots & \cdots & \cdots & \cdots \\ a_{n1} & a_{n2} & a_{n3} & \cdots & a_{nn} \end{bmatrix}, \text{ então}$$

$$M' = \begin{bmatrix} A_{11} & A_{12} & A_{13} & \cdots & A_{1n} \\ A_{21} & A_{22} & A_{23} & \cdots & A_{2n} \\ A_{31} & A_{32} & A_{33} & \cdots & A_{3n} \\ \cdots & \cdots & \cdots & \cdots & \cdots \\ A_{n1} & A_{n2} & A_{n3} & \cdots & A_{nn} \end{bmatrix}$$

Exemplos:

1º) Se $M = \begin{bmatrix} 1 & 2 \\ 3 & 4 \end{bmatrix}$, então $M' = \begin{bmatrix} 4 & -3 \\ -2 & 1 \end{bmatrix}$, pois

$A_{11} = (-1)^2 \cdot |\,4\,| = 4;\ A_{12} = (-1)^3 \cdot |\,3\,| = -3;$
$A_{21} = (-1)^3 \cdot |\,2\,| = -2;\ A_{22} = (-1)^4 \cdot |\,1\,| = 1$

DETERMINANTES

2º) Se $M = \begin{bmatrix} 1 & 0 & 2 \\ 2 & 1 & 3 \\ 3 & 1 & 0 \end{bmatrix}$, então $M' = \begin{bmatrix} -3 & 9 & -1 \\ 2 & -6 & -1 \\ -2 & 1 & 1 \end{bmatrix}$, pois

$A_{11} = (-1)^2 \begin{vmatrix} 1 & 3 \\ 1 & 0 \end{vmatrix} = -3;$ $\quad A_{12} = (-1)^3 \begin{vmatrix} 2 & 3 \\ 3 & 0 \end{vmatrix} = 9;$

$A_{21} = (-1)^3 \begin{vmatrix} 0 & 2 \\ 1 & 0 \end{vmatrix} = 2;$ $\quad A_{22} = (-1)^4 \begin{vmatrix} 1 & 2 \\ 3 & 0 \end{vmatrix} = -6;$

$A_{31} = (-1)^4 \begin{vmatrix} 0 & 2 \\ 1 & 3 \end{vmatrix} = -2;$ $\quad A_{32} = (-1)^5 \begin{vmatrix} 1 & 2 \\ 2 & 3 \end{vmatrix} = 1;$

$A_{13} = (-1)^4 \begin{vmatrix} 2 & 1 \\ 3 & 1 \end{vmatrix} = -1;$ $\quad A_{23} = (-1)^5 \begin{vmatrix} 1 & 0 \\ 3 & 1 \end{vmatrix} = -1;$

$A_{33} = (-1)^6 \begin{vmatrix} 1 & 0 \\ 2 & 1 \end{vmatrix} = 1$

2. Matriz adjunta

Seja M uma matriz quadrada de ordem n e M' a matriz dos cofatores de M. Chamamos de **matriz adjunta de M**, e indicamos por $\overline{M}$ a transposta da matriz M', isto é, $\overline{M} = (M')^t$.

Em resumo:

$M = \begin{bmatrix} a_{11} & a_{12} & \cdots & a_{1n} \\ a_{21} & a_{22} & \cdots & a_{2n} \\ \cdots & \cdots & \cdots & \cdots \\ a_{n1} & a_{n2} & \cdots & a_{nn} \end{bmatrix} \quad M' = \begin{bmatrix} A_{11} & A_{12} & \cdots & A_{1n} \\ A_{21} & A_{22} & \cdots & A_{2n} \\ \cdots & \cdots & \cdots & \cdots \\ A_{n1} & A_{n2} & \cdots & A_{nn} \end{bmatrix}$

$\overline{M} = \begin{bmatrix} B_{11} & B_{12} & \cdots & B_{1n} \\ B_{21} & B_{22} & \cdots & B_{2n} \\ \cdots & \cdots & \cdots & \cdots \\ B_{n1} & B_{n2} & \cdots & B_{nn} \end{bmatrix}$ em que $B_{ij} = A_{ij} \begin{cases} \forall i \in \{1, 2, ..., n\} \\ \forall j \in \{1, 2, ..., n\} \end{cases}$

Nos exemplos dados no item anterior, temos:

1º) $M = \begin{bmatrix} 1 & 2 \\ 3 & 4 \end{bmatrix}$, então $\overline{M} = \begin{bmatrix} 4 & -2 \\ -3 & 1 \end{bmatrix}$

2º) $M = \begin{bmatrix} 1 & 0 & 2 \\ 2 & 1 & 3 \\ 3 & 1 & 0 \end{bmatrix}$, então $\overline{M} = \begin{bmatrix} -3 & 2 & -2 \\ 9 & -6 & 1 \\ -1 & -1 & 1 \end{bmatrix}$

3. Teorema

Se M é matriz quadrada de ordem n e I_n é matriz identidade de ordem n, então $M \cdot \overline{M} = \overline{M} \cdot M = \det(M) \cdot I_n$.

Demonstração:

Seja $M \cdot \overline{M} = (b_{ik})$. Por definição de produto de matrizes,

$$b_{ik} = \sum_{j=1}^{n} a_{ij} \cdot B_{jk} = \sum_{j=1}^{n} a_{ij} \cdot A_{kj}$$

Logo, se $i = k \Rightarrow b_{ik} = \det(M)$ (teorema de Laplace)
se $i \neq k \Rightarrow b_{ik} = 0$ (teorema de Cauchy)

Logo, $M \cdot \overline{M}$ é a matriz diagonal

$$\begin{bmatrix} \det M & 0 & 0 & \dots & 0 \\ 0 & \det M & 0 & \dots & 0 \\ 0 & 0 & \det M & \dots & 0 \\ \vdots & \vdots & \vdots & & \vdots \\ 0 & 0 & 0 & \dots & \det M \end{bmatrix} = \det M \cdot I_n$$

Portanto, $\overline{M} \cdot M = \det(M) \cdot I_n$. (1)
Analogamente, seja $\overline{M} \cdot M = (c_{ik})$. Por definição de produto de matrizes,

$$c_{ik} = \sum_{j=1}^{n} B_{ij} \cdot a_{jk} = \sum_{j=1}^{n} a_{jk} \cdot A_{ji}$$

DETERMINANTES

Logo, se $i = k \Rightarrow c_{ik} = \det(M)$ (teorema de Laplace)

se $i \neq k \Rightarrow c_{ik} = 0$ (teorema de Cauchy)

Logo, $\overline{M} \cdot M$ é a matriz diagonal

$$\begin{bmatrix} \det M & 0 & 0 & \cdots & 0 \\ 0 & \det M & 0 & \cdots & 0 \\ 0 & 0 & \det M & \cdots & 0 \\ \vdots & \vdots & \vdots & & \vdots \\ 0 & 0 & 0 & \cdots & \det M \end{bmatrix} = \det M \cdot I_n$$

Portanto, $\overline{M} \cdot M = \det(M) \cdot I_n$. (2)

De (1) e (2) concluímos então que:

$$M \cdot \overline{M} = \overline{M} \cdot M = \det(M) \cdot I_n$$

4. Processo de cálculo da inversa de uma matriz quadrada M

Teorema

Se M é uma matriz quadrada de ordem n e $\det M \neq 0$, então a inversa de M é:

$$\boxed{M^{-1} = \frac{1}{\det M} \cdot \overline{M}}$$

Demonstração:

Usando o teorema anterior, temos:

$$M \cdot \left(\frac{1}{\det M} \cdot \overline{M}\right) = \frac{1}{\det M} \cdot (M \cdot \overline{M}) = \frac{\det M}{\det M} \cdot I_n = I_n \quad (1)$$

$$\left(\frac{1}{\det M} \cdot \overline{M}\right) \cdot M = \frac{1}{\det M} \cdot (\overline{M} \cdot M) = \frac{\det M}{\det M} \cdot I_n = I_n \quad (2)$$

De (1) e (2) segue-se, por definição de matriz inversa, que:

$$M^{-1} = \frac{1}{\det M} \cdot \overline{M}$$

Retomando os exemplos anteriores, temos:

1º) $M = \begin{bmatrix} 1 & 2 \\ 3 & 4 \end{bmatrix}$, $\overline{M} = \begin{bmatrix} 4 & -2 \\ -3 & 1 \end{bmatrix}$, $\det M = -2$

Logo $M^{-1} = \frac{1}{-2} \begin{bmatrix} 4 & -2 \\ -3 & 1 \end{bmatrix} = \begin{bmatrix} -2 & 1 \\ \frac{3}{2} & -\frac{1}{2} \end{bmatrix}$

2º) $M = \begin{bmatrix} 1 & 0 & 2 \\ 2 & 1 & 3 \\ 3 & 1 & 0 \end{bmatrix}$, $\overline{M} = \begin{bmatrix} -3 & 2 & -2 \\ 9 & -6 & 1 \\ -1 & -1 & 1 \end{bmatrix}$, $\det M = -5$

Logo $M^{-1} = -\frac{1}{5} \begin{bmatrix} -3 & 2 & -2 \\ 9 & -6 & 1 \\ -1 & -1 & 1 \end{bmatrix} = \begin{bmatrix} \frac{3}{5} & -\frac{2}{5} & \frac{2}{5} \\ -\frac{9}{5} & \frac{6}{5} & -\frac{1}{5} \\ \frac{1}{5} & \frac{1}{5} & -\frac{1}{5} \end{bmatrix}$

Corolário

"Seja M uma matriz quadrada de ordem *n*. A inversa de M existe se, e somente se, $\det M \neq 0$."

Demonstração:

a) Se $\det M \neq 0$, pelo teorema anterior vimos que existe a inversa; e

$$M^{-1} = \frac{1}{\det M} \cdot \overline{M}$$

b) Se $\exists\ M^{-1}$, então $M \cdot M^{-1} = I_n$ e, pelo teorema de Binet,

$(\det M)(\det M^{-1}) = \det I_n = 1 \neq 0$,

portanto, $\det M \neq 0$.

EXERCÍCIOS

339. Calcule, usando a teoria precedente, as inversas das seguintes matrizes:

$$A = \begin{bmatrix} 5 & 3 \\ 8 & 5 \end{bmatrix}, B = \begin{bmatrix} 7 & -2 \\ -10 & 5 \end{bmatrix}, C = \begin{bmatrix} \text{sen } a & -\cos a \\ \cos a & \text{sen } a \end{bmatrix},$$

$$D = \begin{bmatrix} 1 & 0 & 0 \\ 0 & 2 & 0 \\ 0 & 0 & 3 \end{bmatrix}, E = \begin{bmatrix} 0 & 1 & 0 \\ 1 & 0 & 1 \\ 1 & 1 & 0 \end{bmatrix} \text{ e } F = \begin{bmatrix} 1 & 0 & 0 \\ 3 & 1 & 0 \\ 5 & 7 & 1 \end{bmatrix}$$

340. Para que valores reais de m existe a inversa da matriz

$$M = \begin{bmatrix} m & 5 \\ 5 & m \end{bmatrix}?$$

Solução

A matriz M é inversível se, e somente se, det M ≠ 0. Assim, temos:

$$\det M = \begin{vmatrix} m & 5 \\ 5 & m \end{vmatrix} = m^2 - 25 \neq 0 \Rightarrow m \neq 5 \text{ e } m \neq -5$$

341. Qual a condição sobre a para que a matriz

$$M = \begin{bmatrix} 1 & a & a \\ a & 1 & a \\ a & a & 1 \end{bmatrix} \text{ seja inversível?}$$

342. Determine os valores de m para os quais a matriz $M = \begin{bmatrix} 1 & m \\ m & 2 \end{bmatrix}$ não é inversível.

343. Determine os valores de k para que a matriz $A = \begin{bmatrix} 1 & 0 & -1 \\ k & 1 & 3 \\ 1 & k & 3 \end{bmatrix}$ não seja inversível.

LEITURA

Sistemas lineares e determinantes: origens e desenvolvimento

Hygino H. Domingues

Na matemática ocidental antiga são poucas as aparições de sistemas de equações lineares. No Oriente, contudo, o assunto mereceu atenção bem maior. Com seu gosto especial por diagramas, os chineses representavam os sistemas lineares por meio de seus coeficientes escritos com barras de bambu sobre os quadrados de um tabuleiro. Assim acabaram descobrindo o método de resolução por eliminação — que consiste em anular coeficientes por meio de operações elementares. Exemplos desse procedimento encontram-se nos *Nove capítulos sobre a arte da matemática*, um texto que data provavelmente do século III a.C.

Mas foi só em 1683, num trabalho do japonês Seki Kowa, que a ideia de determinante (como polinômio que se associa a um quadrado de números) veio à luz. Kowa, considerado o maior matemático japonês do século XVII, chegou a essa noção por meio do estudo de sistemas lineares, sistematizando o velho procedimento chinês (para o caso de duas equações apenas).

O uso de determinantes no Ocidente começou dez anos depois num trabalho de Leibniz, ligado também a sistemas lineares. Em resumo, Leibniz estabeleceu a condição de compatibilidade de um sistema de três equações a duas incógnitas em termos do determinante de ordem 3 formado pelos coeficientes e pelos termos independentes (este determinante deve ser nulo). Para tanto criou até uma notação com índices para os coeficientes: o que hoje, por exemplo, escreveríamos como a_{12}, Leibniz indicava por 1_2.

A conhecida regra de Cramer para resolver sistemas de *n* equações a *n* incógnitas, por meio de determinantes, é na verdade uma descoberta do escocês Colin Maclaurin (1698-1746), datando provavelmente de 1729, embora só publicada postumamente em 1748 no seu *Treatise of algebra*. Mas o nome do suíço Gabriel Cramer (1704-1752) não aparece nesse episódio de maneira totalmente gratuita. Cramer também chegou à regra (independentemente), mas depois, na sua *Introdução à análise das curvas planas* (1750), em conexão com o problema de determinar os coeficientes da cônica geral

$$A + By + Cx + Dy^2 + Exy + x^2 = 0.$$

O francês Étienne Bézout (1730-1783), autor de textos matemáticos de sucesso em seu tempo, sistematizou em 1764 o processo de estabelecimento dos sinais dos termos de um determinante. E coube a outro francês, Alexandre Vandermonde (1735-1796), em 1771, empreender a primeira abordagem da teoria dos determinantes independente do estudo dos sistemas lineares — embora também os usasse na resolução desses sistemas. O importante *teorema de Laplace*, que permite a expansão de um determinante através dos menores de *r* filas escolhidas e seus respectivos complementos algébricos, foi demonstrado no ano seguinte pelo próprio Laplace num artigo que, a julgar pelo título, nada tinha a ver com o assunto: "Pesquisas sobre o cálculo integral e o sistema do mundo".

O termo *determinante*, com o sentido atual, surgiu em 1812 num trabalho de Cauchy sobre o assunto. Nesse artigo, apresentado à Academia de Ciências, Cauchy sumariou e simplificou o que era conhecido até então sobre determinantes, melhorou a notação (mas a atual com duas barras verticais ladeando o quadrado de números só surgiria em 1841 com Arthur Cayley) e deu uma demonstração do teorema da multiplicação de determinantes — meses antes J. F. M. Binet (1786-1856) dera a primeira demonstração desse teorema, mas a de Cauchy era superior.

Além de Cauchy, quem mais contribuiu para consolidar a teoria dos determinantes foi o alemão Carl G. J. Jacobi (1804-1851), cognominado às vezes "o grande algorista". Deve-se a ele a forma simples como essa teoria se apresenta hoje elementarmente. Como algorista, Jacobi era um entusiasta da notação de determinante, com suas potencialidades. Assim, o importante conceito *jacobiano* de uma função, salientando um dos pontos mais característicos de sua obra, é uma homenagem das mais justas.

Carl G. J. Jacobi (1804–1851).

CAPÍTULO VI

Sistemas lineares

I. Introdução

88. Equação linear

Chamamos de equação linear, nas incógnitas $x_1, x_2, ..., x_n$, toda equação do tipo $a_{11}x_1 + a_{12}x_2 + a_{13}x_3 + ... + a_{1n}x_n = b$.

Os números $a_{11}, a_{12}, a_{13}, ..., a_{1n}$, todos reais, são chamados **coeficientes** e b, também real, é o **termo independente** da equação.

Exemplos:

1º) $3x_1 + 4x_2 - 5x_3 - x_4 = 5$

2º) $2x_1 - x_2 - x_3 = 0$

3º) $0x_1 + 0x_2 + 0x_3 = 4$

4º) $0x_1 + 0x_2 + 0x_3 + 0x_4 = 0$

Observemos que **não são lineares** as equações:

1º) $2x_1^2 + 4x_2 + x_3 = 0$

2º) $2x_1x_2 + x_3 + x_4 = 3$

3º) $x_1 + \sqrt{x_2} - x_3 = 4$

89. Solução de uma equação linear

Dizemos que a sequência ou ênupla ordenada de números reais

$(\alpha_1, \alpha_2, \alpha_3, ..., \alpha_n)$

é uma solução da equação linear

$a_{11}x_1 + a_{12}x_2 + a_{13}x_3 + ... + a_{1n}x_n = b$

se $a_{11}\alpha_1 + a_{12}\alpha_2 + a_{13}\alpha_3 + ... + a_{1n}\alpha_n = b$ for uma sentença verdadeira.

Exemplos:

1º) Seja a equação linear $2x_1 + 3x_2 - x_3 + x_4 = 3$.

A sequência $(1, 2, 3, -2)$ é solução, pois $2 \cdot (1) + 3 \cdot (2) - (3) + (-2) = 3$ é sentença verdadeira, porém a sequência $(1, 1, 2, 1)$ não é solução, pois $2 \cdot (1) + 3 \cdot (1) - (2) + (1) = 3$ é sentença falsa.

2º) Seja a equação linear $0x + 0y + 0z = 0$.

É fácil observar que qualquer tripla ordenada $(\alpha_1, \alpha_2, \alpha_3)$ é solução da equação.

3º) Seja a equação linear $0x + 0y + 0z + 0t = 2$.

É fácil observar que qualquer quádrupla ordenada $(\alpha_1, \alpha_2, \alpha_3, \alpha_4)$ não satisfaz a equação, pois

$0\alpha_1 + 0\alpha_2 + 0\alpha_3 + 0\alpha_4 = 2$

é sentença falsa $\forall \alpha_1, \forall \alpha_2, \forall \alpha_3, \forall \alpha_4$.

90. Sistema linear

É um conjunto de m ($m \geq 1$) equações lineares, nas incógnitas $x_1, x_2, x_3, ..., x_n$. Assim, o sistema

$$S \begin{cases} a_{11}x_1 + a_{12}x_2 + a_{13}x_3 + ... + a_{1n}x_n = b_1 \\ a_{21}x_1 + a_{22}x_2 + a_{23}x_3 + ... + a_{2n}x_n = b_2 \\ a_{31}x_1 + a_{32}x_2 + a_{33}x_3 + ... + a_{3n}x_n = b_3 \\ .... \\ a_{m1}x_1 + a_{m2}x_2 + a_{m3}x_3 + ... + a_{mn}x_n = b_m \end{cases}$$

é linear.

Lembrando a definição de produto de matrizes, notemos que o sistema linear S pode ser escrito na forma matricial.

$$\begin{bmatrix} a_{11} & a_{12} & a_{13} & ... & a_{1n} \\ a_{21} & a_{22} & a_{23} & ... & a_{2n} \\ a_{31} & a_{32} & a_{33} & ... & a_{3n} \\ ... & ... & ... & ... & ... \\ a_{m1} & a_{m2} & a_{m3} & ... & a_{mn} \end{bmatrix} \cdot \begin{bmatrix} x_1 \\ x_2 \\ x_3 \\ . \\ . \\ . \\ x_n \end{bmatrix} = \begin{bmatrix} b_1 \\ b_2 \\ b_3 \\ . \\ . \\ . \\ b_m \end{bmatrix}$$

Exemplos:

1º) O sistema linear

$$S_1 \begin{cases} 2x + 3y = 4 \\ x - y = 2 \end{cases}$$

pode ser escrito na forma matricial

$$\begin{bmatrix} 2 & 3 \\ 1 & -1 \end{bmatrix} \cdot \begin{bmatrix} x \\ y \end{bmatrix} = \begin{bmatrix} 4 \\ 2 \end{bmatrix}$$

2º) O sistema linear

$$S_2 \begin{cases} 3x + y - z = 4 \\ 2x + 5y + 7z = 0 \end{cases}$$

pode ser escrito na forma matricial

$$\begin{bmatrix} 3 & 1 & -1 \\ 2 & 5 & 7 \end{bmatrix} \cdot \begin{bmatrix} x \\ y \\ z \end{bmatrix} = \begin{bmatrix} 4 \\ 0 \end{bmatrix}$$

3º) O sistema linear

$$S_3 \begin{cases} x + y = 4 \\ 3x - y = 1 \\ 2x - y = 0 \end{cases}$$

pode ser escrito na forma matricial

$$\begin{bmatrix} 1 & 1 \\ 3 & -1 \\ 2 & -1 \end{bmatrix} \cdot \begin{bmatrix} x \\ y \end{bmatrix} = \begin{bmatrix} 4 \\ 1 \\ 0 \end{bmatrix}$$

91. Solução de um sistema linear

Dizemos que a sequência ou ênupla ordenada de reais $(\alpha_1, \alpha_2, \alpha_3, ..., \alpha_n)$ é solução de um sistema linear S, se for solução de **todas** as equações de S, isto é

$a_{11}\alpha_1 + a_{12}\alpha_2 + a_{13}\alpha_3 + \cdots + a_{1n}\alpha_n = b_1$ (sentença verdadeira)
$a_{21}\alpha_1 + a_{22}\alpha_2 + a_{23}\alpha_3 + \cdots + a_{2n}\alpha_n = b_2$ (sentença verdadeira)
$a_{31}\alpha_1 + a_{32}\alpha_2 + a_{33}\alpha_3 + \cdots + a_{3n}\alpha_n = b_3$ (sentença verdadeira)
....
$a_{m1}\alpha_1 + a_{m2}\alpha_2 + a_{m3}\alpha_3 + \cdots + a_{mn}\alpha_n = b_m$ (sentença verdadeira)

Exemplos:

1º) O sistema

$$S \begin{cases} x + y + z = 6 \\ 2x + y - z = 1 \\ 3x - y + z = 4 \end{cases}$$

admite como solução a tripla ordenada (1, 2, 3), pois
$1 + 2 + 3 = 6$ (sentença verdadeira)
$2 \cdot 1 + 2 - 3 = 1$ (sentença verdadeira)
$3 \cdot 1 - 2 + 3 = 4$ (sentença verdadeira)

S não admite, porém, como solução a tripla $(-5, 11, 0)$, pois

$-5 + 11 + 0 = 6$ \qquad (sentença verdadeira)
$2 \cdot (-5) + 11 - 0 = 1$ \qquad (sentença verdadeira)
$3 \cdot (-5) - 11 + 0 = 4$ \qquad (sentença falsa)

2º) O sistema linear

$$S \begin{cases} x + 2y + 3z = 5 \\ x - y + 4z = 1 \\ 0x + 0y + 0z = 6 \end{cases}$$

não admite solução, pois a última equação não é satisfeita por nenhuma tripla $(\alpha_1, \alpha_2, \alpha_3)$.

92. Sistema possível. Sistema impossível

Se um sistema linear S tiver **pelo menos uma solução**, diremos que ele é **possível** ou **compatível** (é o caso do 1º exemplo); caso não tenha nenhuma solução, diremos que S é **impossível ou incompatível** (é o caso do 2º exemplo).

93. Sistema linear homogêneo

Chamamos de sistema linear homogêneo todo aquele em que o termo independente de **todas** as equações vale zero.

Exemplos:

$$S_1 \begin{cases} x + y + z = 0 \\ 2x - y + z = 0 \end{cases} \qquad S_2 \begin{cases} 3x + 4y + z - t = 0 \\ 3x - y - 3z = 0 \\ x + 2y + z - 3t = 0 \\ 4x - z + t = 0 \end{cases}$$

É fácil notar que um sistema linear homogêneo admite sempre como solução a sequência $(\alpha_1, \alpha_2, \alpha_3, ..., \alpha_n)$ em que $\alpha_i = 0$, $\forall i \in \{1, 2, 3 ..., n\}$.

Nos exemplos dados temos:

$(0, 0, 0)$ é solução de S_1.

$(0, 0, 0, 0)$ é solução de S_2.

SISTEMAS LINEARES

94. Matrizes de um sistema

Dado um sistema linear S de *m* equações e *n* incógnitas, consideremos as matrizes:

$$A = \begin{bmatrix} a_{11} & a_{12} & a_{13} & \cdots & a_{1n} \\ a_{21} & a_{22} & a_{23} & \cdots & a_{2n} \\ a_{31} & a_{32} & a_{33} & \cdots & a_{3n} \\ \cdots & \cdots & \cdots & \cdots & \cdots \\ a_{m1} & a_{m2} & a_{m3} & \cdots & a_{mn} \end{bmatrix} \text{ e}$$

$$B = \begin{bmatrix} a_{11} & a_{12} & a_{13} & \cdots & a_{1n} & b_1 \\ a_{21} & a_{22} & a_{23} & \cdots & a_{2n} & b_2 \\ a_{31} & a_{32} & a_{33} & \cdots & a_{3n} & b_3 \\ \cdots & \cdots & \cdots & \cdots & \cdots & \cdots \\ a_{m1} & a_{m2} & a_{m3} & \cdots & a_{mn} & b_m \end{bmatrix}$$

A é chamada **matriz incompleta** do sistema e B, **matriz completa**.

Notemos que B foi obtida a partir de A, acrescentando-se a esta a coluna formada pelos termos independentes das equações do sistema.

Exemplos:

$$S_1 \begin{cases} 2x + y = 3 \\ x - y = 4 \end{cases} \quad A = \begin{bmatrix} 2 & 1 \\ 1 & -1 \end{bmatrix} \text{ e } B = \begin{bmatrix} 2 & 1 & 3 \\ 1 & -1 & 4 \end{bmatrix}$$

$$S_2 \begin{cases} 3x - y + z = 1 \\ 4x + y = 7 \end{cases} \quad A = \begin{bmatrix} 3 & -1 & 1 \\ 4 & 1 & 0 \end{bmatrix} \text{ e } B = \begin{bmatrix} 3 & -1 & 1 & 1 \\ 4 & 1 & 0 & 7 \end{bmatrix}$$

EXERCÍCIOS

344. Diga quais das equações a seguir são lineares:

a) $x_1 - x_2 + x_3 - 2x_4 = 3$

b) $x_1 + mx_2 + x_3^2 = n$, em que *m* e *n* são constantes dadas.

c) $x - 2y + 3z = 4$

d) $a_1x_1 + a_2x_2^2 + a_3x_3^3 = b$, em que a e b são constantes dadas.

e) $2x_1 + \log x_2 + x_3 = \log 2$

f) $-x_1 + x_2 - 3x_3 - x_4 - x_5 = 0$

g) $\sqrt{3}x_1 + \sqrt{2}x_2 + x_3 = 5$

h) $x_1 + 3x_2 - 4x_3 + 5x_4 = 10 - 2x_5$

345. Verifique se $(2, 0, -3)$ é solução de $2x_1 + 5x_2 + 2x_3 = -2$.

346. Verifique se $(1, 1, -1, -1)$ é solução de $5x_1 - 10x_2 - x_3 + 2x_4 = 0$.

347. Encontre uma solução para a equação linear $2x_1 - x_2 - x_3 = 0$, diferente da solução $(0, 0, 0)$.

348. Escreva na forma matricial os seguintes sistemas:

a) $\begin{cases} x - y + z = 2 \\ -x + 2y + 2z = 5 \\ 5x - y + 5z = 1 \end{cases}$

e) $\begin{cases} 2x - 3y = 7 \\ -x + 4y = 1 \\ 2x - y = 2 \end{cases}$

b) $\begin{cases} 3x - 5y + 4z - t = 8 \\ 2x + y - 2z = -3 \\ -x - 2y + z - 3t = 1 \\ -5x - y + 6t = 4 \end{cases}$

f) $\begin{cases} ax - by + 2z = 1 \\ a^2x - by + z = 3 \end{cases}$

c) $\begin{cases} ax + by + cz = d \\ -mx + ny = e \\ abx - b^2y + mz = f \end{cases}$

g) $\begin{cases} x + y - z = 3 - t \\ -x - y - 2z = 1 - 3t \\ 5x + 3z = 7 + t \end{cases}$

d) $\begin{cases} \sqrt{2}x - 3y + 2z = 7 \\ + 7y - z = 0 \\ 4x + \sqrt{3}y + 2z = 5 \end{cases}$

h) $\begin{cases} (\text{sen } a)\, x - (\text{sen } b)\, y = 1 \\ (\cos b)\, x + (2\cos a)\, y = -1 \\ (\text{sen } b)\, x - (3\cos a)\, y = -2 \end{cases}$ em que a, b são constantes dadas.

SISTEMAS LINEARES

349. Quais são os sistemas correspondentes às representações matriciais?

a) $\begin{bmatrix} 2 & 4 & 9 \\ -1 & 0 & -1 \\ 3 & 7 & 3 \end{bmatrix} \cdot \begin{bmatrix} x \\ y \\ z \end{bmatrix} = \begin{bmatrix} 0 \\ 0 \\ 0 \end{bmatrix}$

c) $\begin{bmatrix} a & b \\ c & d \\ e & f \end{bmatrix} \cdot \begin{bmatrix} x \\ y \end{bmatrix} = \begin{bmatrix} a^2 \\ ab \\ b^2 \end{bmatrix}$

b) $\begin{bmatrix} 5 & 2 & -1 & 3 \\ -1 & 5 & -2 & 1 \end{bmatrix} \cdot \begin{bmatrix} x \\ y \\ z \\ t \end{bmatrix} = \begin{bmatrix} -2 \\ 3 \end{bmatrix}$

d) $\begin{bmatrix} 1 & 2 & 0 \\ 0 & 3 & 3 \\ 0 & -1 & 0 \end{bmatrix} \cdot \begin{bmatrix} x \\ y \\ z \end{bmatrix} = \begin{bmatrix} 1 \\ -1 \\ 2 \end{bmatrix}$

350. Verifique se $(0, -3, -4)$ é solução do sistema:

$$\begin{cases} x + y - z = 1 \\ 2x - y + z = -1 \\ x + 2y + z = 2 \end{cases}$$

351. Verifique se $(1, 0, -2, 1)$ é solução do sistema:

$$\begin{cases} 5x + 3y - 2z - 4t = 5 \\ 2x - 4y + 3z - 5t = -9 \\ -x + 2y - 5z + 3t = 12 \end{cases}$$

352. Construa as matrizes incompleta e completa dos sistemas:

a) $\begin{cases} 3x - 2y = 4 \\ -2x + y = 0 \\ x + 4y = -1 \end{cases}$

c) $\begin{cases} ax - y + bz = c \\ a^2x + abz = d \\ -by + az = e \end{cases}$ em que a, b, c, d, e são dados.

b) $\begin{cases} 2x + 4y - z = 2 \\ -x - 3y - 2z = 4 \\ 3x - y + 4z = -3 \end{cases}$

d) $\begin{cases} x + y = 1 \\ 2x + 3y = 4 \\ -x + 2y = -3 \\ 4x - y = 7 \end{cases}$

II. Teorema de Cramer

Consideremos um sistema linear em que o número de equações é igual ao número de incógnitas (isto é, m = n). Nessas condições, A é matriz quadrada; seja D = det (A).

95. Teorema

Seja S um sistema linear com número de equações igual ao de incógnitas.
Se D ≠ 0, então o **sistema será possível** e terá **solução única** ($\alpha_1, \alpha_2, \alpha_3, ..., \alpha_n$), tal que

$$\alpha_i = \frac{D_i}{D} \qquad \forall i \in \{1, 2, 3, ..., n\}$$

em que D_i é o determinante da matriz obtida de A, substituindo-se a i-ésima coluna pela coluna dos termos independentes das equações do sistema.

Demonstração:

Consideremos o sistema

$$S \begin{cases} a_{11}x_1 + a_{12}x_2 + a_{13}x_3 + ... + a_{1n}x_n = b_1 \\ a_{21}x_1 + a_{22}x_2 + a_{23}x_3 + ... + a_{2n}x_n = b_2 \\ a_{31}x_1 + a_{32}x_2 + a_{33}x_3 + ... + a_{3n}x_n = b_3 \\ .... \\ a_{n1}x_1 + a_{n2}x_2 + a_{n3}x_3 + ... + a_{nn}x_n = b_n \end{cases}$$

Consideremos as matrizes

$$A = \begin{bmatrix} a_{11} & a_{12} & ... & a_{1i} & ... & a_{1n} \\ a_{21} & a_{22} & ... & a_{2i} & ... & a_{2n} \\ a_{31} & a_{32} & ... & a_{3i} & ... & a_{3n} \\ \multicolumn{6}{c}{..} \\ a_{n1} & a_{n2} & ... & a_{ni} & ... & a_{nn} \end{bmatrix}, X = \begin{bmatrix} x_1 \\ x_2 \\ x_3 \\ \vdots \\ x_n \end{bmatrix} \text{ e } C = \begin{bmatrix} b_1 \\ b_2 \\ b_3 \\ \vdots \\ b_n \end{bmatrix}$$

O sistema S pode ser escrito na forma matricial A · X = C. Provemos que tal equação matricial admite **solução única**.

Por hipótese, D ≠ 0, logo ∃ A^{-1}. Consideremos a matriz $X_0 = A^{-1} \cdot C$ e provemos que ela é solução da equação matricial AX = C.

SISTEMAS LINEARES

De fato:
$$A(A^{-1} \cdot C) = (A \cdot A^{-1}) \cdot C = I_n \cdot C = C$$
o que prova a existência da solução $X_0 = A^{-1} \cdot C$.

Para provarmos que $X_0 = A^{-1} \cdot C$ é solução única, admitamos que $AX = C$ tenha outra solução X_1, isto é, $AX_1 = C$.

Então: $X_1 = I_n X_1 = (A^{-1}A)X_1 = A^{-1}(AX_1) = A^{-1}C = X_0$.

Concluímos, assim, que X_0 é efetivamente **solução única** de $AX = C$.

Por outro lado, já vimos que A^{-1} pode ser calculada pela fórmula

$$A^{-1} = \frac{1}{D} \cdot \overline{A} = \frac{1}{D} \begin{bmatrix} A_{11} & A_{21} & A_{31} & \cdots & A_{n1} \\ A_{12} & A_{22} & A_{32} & \cdots & A_{n2} \\ A_{13} & A_{23} & A_{33} & \cdots & A_{n3} \\ \cdots & \cdots & \cdots & \cdots & \cdots \\ A_{1n} & A_{2n} & A_{3n} & \cdots & A_{nn} \end{bmatrix},$$

em que A_{ij} é o cofator do elemento a_{ij} da matriz A.

Logo:

$$X_0 = A^{-1} \cdot C = \frac{1}{D} \cdot \begin{bmatrix} A_{11} & A_{21} & A_{31} & \cdots & A_{n1} \\ A_{12} & A_{22} & A_{32} & \cdots & A_{n2} \\ \cdots & \cdots & \cdots & \cdots & \cdots \\ A_{1i} & A_{2i} & A_{3i} & \cdots & A_{ni} \\ \cdots & \cdots & \cdots & \cdots & \cdots \\ A_{1n} & A_{2n} & A_{3n} & \cdots & A_{nn} \end{bmatrix} \cdot \begin{bmatrix} b_1 \\ b_2 \\ \vdots \\ b_i \\ \vdots \\ b_n \end{bmatrix}$$

Tendo em conta que:

$$X_0 = \begin{bmatrix} \alpha_1 \\ \alpha_2 \\ \alpha_3 \\ \vdots \\ \alpha_n \end{bmatrix},$$

concluímos que α_i é dado por $\alpha_i = \frac{1}{D}(A_{1i}b_1 + A_{2i}b_2 + A_{3i}b_3 + \ldots + A_{ni}b_n)$

$$\alpha_i = \frac{1}{D} \cdot D_i = \frac{D_i}{D}.$$

96. Exemplo:

Seja o sistema $\begin{cases} x + y + z = 6 \\ x - y - z = -4 \\ 2x - y + z = 1 \end{cases}$.

Temos: $D = \begin{vmatrix} 1 & 1 & 1 \\ 1 & -1 & -1 \\ 2 & -1 & 1 \end{vmatrix} = -4 \neq 0$.

Logo, o sistema tem solução única. Determinemos essa solução:

$D_1 = \begin{vmatrix} 6 & 1 & 1 \\ -4 & -1 & -1 \\ 1 & -1 & 1 \end{vmatrix} = -4$, $\quad D_2 = \begin{vmatrix} 1 & 6 & 1 \\ 1 & -4 & -1 \\ 2 & 1 & 1 \end{vmatrix} = -12$,

$D_3 = \begin{vmatrix} 1 & 1 & 6 \\ 1 & -1 & -4 \\ 2 & -1 & 1 \end{vmatrix} = -8$.

Logo:

$x = \dfrac{D_1}{D} = \dfrac{-4}{-4} = 1; \quad y = \dfrac{D_2}{D} = \dfrac{-12}{-4} = 3; \quad z = \dfrac{D_3}{D} = \dfrac{-8}{-4} = 2.$

Portanto, a **solução única** do sistema é (1, 3, 2).

97. Sistema possível e determinado

Os sistemas lineares que têm **solução única** são chamados **possíveis e determinados**.

EXERCÍCIOS

353. Resolva os sistemas pela regra de Cramer:

a) $\begin{cases} -x - 4y = 0 \\ 3x + 2y = 5 \end{cases}$ \qquad b) $\begin{cases} 2x - y = 2 \\ -x + 3y = -3 \end{cases}$

SISTEMAS LINEARES

c) $\begin{cases} 3x - y + z = 1 \\ 2x + 3z = -1 \\ 4x + y - 2z = 7 \end{cases}$

e) $\begin{cases} x + y + z + t = 1 \\ 2x - y + z = 2 \\ -x + y - z - t = 0 \\ 2x + 2z + t = -1 \end{cases}$

d) $\begin{cases} -x + y - z = 5 \\ x + 2y + 4z = 4 \\ 3x + y - 2z = -3 \end{cases}$

f) $\begin{cases} x + y + z + t = 1 \\ -x + 2y + z = 2 \\ 2x - y - z - t = -1 \\ x - 3y + z + 2t = 0 \end{cases}$

354. Resolva os sistemas abaixo:

a) $\begin{cases} x + y - z = 0 \\ x - y - 2z = 1 \\ x + 2y + z = 4 \end{cases}$

c) $\begin{cases} 3x - 2y + z = 2 \\ -4y + 3z = -2 \\ 3x + 2y = \dfrac{36}{15} \end{cases}$

b) $\begin{cases} x + y + z = 1 \\ -x - y + z = 1 \\ 2x + 3y + 2z = 0 \end{cases}$

d) $\begin{cases} x + y + z + t = 2 \\ x + 2y - t = 4 \\ 2x - y + z - t = -3 \\ -4x + y - z + 2t = 4 \end{cases}$

355. Resolva, aplicando a regra de Cramer, o seguinte sistema:

$\begin{cases} x + y = 1 \\ -2x + 3y - 3z = 2 \\ x + z = 1 \end{cases}$

356. Resolva o sistema pela regra de Cramer:

$\begin{cases} x + y + z = 1 \\ \dfrac{2x - y}{3z + 2} = \dfrac{z + 1}{2x + y} = 1 \end{cases}$

Solução

Admitindo $3z + 2 \neq 0$ e $2x + y \neq 0$, temos:

$$\frac{2x - y}{3z + 2} = 1 \Leftrightarrow 2x - y = 3z + 2 \Leftrightarrow 2x - y - 3z = 2$$

$$\frac{z + 1}{2x + y} = 1 \Leftrightarrow z + 1 = 2x + y \Leftrightarrow 2x + y - z = 1$$

então, resulta o seguinte sistema:

$$\begin{cases} x + y + z = 1 \\ 2x - y - 3z = 2 \\ 2x + y - z = 1 \end{cases}$$

$$D = \begin{vmatrix} 1 & 1 & 1 \\ 2 & -1 & -3 \\ 2 & 1 & -1 \end{vmatrix} = 10 - 6 = 4 \neq 0$$

$$D_1 = \begin{vmatrix} \boxed{1} & 1 & 1 \\ \boxed{2} & -1 & -3 \\ \boxed{1} & 1 & -1 \end{vmatrix} = 6 \Rightarrow x = \frac{D_x}{D} = \frac{6}{4} = \frac{3}{2}$$

$$D_2 = \begin{vmatrix} 1 & \boxed{1} & 1 \\ 2 & \boxed{2} & -3 \\ 2 & \boxed{1} & -1 \end{vmatrix} = -5 \Rightarrow y = \frac{D_y}{D} = -\frac{5}{4}$$

$$D_3 = \begin{vmatrix} 1 & 1 & \boxed{1} \\ 2 & -1 & \boxed{2} \\ 2 & 1 & \boxed{1} \end{vmatrix} = 3 \Rightarrow z = \frac{D_z}{D} = \frac{3}{4}$$

Notemos que $3z + 2 = \frac{9}{4} + 2 \neq 0$ e $2x + y = 3 + \left(-\frac{5}{4}\right) \neq 0$.

A solução do sistema é $\left(\frac{3}{2}, -\frac{5}{4}, \frac{3}{4}\right)$.

SISTEMAS LINEARES

357. Calcule o valor de y no sistema:

$$\begin{cases} \dfrac{x+2y}{-3t-1} = \dfrac{2x-y}{z-2t} = 1 \\ \dfrac{x-2z}{t-y} = \dfrac{3t-1}{2z-y} = 2 \end{cases}$$

358. Resolva o sistema pela regra de Cramer:

$$\begin{cases} \dfrac{2}{x} - \dfrac{1}{y} - \dfrac{1}{z} = -1 \\ \dfrac{1}{x} + \dfrac{1}{y} + \dfrac{1}{z} = 0 \\ \dfrac{3}{x} - \dfrac{2}{y} + \dfrac{1}{z} = 4 \end{cases}$$

Sugestão: Faça $\dfrac{1}{x} = x'$, $\dfrac{1}{y} = y'$, $\dfrac{1}{z} = z'$.

359. Mostre que o sistema abaixo tem solução única:

$$\begin{cases} 2x - y + z = 3 \\ 3x + 2y - z = 1 \\ 5x - y = 7 \end{cases}$$

360. Sendo a uma constante real, resolva o sistema:

$$\begin{cases} x \cdot \operatorname{sen} a - y \cdot \cos a = -\cos 2a \\ x \cdot \cos a + y \cdot \operatorname{sen} a = \operatorname{sen} 2a \end{cases}$$

361. A solução do sistema $\begin{cases}(a-1)x + by = 1 \\ (a+1)x + 2by = 5\end{cases}$ é $x = 1$ e $y = 2$. Determine os valores de a e b.

362. A que restrições obedecem as soluções do sistema

$$\begin{cases} x + y + z = 28 \\ 2x - y = 32 \end{cases}$$ em que $x > 0$, $y > 0$ e $z > 0$?

III. Sistemas escalonados

O teorema de Cramer tem um interesse mais teórico do que prático; quando o número de equações é muito grande, fica bastante trabalhoso resolver o sistema por meio de sua aplicação. Por exemplo, num sistema de 5 equações a 5 incógnitas teremos de calcular 6 determinantes de ordem 5. O método de resolução que veremos agora é mais simples, embora em alguns de seus aspectos teóricos tenhamos que usar o teorema de Cramer.

98. Definição

Dado um sistema linear

$$S \begin{cases} a_{11}x_1 + a_{12}x_2 + a_{13}x_3 + \ldots + a_{1n}x_n = b_1 \\ a_{21}x_1 + a_{22}x_2 + a_{23}x_3 + \ldots + a_{2n}x_n = b_2 \\ a_{31}x_1 + a_{32}x_2 + a_{33}x_3 + \ldots + a_{3n}x_n = b_3 \\ \ldots\ldots\ldots\ldots\ldots\ldots\ldots\ldots\ldots\ldots\ldots\ldots\ldots\ldots\ldots \\ a_{m1}x_1 + a_{m2}x_2 + a_{m3}x_3 + \ldots + a_{mn}x_n = b_m \end{cases}$$

em que em cada equação existe pelo menos um coeficiente não nulo, dizemos que S está na **forma escalonada**, se o número de coeficientes nulos, antes do primeiro coeficiente não nulo, aumenta de equação para equação.

Exemplos:

$$S_1 \begin{cases} x + y + 3z = 1 \\ y - z = 4 \\ 2z = 5 \end{cases} \qquad S_3 \begin{cases} x - 4y + z = 5 \\ 2y - z = 0 \end{cases}$$

$$S_2 \begin{cases} 4x - y + z + t + w = 1 \\ z - t + w = 0 \\ 2t - w = 1 \end{cases}$$

99. Resolução de um sistema na forma escalonada

Há dois tipos de sistemas escalonados a considerar:

SISTEMAS LINEARES

1º tipo – número de equações igual ao número de incógnitas.
Nesse caso o sistema S terá a forma:

$$S \begin{cases} a_{11}x_1 + a_{12}x_2 + a_{13}x_3 + \ldots + a_{1n}x_n = b_1 \\ \qquad a_{22}x_2 + a_{23}x_3 + \ldots + a_{2n}x_n = b_2 \\ \qquad \qquad a_{33}x_3 + \ldots + a_{3n}x_n = b_3 \\ \qquad \cdots\cdots\cdots\cdots\cdots\cdots\cdots\cdots\cdots \\ \qquad \cdots\cdots\cdots\cdots\cdots \\ \qquad \qquad \qquad \qquad \qquad a_{nn}x_n = b_n \end{cases}$$

em que $a_{ii} \neq 0$, $\forall i \in \{1, 2, 3, \ldots, n\}$.

A matriz incompleta do sistema é a matriz triangular:

$$A = \begin{bmatrix} a_{11} & a_{12} & a_{13} & \ldots & a_{1n} \\ 0 & a_{22} & a_{23} & \ldots & a_{2n} \\ 0 & 0 & a_{33} & \ldots & a_{3n} \\ \vdots & \vdots & \vdots & & \vdots \\ 0 & 0 & 0 & \ldots & a_{nn} \end{bmatrix}$$

$D = \det(A) = a_{11} \cdot a_{22} \cdot a_{33} \cdot \ldots \cdot a_{nn} \neq 0$; logo, pelo teorema de Cramer, S é possível e determinado. Os valores $\alpha_1, \alpha_2, \alpha_3, \ldots, \alpha_n$ da solução podem ser obtidos resolvendo o sistema por substituição. Partindo da última equação, obtemos x_n; em seguida, substituindo esse valor na equação anterior, obtemos x_{n-1}.

Repetindo esse procedimento, vamos obtendo $x_{n-2}, x_{n-3}, \ldots, x_3, x_2, x_1$.

Exemplo:

$$\begin{cases} x + 2y - z + 3t = 6 \quad (1) \\ \qquad y + 3z - t = -5 \quad (2) \\ \qquad \qquad 5z + 7t = 21 \quad (3) \\ \qquad \qquad \qquad 2t = 6 \quad (4) \end{cases}$$

Temos:
em (4) $2t = 6 \Rightarrow t = 3$;
em (3) $5z + 21 = 21 \Rightarrow 5z = 0 \Rightarrow z = 0$;
em (2) $y + 3 \cdot 0 - 3 = -5 \Rightarrow y = -2$;
em (1) $x - 4 - 0 + 9 = 6 \Rightarrow x = 1$.
Portanto, a solução do sistema é $(1, -2, 0, 3)$.

SISTEMAS LINEARES

2º tipo – **número de equações é menor que o número de incógnitas**.
Nesse caso o sistema S será do tipo:

$$\begin{cases} a_{11}x_1 + a_{12}x_2 + a_{13}x_3 + \cdots + a_{1n}x_n = b_1 \\ \quad\quad a_{2j}x_j + \cdots + \cdots + a_{2n}x_n = b_2 \ (j \geqslant 2) \\ \cdots\cdots\cdots\cdots\cdots\cdots\cdots\cdots\cdots\cdots\cdots\cdots\cdots \\ \quad\quad\quad\quad a_{mr}x_r + \cdots + a_{mn}x_n = b_m \ (r > j) \end{cases}$$

com $m < n$.

Para resolvermos tal sistema, podemos tomar as incógnitas que não aparecem no começo de nenhuma das equações (chamadas **variáveis livres**) e transpô-las para o segundo membro. O novo sistema assim obtido pode ser visto como um sistema contendo apenas as incógnitas do primeiro membro das equações. Nesse caso, atribuindo valores a cada uma das incógnitas do 2º membro, teremos um sistema do 1º tipo, portanto, determinado; resolvendo-o, obteremos uma solução do sistema. Se atribuirmos outros valores às incógnitas do 2º membro, teremos outro sistema, também determinado; resolvendo-o, obteremos outra solução do sistema. Como esse procedimento de atribuir valores às incógnitas do 2º membro pode se estender indefinidamente, segue-se que podemos extrair do sistema original um número infinito de soluções. Um tal sistema é dito **possível** e **indeterminado**.

Chama-se **grau de indeterminação** o número de variáveis livres do sistema, isto é, $n - m$.

Exemplos:

1º) $\begin{cases} x - y + z = 4 \\ \quad\ y - z = 2 \end{cases}$

A única variável livre é z (não aparece no começo de nenhuma equação). Transpondo z para o 2º membro das equações, teremos o sistema:

$\begin{cases} x - y = 4 - z \\ \quad\ y = 2 + z \end{cases}$

Fazendo $z = \alpha$ (em que α é um número real), teremos:

$\begin{cases} x - y = 4 - \alpha \quad (1) \\ \quad\ y = 2 + \alpha \quad (2) \end{cases}$

O sistema é agora do 1º tipo (determinado), para cada valor de α.

SISTEMAS LINEARES

Resolvendo:

(2) $y = 2 + \alpha$

em (1) $x - 2 - \alpha = 4 - \alpha \Rightarrow x = 6$

Portanto, as soluções do sistema são as triplas ordenadas do tipo $(6; 2 + \alpha; \alpha)$ em que $\alpha \in \mathbb{R}$. Eis algumas:

$\alpha = 1 \to (6, 3, 1)$

$\alpha = -7 \to (6, -5, -7)$

$\alpha = 0 \to (6, 2, 0)$

$\alpha = \dfrac{1}{2} \to \left(6, \dfrac{5}{2}, \dfrac{1}{2}\right)$

2º) $\begin{cases} x + y - z - t = 0 \\ 3z + 2t = 4 \end{cases}$

As variáveis livres são y e t; transpondo-as para o 2º membro das equações teremos o sistema:

$\begin{cases} x - z = -y + t \\ 3z = 4 - 2t \end{cases}$

Fazendo $y = \alpha$ e $t = \beta$ (α e β são números reais), teremos:

$\begin{cases} x - z = -\alpha + \beta & (1) \\ 3z = 4 + 2\beta & (2) \end{cases}$

O sistema é agora do 1º tipo (determinado), para cada valor de α e de β.

Resolvendo:

(2) $z = \dfrac{4 - 2\beta}{3}$

em (1) $x - \dfrac{4 - 2\beta}{3} = -\alpha + \beta \Rightarrow x = \dfrac{4 - 2\beta}{3} - \alpha + \beta \Rightarrow$

$\Rightarrow x = \dfrac{-3\alpha + \beta + 4}{3}$

Portanto, as soluções do sistema são as quádruplas ordenadas do tipo $\left(\dfrac{-3\alpha + \beta + 4}{3}; \alpha; \dfrac{4 - 2\beta}{3}; \beta\right)$, em que $\alpha \in \mathbb{R}$ e $\beta \in \mathbb{R}$. Eis algumas:

$\alpha = 0$ e $\beta = 0 \Rightarrow \left(\dfrac{4}{3}; 0; \dfrac{4}{3}; 0\right)$

$\alpha = 1$ e $\beta = 2 \Rightarrow (1; 1; 0; 2)$

$\alpha = -1$ e $\beta = 3 \Rightarrow \left(\dfrac{10}{3}; -1; -\dfrac{2}{3}; 3\right)$

EXERCÍCIOS

363. Quais dos sistemas abaixo estão na forma escalonada?

a) $\begin{cases} x - 2y + 3z = 5 \\ -y - z = 1 \end{cases}$

b) $\begin{cases} x - y - z + 5t = 9 \\ 3y + 2z + 3t = 4 \\ -z + t = 2 \end{cases}$

c) $\begin{cases} 2x - 3y = 0 \\ x + 3z = 0 \\ 2y + z = 1 \end{cases}$

d) $\begin{cases} 3x + 2z = -2 \\ y - 3z = 1 \end{cases}$

e) $\begin{cases} 2x - t = 1 \\ 5z - 2t = 3 \end{cases}$

f) $\begin{cases} 2x - y + z - t = 1 \\ 5z - 2t = 3 \end{cases}$

364. Resolva os sistemas abaixo:

a) $\begin{cases} -x + 3y - z = 1 \\ 2y + z = 2 \\ 5z = 10 \end{cases}$

b) $\begin{cases} x + 4y - z = 2 \\ y + z = 3 \end{cases}$

c) $\begin{cases} 3x - 2y + 4z = 2 \\ -y + 3z = -3 \\ 7z = 0 \end{cases}$

e) $\begin{cases} ax + by = c \\ my = n \end{cases}$

d) $\begin{cases} 2x - 3y + z - t = 4 \\ y - z + 2t = 3 \\ 3z + t = 2 \end{cases}$

f) $\begin{cases} x + 2y - z + t = 1 \\ -y + 3z - 2t = 2 \end{cases}$

em que a, b, c, m, n são dados e $a \neq 0$ e $m \neq 0$.

365. Calcule o valor de x no sistema $\begin{cases} x + 2y + 3z = 14 \\ 4y + 5z = 23 \\ 6z = 18 \end{cases}$.

IV. Sistemas equivalentes – Escalonamento de um sistema

100. Definição

Dizemos que dois sistemas lineares S_1 e S_2 são equivalentes se toda solução de S_1 for solução de S_2 e toda solução de S_2 for solução de S_1.

Exemplo:

$S_1 \begin{cases} x + 2y = 3 \\ 2x + y = 1 \end{cases}$

$S_2 \begin{cases} x + 2y = 3 \\ -3y = -5 \end{cases}$

S_1 e S_2 são equivalentes, pois ambos são determinados ($D \neq 0$, nos dois) e admitem como solução $\left(-\dfrac{1}{3}; \dfrac{5}{3}\right)$.

Já que sistemas equivalentes têm as mesmas soluções (ou ambos não têm nenhuma), o que iremos fazer é **transformar um sistema linear qualquer num outro equivalente, mas na forma escalonada**. Isso porque sistemas na forma escalonada são fáceis de serem resolvidos. Precisamos, então, saber que recursos usar para transformar um sistema S_1 num outro equivalente S_2, na forma escalonada. Esses recursos são dados por dois teoremas que veremos a seguir.

101. Teorema 1

Multiplicando-se os membros de uma equação qualquer de um sistema linear S por um número $K \neq 0$, o novo sistema S' obtido será equivalente a S.

Demonstração:

Seja

$$S \begin{cases} a_{11}x_1 + a_{12}x_2 + \ldots + a_{1n}x_n = b_1 \\ a_{21}x_1 + a_{22}x_2 + \ldots + a_{2n}x_n = b_2 \\ \ldots \ldots \ldots \ldots \ldots \ldots \ldots \ldots \ldots \ldots \ldots \\ a_{i1}x_1 + a_{i2}x_2 + \ldots + a_{in}x_n = b_i \\ \ldots \ldots \ldots \ldots \ldots \ldots \ldots \ldots \ldots \ldots \ldots \\ a_{m1}x_1 + a_{m2}x_2 + \ldots + a_{mn}x_n = b_m \end{cases}$$

Multiplicando a i-ésima equação de S por $K \neq 0$, obteremos o sistema

$$S' \begin{cases} a_{11}x_1 + a_{12}x_2 + \ldots + a_{1n}x_n = b_1 \\ a_{21}x_1 + a_{22}x_2 + \ldots + a_{2n}x_n = b_2 \\ \ldots \ldots \ldots \ldots \ldots \ldots \ldots \ldots \ldots \ldots \ldots \\ Ka_{i1}x_1 + Ka_{i2}x_2 + \ldots + Ka_{in}x_n = Kb_i \\ \ldots \ldots \ldots \ldots \ldots \ldots \ldots \ldots \ldots \ldots \ldots \\ a_{m1}x_1 + a_{m2}x_2 + \ldots + a_{mn}x_n = b_m \end{cases}$$

A única diferença entre S e S' é a i-ésima equação. Portanto, devemos nos preocupar apenas com ela.

a) Suponhamos que $(\alpha_1, \alpha_2, \ldots, \alpha_n)$ é uma solução de S. Provemos que ela também será solução de S'.

De fato: por hipótese $a_{i1}\alpha_1 + a_{i2}\alpha_2 + a_{in}\alpha_n = b_i$.

Colocando $(\alpha_1, \alpha_2, \ldots, \alpha_n)$ no 1º membro da i-ésima equação de S', teremos:

$$Ka_{i1}\alpha_1 + Ka_{i2}\alpha_2 + \ldots + Ka_{in}\alpha_n = K\underbrace{\left(a_{i1}\alpha_1 + a_{i2}\alpha_2 + \ldots + a_{in}\alpha_n\right)}_{b_i \text{ (por hipótese)}} = Kb_i$$

SISTEMAS LINEARES

o que prova que $(\alpha_1, \alpha_2, ..., \alpha_n)$ satisfaz a i-ésima equação de S'. Logo $(\alpha_1, \alpha_2, ..., \alpha_n)$ é solução de S'.

b) Suponhamos agora que $(\alpha_1, \alpha_2, ..., \alpha_n)$ é uma solução de S' e provemos que ela também será solução de S.

De fato: por hipótese, $Ka_{i1}\alpha_1 + Ka_{i2}\alpha_2 + ... + Ka_{in}\alpha_n = Kb_i$.

Colocando $(\alpha_1, \alpha_2, ..., \alpha_n)$ no 1º membro da i-ésima equação de S, teremos:

$$a_{i1}\alpha_1 + a_{i2}\alpha_2 + ... + a_{in}\alpha_n = \frac{K}{K}a_{i1}\alpha_1 + \frac{K}{K}a_{i2}\alpha_2 + ... + \frac{K}{K}a_{in}\alpha_n =$$

$$= \frac{1}{K}\underbrace{[Ka_{i1}\alpha_1 + Ka_{i2}\alpha_2 + ... + Ka_{in}\alpha_n]}_{Kb_i \text{ (por hipótese)}} = \frac{1}{K} \cdot K \cdot b_1 = b_i$$

o que prova que $(\alpha_1, \alpha_2, ..., \alpha_n)$ satisfaz a i-ésima equação de S. Logo, $(\alpha_1, \alpha_2, ..., \alpha_n)$ é solução de S.

102. Teorema 2

Se substituirmos uma equação de um sistema linear S pela soma, membro a membro, dela com uma outra, o novo sistema obtido, S', será equivalente a S.

Demonstração:

Seja

$$S \begin{cases} a_{11}x_1 + a_{12}x_2 + ... + a_{1n}x_n = b_1 \\ a_{21}x_1 + a_{22}x_2 + ... + a_{2n}x_n = b_2 \\ .... \\ a_{i1}x_1 + a_{i2}x_2 + ... + a_{in}x_n = b_i \\ .... \\ a_{j1}x_1 + a_{j2}x_2 + ... + a_{jn}x_n = b_j \\ .... \\ a_{m1}x_1 + a_{m2}x_2 + ... + a_{mn}x_n = b_m \end{cases}$$

Substituindo a i-ésima equação de S pela soma, membro a membro, dela com a j-ésima equação, obteremos o sistema:

$$S' \begin{cases} a_{11}x_1 + a_{12}x_2 + \ldots + a_{1n}x_n = b_1 \\ a_{21}x_1 + a_{22}x_2 + \ldots + a_{2n}x_n = b_2 \\ \ldots \\ (a_{i1} + a_{j1})x_1 + (a_{i2} + a_{j2})x_2 + \ldots + (a_{in} + a_{jn})x_n = b_i + b_j \\ \ldots \\ a_{j1}x_1 + a_{j2}x_2 + \ldots + a_{jn}x_n = b_j \\ \ldots \\ a_{m1}x_1 + a_{m2}x_2 + \ldots + a_{mn}x_n = b_m \end{cases}$$

A única diferença entre S e S' é a i-ésima equação. Portanto devemos nos preocupar apenas com ela.

a) Suponhamos que $(\alpha_1, \alpha_2, \ldots, \alpha_n)$ é solução de S e provemos que ela também será solução de S'.

De fato, por hipótese:

$$a_{i1}\alpha_1 + a_{i2}\alpha_2 + \ldots + a_{in}\alpha_n = b_i \quad (1)$$
$$a_{j1}\alpha_1 + a_{j2}\alpha_2 + \ldots + a_{jn}\alpha_n = b_j \quad (2)$$

Colocando $(\alpha_1, \alpha_2, \ldots, \alpha_n)$ no 1º membro da i-ésima equação de S', teremos:

$$(a_{i1} + a_{j1})\alpha_1 + (a_{i2} + a_{j2})\alpha_2 + \ldots + (a_{in} + a_{jn})\alpha_n =$$

$$= \underbrace{(a_{i1}\alpha_1 + a_{i2}\alpha_2 + \ldots + a_{in}\alpha_n)}_{b_i \text{ (por hipótese (1))}} + \underbrace{(a_{j1}\alpha_1 + a_{j2}\alpha_2 + \ldots + a_{jn}\alpha_n)}_{b_j \text{ (por hipótese (2))}} = b_i + b_j$$

o que prova que $(\alpha_1, \alpha_2, \ldots, \alpha_n)$ satisfaz a i-ésima equação de S'. Logo, $(\alpha_1, \alpha_2, \ldots, \alpha_n)$ é solução de S'.

b) suponhamos agora que $(\alpha_1, \alpha_2, \ldots, \alpha_n)$ é solução de S' e provemos que ela também será solução de S.

De fato, por hipótese:

$$\begin{cases} (a_{i1} + a_{j1})\alpha_1 + (a_{i2} + a_{j2})\alpha_2 + \ldots + (a_{in} + a_{jn})\alpha_n = b_i + b_j \quad (1) \\ e \\ a_{j1}\alpha_1 + a_{j2}\alpha_2 + \ldots + a_{jn}\alpha_n = b_j \quad (2) \end{cases}$$

SISTEMAS LINEARES

Das igualdades (1) e (2), concluímos que $a_{i1}\alpha_1 + a_{i2}\alpha_2 + ... + a_{in}\alpha_n = b_i$, o que prova que $(\alpha_1, \alpha_2, ..., \alpha_n)$ satisfaz a i-ésima equação de S. Logo, $(\alpha_1, \alpha_2, ..., \alpha_n)$ é solução de S.

Exemplo:

Os sistemas

$$S \begin{cases} 2x + y + 3z = 4 \\ x - y + 2z = 1 \\ 4x + y + z = 0 \end{cases} \quad e \quad S' \begin{cases} 2x + y + 3z = 4 \\ 3x + 5z = 5 \\ 4x + y + z = 0 \end{cases}$$

são equivalentes, pois S' foi obtido a partir de S, substituindo a 2ª equação pela soma, membro a membro, dela com a 1ª equação.

103. Escalonamento de um sistema

Para escalonarmos um sistema, teremos que seguir vários passos, todos eles baseados nos **teoremas 1 e 2**.

1º passo
Colocamos como 1ª equação aquela em que o coeficiente da 1ª incógnita seja diferente de zero.

2º passo
Anulamos o coeficiente da 1ª incógnita de todas as equações (com exceção da 1ª), substituindo a i-ésima equação ($i \geq 2$) pela soma desta com a 1ª multiplicada por um número conveniente.

3º passo
Deixamos de lado a 1ª equação e aplicamos o 1º e o 2º passos nas equações restantes.

4º passo
Deixamos de lado a 1ª e a 2ª equações e aplicamos o 1º e o 2º passos nas equações restantes, e assim por diante, até o sistema ficar escalonado. Os exemplos a seguir esclarecerão o assunto.

104. Exemplos:

1º) Vamos escalonar o sistema $S \begin{cases} x + 2y + z = 9 \\ 2x + y - z = 3 \\ 3x - y - 2z = -4 \end{cases}$

Temos:

$$\begin{cases} x + 2y + z = 9 \quad (-2) \\ 2x + y - z = 3 \\ 3x - y - 2z = -4 \end{cases}$$

Substituímos a 2ª equação pela sua soma com a 1ª multiplicada por -2

$$\begin{cases} x + 2y + z = 9 \quad (-3) \\ -3y - 3z = -15 \\ 3x - y - 2z = -4 \end{cases}$$

Substituímos a 3ª equação pela sua soma com a 1ª multiplicada por -3

$$\begin{cases} x + 2y + z = 9 \\ -3y - 3z = -15 \quad \left(-\dfrac{1}{3}\right) \\ -7y - 5z = -31 \end{cases}$$

Multiplicamos a 2ª equação por $-\dfrac{1}{3}$

$$\begin{cases} x + 2y + z = 9 \\ y + z = 5 \quad (7) \\ -7y - 5z = -31 \end{cases}$$

Substituímos a 3ª equação pela sua soma com a 2ª multiplicada por 7

$$\begin{cases} x + 2y + z = 9 \\ y + z = 5 \\ 2z = 4 \end{cases}$$

O sistema agora está na forma escalonada. Como ele é do 1º tipo (número de equações igual ao de incógnitas), segue-se que é **possível e determinado**.

2º) Vamos escalonar o sistema

$$S \begin{cases} x + y - 3z + t = 1 \\ 3x + 3y + z + 2t = 0 \\ 2x + y + z - 2t = 4 \end{cases}$$

SISTEMAS LINEARES

Temos:

$$\begin{cases} x + y - 3z + t = 1 \quad (-3) \\ 3x + 3y + z + 2t = 0 \\ 2x + y + z - 2t = 4 \end{cases}$$

Substituímos a 2ª equação pela sua soma com a 1ª multiplicada por −3

$$\begin{cases} x + y - 3z + t = 1 \quad (-2) \\ 10z - t = -3 \\ 2x + y + z - 2t = 4 \end{cases}$$

Substituímos a 3ª equação pela sua soma com a 1ª multiplicada por −2

$$\begin{cases} x + y - 3z + t = 1 \\ 10z - t = -3 \\ -y + 7z - 4t = 2 \end{cases}$$

Permutamos a 2ª com a 3ª equação

$$\begin{cases} x + y - 3z + t = 1 \\ -y + 7z - 4t = 2 \\ 10z - t = -3 \end{cases}$$

O sistema agora está na forma escalonada. Como ele é do 2º tipo (número de equações menor que o de incógnitas), segue-se que é **possível e indeterminado**.

3º) Vamos escalonar o sistema

$$S \begin{cases} x - y + z = 4 \\ 3x + 2y + z = 0 \\ 5x + 5y + z = -4 \end{cases}$$

Temos:

$$\begin{cases} x - y + z = 4 \quad (-3) \\ 3x + 2y + z = 0 \\ 5x + 5y + z = -4 \end{cases}$$

Substituímos a 2ª equação pela sua soma com a 1ª multiplicada por −3

$$\begin{cases} x - y + z = 4 \quad (-5) \\ 5y - 2z = -12 \\ 5x + 5y + z = -4 \end{cases}$$

Substituímos a 3ª equação pela sua soma com a 1ª multiplicada por −5

$$\begin{cases} x - y + z = 4 \\ 5y - 2z = -12 \quad (-2) \\ 10y - 4z = -24 \end{cases}$$

Substituímos a 3ª equação pela sua soma com a 2ª multiplicada por −2.

$$\begin{cases} x - y + z = 4 \\ 5y - 2z = -12 \\ 0y + 0z = 0 \end{cases}$$

A última equação pode ser abandonada, pois ela é satisfeita para quaisquer valores das incógnitas e não dá nenhuma informação a respeito de x, y e z.

$$\begin{cases} x - y + z = 4 \\ 5y - 2z = -12 \end{cases}$$

O sistema agora está na forma escalonada. Como ele é do 2º tipo (número de equações menor que o de incógnitas), segue-se que é **possível e indeterminado**.

4º) Vamos escalonar o sistema

$$S \begin{cases} x + 4y = -8 \\ 3x - y = 15 \\ 10x - 12y = 7 \end{cases}$$

Temos:

$$\begin{cases} x + 4y = -8 \quad (-3) \\ 3x - y = 15 \\ 10x - 12y = 7 \end{cases}$$

Substituímos a 2ª equação pela sua soma com a 1ª multiplicada por −3

SISTEMAS LINEARES

$$\begin{cases} x + 4y = -8 \quad (-10) \\ -13y = 39 \\ 10x - 12y = 7 \end{cases}$$

Substituímos a 3ª equação pela sua soma com a 1ª multiplicada por -10.

$$\begin{cases} x + 4y = -8 \\ -13y = 39 \quad (-4) \\ -52y = 87 \end{cases}$$

Substituímos a 3ª equação pela sua soma com a 2ª multiplicada por -4.

$$\begin{cases} x + 4y = -8 \\ -13y = 39 \\ 0y = -69 \end{cases}$$

Notemos que a 3ª equação não é satisfeita por nenhum valor de x e y. Logo, o sistema é **impossível**.

105. Observações:

1ª) Se, ao escalonarmos um sistema, ocorrer uma equação do tipo
$0x_1 + 0x_2 + \ldots + 0x_n = 0$
esta deverá ser suprimida do sistema (ver exemplo 3º).

2ª) Se, ao escalonarmos um sistema, ocorrer uma equação do tipo
$0x_1 + 0x_2 + \ldots + 0x_n = b$ (com $b \neq 0$)
o sistema será, evidentemente, **impossível** (ver exemplo 4º).

3ª) Com relação ao número de soluções que um sistema apresenta, ele pode ser classificado em:

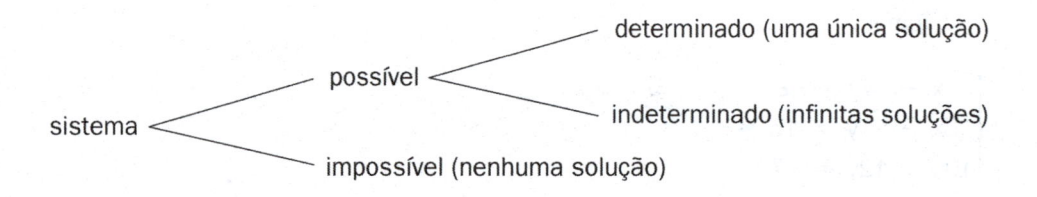

sistema
- possível
  - determinado (uma única solução)
  - indeterminado (infinitas soluções)
- impossível (nenhuma solução)

EXERCÍCIOS

366. Escalone e classifique os sistemas abaixo:

a) $\begin{cases} x + 5y = 3 \\ 2x - 3y = 5 \end{cases}$
b) $\begin{cases} x + \dfrac{1}{2}y = 2 \\ 2x + y = 4 \end{cases}$

367. Escalone, classifique e resolva o sistema abaixo:

$\begin{cases} x + y = 3 \\ 3x - 2y = -1 \\ 2x - 3y = -4 \end{cases}$

368. Escalone, classifique e resolva os sistemas:

a) $\begin{cases} x - y - 2z = 1 \\ -x + y + z = 2 \\ x - 2y + z = -2 \end{cases}$
d) $\begin{cases} x + y - z + t = 1 \\ 3x - y - 2z + t = 2 \\ -x - 2y + 3z + 2t = -1 \end{cases}$

b) $\begin{cases} -x + y - 2z = 1 \\ 2x - y + 3t = 2 \\ x - 2y + z - 2t = 0 \end{cases}$
e) $\begin{cases} x - y + z + t = 1 \\ x - y + z + t = -1 \\ y - z + 2t = 2 \\ 2x + z - t = -1 \end{cases}$

c) $\begin{cases} x + 3y + 2z = 2 \\ 3x + 5y + 4z = 4 \\ 5x + 3y + 4z = -10 \end{cases}$
f) $\begin{cases} x - 2y - 3z = 5 \\ -2x + 5y + 2z = 3 \\ -x + 3y - z = 2 \end{cases}$

369. Resolva o sistema:

$\begin{cases} 5x - 2y + 3z = 2 \\ 3x + y + 4z = -1 \\ 4x - 3y + z = 3 \end{cases}$

SISTEMAS LINEARES

370. Resolva o seguinte sistema de equações:

$$\begin{cases} 3x + 5y + 2z = 26 \\ x - 7y + z = -16 \\ 5x - y + 3z = 14 \end{cases}$$

371. Resolva o sistema e obtenha o valor de x – y – z:

$$\begin{cases} 5732x + 2134y + 2134z = 7866 \\ 2134x + 5732y + 2134z = 670 \\ 2134x + 2134y + 5732z = 11464 \end{cases}$$

372. Discuta o sistema abaixo:

$$\begin{cases} ax + 3ay = 0 \\ 2x + ay = 4 \end{cases}$$

Solução

I. Sabemos que, se

$$D = \begin{vmatrix} a & 3a \\ 2 & a \end{vmatrix} \neq 0$$

o sistema tem solução única (teorema de Cramer). Assim, os valores de a para os quais D = 0 são os que tornam o sistema indeterminado ou impossível. Examinemos este caso:

$$D = \begin{vmatrix} a & 3a \\ 2 & a \end{vmatrix} = a^2 - 6a = a(a-6) = 0 \Rightarrow \begin{cases} a = 0 \\ \text{ou} \\ a = 6 \end{cases}$$

II. Se a = 0, o sistema fica:

$$\begin{cases} 0x + 0y = 0 \\ 2x + 0y = 4 \end{cases} \Rightarrow x = 2 \text{ e y é qualquer.}$$

Logo, o sistema é indeterminado.

III. Se a = 6, o sistema fica:

$$\begin{cases} 6x + 18y = 0 \\ 2x + 6y = 4 \end{cases} \sim \begin{cases} x + 3y = 0 \\ x + 3y = 2 \end{cases}$$

Escalonando, vem:

$$\begin{cases} x + 3y = 0 \\ 0x + 0y = 2 \end{cases}$$ o sistema é impossível.

Resumindo, temos:

$$\begin{cases} a \neq 0 \text{ e } a \neq 6 \Rightarrow \text{ sistema possível e determinado} \\ a = 0 \quad\quad\quad \Rightarrow \text{ sistema indeterminado} \\ a = 6 \quad\quad\quad \Rightarrow \text{ sistema impossível} \end{cases}$$

373. Discuta o sistema abaixo:

$$\begin{cases} x - y = 2 \\ 2x + ay = b \end{cases}$$

Solução

I. Se

$$D = \begin{vmatrix} 1 & -1 \\ 2 & a \end{vmatrix} \neq 0,$$

pelo teorema de Cramer o sistema tem solução única. Se D = 0, sistema poderá ser indeterminado ou impossível. Examinemos este caso:

$$D = \begin{vmatrix} 1 & -1 \\ 2 & a \end{vmatrix} = a + 2 = 0 \Rightarrow a = -2$$

II. Se a = −2, o sistema fica:

$$\begin{cases} x - y = 2 \\ 2x - 2y = b \end{cases} \sim \begin{cases} x - y = 2 \\ 0x + 0y = b - 4 \end{cases}$$

SISTEMAS LINEARES

então se $\begin{cases} b-4 = 0 \to \text{sistema possível e indeterminado} \\ b-4 \neq 0 \to \text{sistema impossível} \end{cases}$

III. Resumindo, temos:

$\begin{cases} a \neq -2 & \to \text{sistema possível e determinado} \\ a = -2 \text{ e } b = 4 & \to \text{sistema possível e indeterminado} \\ a = -2 \text{ e } b \neq 4 & \to \text{sistema impossível} \end{cases}$

374. Discuta os seguintes sistemas nas incógnitas x e y:

a) $\begin{cases} x + y = 3 \\ 2x + my = 6 \end{cases}$

b) $\begin{cases} 2x + ay = a \\ 6x + 3y = 2 \end{cases}$

c) $\begin{cases} -x - 2y = -ax \\ -2x + ay = y \end{cases}$

d) $\begin{cases} ax - y = 1 \\ (a-1)x + 2ay = 4 \end{cases}$

375. Discuta o sistema:

$\begin{cases} (2a-1)^2 x + (4a^2 - 1)y = (2a+1)^2 \\ (4a^2 - 1)x + (2a+1)y = (4a^2 - 1) \end{cases}$

segundo os valores de a.

376. Apresente 3 valores de a para os quais o sistema:

$\begin{cases} x + y = a \\ a^2 x + y = a \end{cases}$

seja, respectivamente, indeterminado, incompatível, determinado.

377. Discuta o sistema linear nas incógnitas x e y:

$\begin{cases} mx + y = 1 - m \\ x + my = 0 \end{cases}$

378. Discuta o sistema:

$\begin{cases} x + 2y = 1 \\ 3x + ay = b \end{cases}$

379. Resolva o sistema:

$$\begin{cases} 2ax + 3y = 1 \\ x + 2y = b \end{cases}$$

380. Obtenha m para que o sistema, nas incógnitas x, y, z, abaixo, seja compatível.

$$\begin{cases} x + my - (m+1)z = 1 \\ mx + 4y + (m-1)z = 3 \end{cases}$$

381. Discuta o sistema:

$$\begin{cases} mx + y = 1 \\ x + y = 2 \\ x - y = m \end{cases}$$

382. Se $abcd \neq 0$, determine p e q de modo que o sistema

$$\begin{cases} ax + by = c \\ px + qy = d \end{cases} \text{ seja indeterminado.}$$

383. Resolva o sistema:

$$\begin{cases} mx + y = 2 \\ x - y = m \\ x + y = 2 \end{cases}$$

384. Determine os valores de a e b para que o sistema

$$\begin{cases} 6x + ay = 12 \\ 4x + 4y = b \end{cases} \text{ seja indeterminado.}$$

385. Discuta e resolva o sistema:

$$\begin{cases} x + y + z = 0 \\ x - y + mz = 2 \\ mx + 2y + z = -1 \end{cases}$$

SISTEMAS LINEARES

Solução

I. Sabemos que, se

$$D = \begin{vmatrix} 1 & 1 & 1 \\ 1 & -1 & m \\ m & 2 & 1 \end{vmatrix} \neq 0,$$

o sistema tem solução única (teorema de Cramer). Assim, os valores de m para os quais $D = 0$ são aqueles que tornam o sistema indeterminado ou impossível. Resolvamos o sistema supondo $D \neq 0$.

$$D = \begin{vmatrix} 1 & 1 & 1 \\ 1 & -1 & m \\ m & 2 & 1 \end{vmatrix} = m(m-1) \neq 0 \Rightarrow \begin{cases} m \neq 0 \\ e \\ m \neq 1 \end{cases}$$

$$D_1 = \begin{vmatrix} 0 & 1 & 1 \\ 2 & -1 & m \\ -1 & 2 & 1 \end{vmatrix} = (1-m)$$

$$D_2 = \begin{vmatrix} 1 & 0 & 1 \\ 1 & 2 & m \\ m & -1 & 1 \end{vmatrix} = (1-m)$$

$$D_3 = \begin{vmatrix} 1 & 1 & 0 \\ 1 & -1 & 2 \\ m & 2 & -1 \end{vmatrix} = 2(m-1)$$

$$x = \frac{D_1}{D} = -\frac{1}{m}, \quad y = \frac{D_2}{D} = -\frac{1}{m}, \quad z = \frac{D_3}{D} = \frac{2}{m}$$

Solução do sistema: $\left(-\frac{1}{m}, -\frac{1}{m}, \frac{2}{m}\right)$.

II. Se m = 0, temos:

$$\begin{cases} x + y + z = 0 \\ x - y + 0z = 2 \\ 0x + 2y + z = -1 \end{cases} \sim \begin{cases} x + y + z = 0 \\ 0x - 2y - z = 2 \\ 0x + 2y + z = -1 \end{cases} \sim \begin{cases} x + y + z = 0 \\ 0x - 2y - z = 2 \\ 0x + 0y + 0z = 1 \end{cases}$$

O sistema é impossível.

III. Se m = 1, temos:

$$\begin{cases} x + y + z = 0 \\ x - y + z = 2 \\ x + 2y + z = -1 \end{cases} \sim \begin{cases} x + y + z = 0 \\ 0x - 2y + 0z = 2 \\ 0x + y + 0z = -1 \end{cases}$$

então y = −1 e x = 1 − z; solução do sistema (1 − α, −1, α).
O sistema é possível e indeterminado.

IV. Resumindo, temos:

$$\begin{cases} m \neq 0 \text{ e } m \neq 1 \rightarrow \text{sistema possível e determinado} \\ m = 1 \quad\quad\quad\quad \rightarrow \text{sistema possível e indeterminado} \\ m = 0 \quad\quad\quad\quad \rightarrow \text{sistema impossível} \end{cases}$$

386. Discuta o sistema:

$$\begin{cases} ax + y + 2z = b \\ 2ax - y + 2z = 1 \\ 2x + y + 2z = 3 \end{cases}$$

Solução

I. Se

$$D = \begin{vmatrix} a & 1 & 2 \\ 2a & -1 & 2 \\ 2 & 1 & 2 \end{vmatrix} \neq 0,$$

SISTEMAS LINEARES

pelo teorema de Cramer o sistema tem solução única.

Estudemos o caso em que D = 0.

$$D = \begin{vmatrix} a & 1 & 2 \\ 2a & -1 & 2 \\ 2 & 1 & 2 \end{vmatrix} = -4a + 8 = 0 \Rightarrow a = 2$$

II. Se a = 2, o sistema fica:

$$\begin{cases} 2x + y + 2z = b \\ 4x - y + 2z = 1 \\ 2x + y + 2z = 3 \end{cases} \sim \begin{cases} 2x + y + 2z = b \\ 0 - 3y - 2z = 1 - 2b \\ 0 = 3 - b \end{cases}$$

Se $b \neq 3 \rightarrow$ sistema impossível

$b = 3 \rightarrow$ sistema possível e indeterminado

III. Resumindo, temos:

$$\begin{cases} a \neq 2 & \rightarrow \text{sistema possível e determinado} \\ a = 2 \text{ e } b = 3 & \rightarrow \text{sistema possível e indeterminado} \\ a = 2 \text{ e } b \neq 3 & \rightarrow \text{sistema impossível} \end{cases}$$

387. Discuta, segundo os valores do parâmetro m, os seguintes sistemas:

a) $\begin{cases} mx + y + z = 1 \\ x + my + z = m \\ x + y + mz = -2 \end{cases}$

b) $\begin{cases} mx + 2y + z = -1 \\ x - y + mz = 2 \\ x + y + mz = 2 \end{cases}$

388. Discuta, segundo os valores do parâmetro a, os seguintes sistemas:

a) $\begin{cases} x + a(y + z) = 1 \\ y + a(x + z) = a \\ z + a(x + y) = a^2 \end{cases}$

b) $\begin{cases} 4x + y + az = -5 \\ -2x + y - z = a \\ ax + y = -2 \end{cases}$

389. Discuta o sistema:

$$\begin{cases} px - y + 2z = 0 \\ x + pz = p \\ 3x + 2y + pz = 5 \end{cases}$$

390. Discuta o sistema:

$$\begin{cases} mx + y - z = 4 \\ x + my + z = 0 \\ x - y = 2 \end{cases}$$

391. Discuta o sistema:

$$\begin{cases} mx + y = -2 \\ -2x + y - z = m \\ 4x + y + mz = -5 \end{cases}$$

392. Discuta o sistema

$$\begin{cases} mx + y + z = a \\ x + my + z = b \\ x + y + mz = c \end{cases}$$

em que a, b, c são diferentes dois a dois e têm soma nula.

393. Estude o sistema linear:

$$\begin{cases} x + y + z = 0 \\ x - y + mz = 2 \\ mx + 2y + z = 1 \end{cases}$$

394. Discuta e resolva o sistema:

$$\begin{cases} mx - y + mz = m \\ 2x + mz = 3 \\ mx + my = 2 \end{cases}$$

SISTEMAS LINEARES

395. Discuta e resolva o sistema:

$$\begin{cases} x + my + mz = m \\ x - y + mz = 0 \\ x - my + z = m \end{cases}$$

396. Discuta e resolva o sistema:

$$\begin{cases} x - my + z = 0 \\ 2x - y + mz = 3 \\ 2x - 2y + mz = 2 \end{cases}$$

397. Determine o valor de a para que o sistema abaixo seja indeterminado.

$$\begin{cases} x + 3y + 2z = 0 \\ 2x + 5y + az = 0 \\ 3x + 7y + z = 0 \end{cases}$$

398. Determine o valor de k para que o sistema seja indeterminado.

$$\begin{cases} 3z - 4y = 1 \\ 4x - 2z = 2 \\ 2y - 3x = 3 - k \end{cases}$$

399. a) Determine os valores de k para que a equação matricial tenha solução.

$$\begin{bmatrix} 2 & 5 & -3 \\ 4 & 10 & 2 \\ 6 & 15 & -1 \end{bmatrix} \cdot \begin{bmatrix} x \\ y \\ z \end{bmatrix} = \begin{bmatrix} 1 \\ 5 \\ k \end{bmatrix}$$

b) Resolva a equação, na condição do item a.

400. Estude o sistema no qual a é um parâmetro real.

$$\begin{cases} x + y - az = 0 \\ ax + y - z = 2 - \dfrac{a}{2} \\ x + ay - z = -a \end{cases}$$

Para quais valores de a o sistema é determinado, impossível ou indeterminado?

401. Mostre que o sistema:

$$\begin{cases} x + my + (m-1)z = 1 \\ (m-1)x + y + mz = 1 \\ mx + (m-1)y + z = 1 \end{cases}$$

é determinado para todo m real e não nulo.

402. Determine os valores m e k, de modo que seja possível e indeterminado o sistema:

$$\begin{cases} x + 2y - mz = -1 \\ 3x - y + z = 4 \\ -2x + 4y - 2z = k \end{cases}$$

403. Discuta o sistema:

$$\begin{cases} 2x - y + 3z = a \\ -x + 2y - az = b \\ ax - ay + 6z = 2 \end{cases}$$

404. Qual é a relação que a, b e c devem satisfazer tal que o sistema abaixo tenha pelo menos uma solução?

$$\begin{cases} x + 2y - 3z = a \\ 2x + 6y - 11z = b \\ x + 2y + 7z = c \end{cases}$$

405. Determine o conjunto dos valores de $(\alpha, \beta) \in \mathbb{R}^2$ que tornam o sistema

$$\begin{cases} 3x - 2y = \alpha \\ -6x + 4y = \beta \end{cases} \text{ indeterminado.}$$

406. Determine os valores de k para que o sistema tenha solução única.

$$\begin{cases} x - z = 1 \\ kx + y + 3z = 0 \\ x + ky + 3z = 1 \end{cases}$$

407. Determine os valores de *a* e *b*, de modo que o sistema

$$\begin{cases} x + 2y + 2z = a \\ 3x + 6y - 4z = 4 \\ 2x + by - 6z = 1 \end{cases} \text{ seja indeterminado.}$$

408. Sejam λ_1 e λ_2 os valores distintos de λ para os quais a equação

$$\begin{pmatrix} 2 & 3 \\ 3 & 2 \end{pmatrix} \cdot \begin{pmatrix} x_1 \\ x_2 \end{pmatrix} = \lambda \begin{pmatrix} x_1 \\ x_2 \end{pmatrix} \text{ admita solução } \begin{pmatrix} x_1 \\ x_2 \end{pmatrix} \neq \begin{pmatrix} 0 \\ 0 \end{pmatrix}.$$

Calcule o valor de $\lambda_1 + \lambda_2$.

409. Determine o valor de λ para que a equação matricial abaixo admita mais de uma solução.

$$\begin{bmatrix} 1 & 5 \\ 2 & -1 \end{bmatrix} \cdot \begin{bmatrix} x \\ y \end{bmatrix} = \lambda \cdot \begin{bmatrix} x \\ y \end{bmatrix}$$

V. Sistema linear homogêneo

106. Conforme vimos no item 93, sistema linear homogêneo é aquele em que os termos independentes de todas as equações valem zero. Assim, o sistema

$$S \begin{cases} a_{11}x_1 + a_{12}x_2 + \ldots + a_{1n}x_n = 0 \\ a_{21}x_1 + a_{22}x_2 + \ldots + a_{2n}x_n = 0 \\ \ldots\ldots\ldots\ldots\ldots\ldots\ldots\ldots\ldots\ldots\ldots\ldots \\ a_{m1}x_1 + a_{m2}x_2 + \ldots + a_{mn}x_n = 0 \end{cases}$$

é homogêneo.

Vimos ainda que tal tipo de sistema admite sempre a solução $(\alpha_1, \alpha_2, \ldots, \alpha_n)$ em que $\alpha_i = 0$, $\forall i \in \{1, 2, \ldots, n\}$, chamada **solução nula**, **trivial** ou **imprópria**. Portanto um sistema linear homogêneo é **sempre possível**. Se o sistema linear homogêneo for **determinado**, apresentará apenas uma solução (a nula), e se for **indeterminado** apresentará, além da solução nula, outras soluções não nulas, também chamadas **soluções próprias**.

107. Exemplos:

1º) O sistema linear homogêneo

$$S \begin{cases} x - y + 2z = 0 \\ 2x + y - z = 0 \\ 3x - y + 4z = 0 \\ 5x - y + 6z = 0 \end{cases}$$

é equivalente ao sistema S' na forma escalonada

$$S' \begin{cases} x - y + 2z = 0 \\ 3y - 5z = 0 \\ z = 0 \end{cases}$$

Como S' tem 3 equações e 3 incógnitas (1º tipo), segue-se que é determinado; logo, a única solução de S é (0, 0, 0).

2º) O sistema linear homogêneo

$$S \begin{cases} x + y - 3z = 0 \\ 4x - y + z = 0 \\ 2x - 3y + 7z = 0 \end{cases}$$

é equivalente ao sistema S' na forma escalonada

$$S' \begin{cases} x + y - 3z = 0 \\ 5y - 13z = 0 \end{cases}$$

Como S' tem duas equações e três incógnitas (2º tipo), segue-se que este é **possível e indeterminado**.

Para resolvê-lo, consideremos a variável livre z, à qual atribuímos o valor arbitrário $\alpha \in \mathbb{R}$. Assim, temos:

$$\begin{cases} x + y = 3\alpha & (1) \\ 5y = 13\alpha & (2) \end{cases}$$

SISTEMAS LINEARES

(2) $y = \dfrac{13\alpha}{5}$

em (1) $x + \dfrac{13\alpha}{5} = 3\alpha \Rightarrow x = \dfrac{2\alpha}{5}$

e as soluções do sistema são constituídas pelas triplas ordenadas da forma

$\left(\dfrac{2\alpha}{5}; \dfrac{13\alpha}{5}; \alpha\right)$ em que $\alpha \in \mathbb{R}$.

Observemos que, para $\alpha = 0$, obtemos a solução nula do sistema, (0, 0, 0).

EXERCÍCIOS

410. Resolva o sistema:

$$\begin{cases} 2x + 3y - z = 0 \\ x - 4y + z = 0 \\ 3x + y - 2z = 0 \end{cases}$$

411. Resolva o sistema:

$$\begin{cases} x + 2y - z = 0 \\ 2x - y + 3z = 0 \\ 4x + 3y + z = 0 \end{cases}$$

412. Resolva o sistema:

$$\begin{cases} 5x + 4y - 2z = 0 \\ x + 8y + 2z = 0 \\ 2x + y - z = 0 \end{cases}$$

413. Resolva o sistema:

$$\begin{cases} 3x + 2y - 12z = 0 \\ x - y + z = 0 \\ 2x - 3y + 5z = 0 \end{cases}$$

414. Discuta, segundo os valores do parâmetro a, o sistema:

$$\begin{cases} x + 4y - 5z = 0 \\ 2x - y + 3z = 0 \\ 3x + ay + 2z = 0 \end{cases}$$

Solução

Sendo o número de equações igual ao número de incógnitas, podemos calcular D:

$$D = \det A = \begin{vmatrix} 1 & 4 & -5 \\ 2 & -1 & 3 \\ 3 & a & 2 \end{vmatrix} = \begin{vmatrix} -9 & 13 \\ a-12 & 17 \end{vmatrix} = -153 - 13a + 156 = 3 - 13a$$

Como se trata de sistema homogêneo, só há duas possibilidades: o sistema é determinado ou indeterminado.

Se $D \neq 0$, isto é, se $a \neq \dfrac{3}{13}$, então o sistema é determinado. Nesse caso, só existe a solução imprópria ou trivial: $(0, 0, 0)$.

Se $D = 0$, isto é, se $a = \dfrac{3}{13}$, então o sistema é indeterminado. Nesse caso, existem soluções próprias ou não nulas.

415. Discuta, segundo os valores do parâmetro m, os sistemas:

a) $\begin{cases} x + my = 0 \\ 2x + 6y = 0 \end{cases}$
b) $\begin{cases} x + y + z = 0 \\ mx + 3y + 5z = 0 \\ m^2x + 9y + 25z = 0 \end{cases}$

416. Estude o sistema:

$$\begin{cases} k(x+y) + z = 0 \\ k(y+z) + x = 0 \\ k(z+x) + y = 0 \end{cases}$$

SISTEMAS LINEARES

417. Dado o sistema

$$\begin{cases} x + y + z = 0 \\ 4x - 2my + 3z = 0 \\ 2x + 6y - 4mz = 0 \end{cases}$$

determine m para que o mesmo admita soluções distintas da trivial e determine-as.

418. Determine a de modo que o sistema

$$\begin{cases} x + y + az = 0 \\ x - 2y + z = 0 \\ 2x - y + az = 0 \end{cases}$$

admita soluções próprias.

419. Determine k de modo que o sistema

$$\begin{cases} kx + 2y = -z \\ -y + 3z = 2kx \\ 2x - 2z = 3y \end{cases}$$

admita soluções próprias. Determine-as.

420. Dado o sistema

$$\begin{cases} x + my + z = 0 \\ x + y + z = 0 \\ mx + y + z = 0 \end{cases}$$

determine m de modo que admita solução própria e resolva-o.

421. Para que valores de m o sistema tem solução própria?

$$\begin{cases} x + my + 2z = 0 \\ -2x + my - 4z = 0 \\ x - 3y - mz = 0 \end{cases}$$

Qual o grau de indeterminação?

422. Determine p de modo que o sistema tenha soluções próprias.

$$\begin{cases} -x + 2y + z = 0 \\ px + y - z = 0 \\ 2px + 2y + 3z = 0 \end{cases}$$

423. É dado o sistema

$$\begin{cases} -(m+1)^3 x_1 + (-m-1)^2 x_2 + (-m-1)x_3 + x_4 = 0 \\ -(m+2)^3 x_1 + (-m-2)^2 x_2 + (-m-2)x_3 + x_4 = 0 \\ (m+1)^3 x_1 + (m+1)^2 x_2 + (m+1)x_3 + x_4 = 0 \\ (m^2+1)^3 x_1 + (m^2+1)^2 x_2 + (m^2+1)x_3 + x_4 = 0 \end{cases}$$

Determine os valores de m (reais) para os quais o sistema admite solução diferente da imprópria (trivial).

424. Qual o valor de k para que o sistema

$$\begin{cases} x - y - z = 0 \\ 2x + ky + z = 0 \\ x - 2y - 2z = 0 \end{cases},$$

admita solução própria?

425. Determine os valores de a, b e c para que o sistema abaixo seja homogêneo e determinado.

$$\begin{cases} a^3 x + 2ay = b \\ 2ax + y = c \end{cases}$$

426. Determine os valores de m para os quais o sistema

$$\begin{cases} x - y + z = 0 \\ 2x - 3y + 2z = 0 \\ 4x + 3y + mz = 0 \end{cases}$$

admita somente a solução $x = 0$, $y = 0$, $z = 0$.

SISTEMAS LINEARES

427. Determine o valor de λ para que o sistema

$$\begin{cases} x + y - \lambda z = 0 \\ x + \lambda y - z = 0 \\ x + (1 + \lambda)y + z = 0 \end{cases}$$

admita soluções (x, y, z) distintas de (0, 0, 0).

428. Quais os valores de *a* de modo que o sistema

$$\begin{cases} (\operatorname{sen} \alpha - 1)x + 2y - (\operatorname{sen} \alpha)z = 0 \\ (3 \operatorname{sen} \alpha)y + 4z = 0 \\ 3x + (7 \operatorname{sen} \alpha)y + 6z = 0 \end{cases}$$

admita soluções não triviais?

VI. Característica de uma matriz – Teorema de Rouché-Capelli

108. Matriz escalonada

Dada a matriz $A = (a_{ij})_{m \times n}$, dizemos que A é uma **matriz escalonada** ou que está **na forma escalonada** se o número de zeros que precedem o primeiro elemento não nulo de uma linha aumenta, linha por linha, até que restem eventualmente apenas linhas nulas.

Exemplo:

As matrizes A, B, C estão na forma escalonada.

$$A = \begin{bmatrix} 3 & 4 & 2 & 7 \\ 0 & 2 & 1 & 3 \\ 0 & 0 & 3 & 5 \end{bmatrix} \quad B = \begin{bmatrix} 5 & 2 & 3 \\ 0 & 4 & -2 \\ 0 & 0 & 3 \\ 0 & 0 & 0 \end{bmatrix} \quad C = \begin{bmatrix} 3 & 1 & 2 & 4 & -6 \\ 0 & 0 & 2 & 0 & 3 \\ 0 & 0 & 0 & 0 & 1 \\ 0 & 0 & 0 & 0 & 0 \end{bmatrix}$$

109. Matrizes linha-equivalentes

Dizemos que a matriz A' é **linha-equivalente** à matriz A, se A' for obtida de A por meio de uma sequência finita de **operações**, chamadas operações **elementares sobre linhas**. Tais operações são:

1) Troca de posição de duas linhas.
2) Multiplicação de uma linha qualquer por um número k ≠ 0.
3) Substituição de uma linha pela soma desta com outra qualquer.

Com essas três operações podemos, dada uma matriz A, encontrar uma matriz A' na forma escalonada, linha-equivalente a A.

Exemplo:

Dada a matriz

$$\begin{bmatrix} 1 & 3 & -2 & 0 \\ 4 & 3 & 1 & 1 \\ 3 & 0 & 0 & 3 \end{bmatrix}$$

Vamos encontrar uma matriz A' escalonada, linha-equivalente a A.

Temos

$$\begin{bmatrix} 1 & 3 & -2 & 0 \\ 4 & 3 & 1 & 1 \\ 3 & 0 & 0 & 3 \end{bmatrix} \quad (-4)$$

Substituímos a 2ª linha pela sua soma com a 1ª multiplicada por −4

$$\begin{bmatrix} 1 & 3 & -2 & 0 \\ 0 & -9 & 9 & 1 \\ 3 & 0 & 0 & 3 \end{bmatrix} \quad (-3)$$

Substituímos a 3ª linha pela sua soma com a 1ª multiplicada por −3

$$\begin{bmatrix} 1 & 3 & -2 & 0 \\ 0 & -9 & 9 & 1 \\ 0 & -9 & 6 & 3 \end{bmatrix} \quad (-1)$$

Substituímos a 3ª linha pela sua soma com a 2ª multiplicada por −1

$$\begin{bmatrix} 1 & 3 & -2 & 0 \\ 0 & -9 & 9 & 1 \\ 0 & 0 & -3 & 2 \end{bmatrix}$$

SISTEMAS LINEARES

A matriz

$$A' = \begin{bmatrix} 1 & 3 & -2 & 0 \\ 0 & -9 & 9 & 1 \\ 0 & 0 & -3 & 2 \end{bmatrix}$$

é uma matriz escalonada linha-equivalente a A.

Notemos que as **operações elementares sobre linhas** de uma matriz A são análogas às operações para o escalonamento de um sistema linear. Tal fato será evidenciado quando, mais adiante, estudarmos o **teorema de Rouché-Capelli**.

110. Característica de uma matriz

Seja A uma matriz qualquer e A' uma matriz escalonada, linha-equivalente a A. Chamamos de **característica da matriz A**, e indicamos por ρ (A), ao **número de linhas não nulas de A'**.

111. Exemplos:

1º) $A = \begin{bmatrix} 2 & 5 \\ 4 & 8 \end{bmatrix}$, escalonando a matriz A, obteremos:

$A' = \begin{bmatrix} 2 & 5 \\ 0 & -2 \end{bmatrix}$. Logo, ρ (A) = 2.

2º) $A = \begin{bmatrix} 1 & 3 & 4 \\ 2 & 5 & -1 \\ 2 & 4 & -10 \end{bmatrix}$, escalonando a matriz A, obteremos

$A' = \begin{bmatrix} 1 & 3 & 4 \\ 0 & -1 & -9 \\ 0 & 0 & 0 \end{bmatrix}$. Logo, ρ (A) = 2.

3º) $A = \begin{bmatrix} 1 & 1 & 1 & 1 \\ 2 & 2 & 2 & 2 \\ 3 & 3 & 3 & 3 \end{bmatrix}$, escalonando a matriz A, obteremos

$A' = \begin{bmatrix} 1 & 1 & 1 & 1 \\ 0 & 0 & 0 & 0 \\ 0 & 0 & 0 & 0 \end{bmatrix}$. Logo, $\rho(A) = 1$.

EXERCÍCIOS

429. Determine as características das seguintes matrizes:

a) $\begin{bmatrix} 1 & -2 & 3 \\ 2 & 2 & 1 \\ 2 & -4 & 6 \end{bmatrix}$

b) $\begin{bmatrix} 1 & 2 & 1 & 2 \\ -1 & 1 & 1 & 1 \\ 1 & 0 & 1 & 0 \\ 3 & 1 & -1 & 3 \end{bmatrix}$

c) $\begin{bmatrix} 1 & -1 & 1 & 0 \\ 2 & 3 & -1 & 1 \\ 0 & 2 & 4 & 2 \end{bmatrix}$

d) $\begin{bmatrix} 2 & 1 & -1 \\ 0 & 3 & 1 \\ -1 & 2 & 1 \\ 4 & 1 & 1 \end{bmatrix}$

e) $\begin{bmatrix} 2 & 1 & 3 \\ -2 & 0 & 1 \\ -2 & -1 & -3 \\ 4 & 2 & 6 \end{bmatrix}$

f) $\begin{bmatrix} 1 & 1 & 0 \\ 2 & 1 & 1 \\ 4 & 3 & -1 \\ 5 & 2 & 2 \end{bmatrix}$

g) $\begin{bmatrix} 1 & 0 & 2 & 0 \\ -2 & 3 & 0 & 1 \\ 4 & -2 & 1 & 3 \end{bmatrix}$

h) $\begin{bmatrix} 1 & -1 & 1 & 1 \\ 2 & 3 & 1 & 0 \\ 1 & 2 & 1 & 0 \\ 3 & 1 & 2 & 3 \end{bmatrix}$

430. a) O que é característica de uma matriz?

b) Qual é a característica da matriz abaixo?

$$\begin{bmatrix} 1 & 0 & 0 & 0 \\ 0 & 1 & 0 & 0 \\ 0 & 1 & 0 & 0 \\ 0 & 0 & 0 & 1 \end{bmatrix}$$

431. Justificando a resposta, calcule a característica da matriz:

$$\begin{bmatrix} 2 & 3 & -1 & 0 \\ 2 & 4 & 0 & 1 \\ 4 & 7 & -1 & 1 \end{bmatrix}$$

432. Qual o valor máximo da característica de uma matriz 3×4?

433. Discuta, segundo os valores do parâmetro a, as características das seguintes matrizes:

a) $\begin{bmatrix} 1 & 1 & a & 1 \\ 1 & a & 1 & a \\ a & 1 & 1 & a^2 \end{bmatrix}$

b) $\begin{bmatrix} 1 & 2 & 4 & 8 \\ 1 & 3 & 9 & 27 \\ 1 & a & a^2 & a^3 \end{bmatrix}$

434. Determine m de modo que a característica da matriz seja igual a 2.

$$\begin{bmatrix} 1 & m & -1 \\ 2 & m & 2m \\ -1 & 2 & 1 \end{bmatrix}$$

435. Determine m de modo que a característica da matriz seja 3.

$$\begin{bmatrix} 1 & 1 & m & 1 \\ 1 & m & 1 & m \\ 1 & -1 & 1 & 3 \end{bmatrix}$$

112. Teorema de Rouché-Capelli

Consideremos um sistema linear

$$S \begin{cases} a_{11}x_1 + a_{12}x_2 + \ldots + a_{1n}x_n = b_1 \\ a_{21}x_1 + a_{22}x_2 + \ldots + a_{2n}x_n = b_2 \\ \ldots\ldots\ldots\ldots\ldots\ldots\ldots\ldots\ldots\ldots \\ a_{m1}x_1 + a_{m2}x_2 + \ldots + a_{mn}x_n = b_m \end{cases}$$

Sejam A e B as matrizes incompleta e completa do sistema, isto é,

$$A = \begin{bmatrix} a_{11} & a_{12} & \ldots & a_{1n} \\ a_{21} & a_{22} & \ldots & a_{2n} \\ \ldots & \ldots & \ldots & \ldots \\ a_{m1} & a_{m2} & \ldots & a_{mn} \end{bmatrix} \quad B = \begin{bmatrix} a_{11} & a_{12} & \ldots & a_{1n} & b_1 \\ a_{21} & a_{22} & \ldots & a_{2n} & b_2 \\ \ldots & \ldots & \ldots & \ldots & \ldots \\ a_{m1} & a_{m2} & \ldots & a_{mn} & b_m \end{bmatrix}$$

O sistema linear S será possível se, e somente se, $\rho(A) = \rho(B)$.

Demonstração:

Suponhamos que S seja possível e seja S' um sistema escalonado equivalente a S.
Sejam
A': matriz incompleta de S'
B': matriz completa de S'.
Por definição de matrizes linha-equivalentes,
A' é escalonada e linha-equivalente a A
B' é escalonada e linha-equivalente a B.
Sendo S possível, S' poderá ter um dos tipos:

(1) $\begin{cases} a'_{11}x_1 + a'_{12}x_2 + \ldots + a'_{1n}x_n = b'_1 \\ \phantom{a'_{11}x_1 +} a'_{22}x_2 + \ldots + a'_{2n}x_n = b'_2 \\ \phantom{a'_{11}x_1 +} \ldots\ldots\ldots\ldots\ldots\ldots\ldots \\ \phantom{a'_{11}x_1 + a'_{22}x_2 + \ldots +} a'_{nn}x_n = b'_n \end{cases}$ em que $a'_{ii} \neq 0, \forall i \in \{1, 2, \ldots, n\}$

ou

(2) $\begin{cases} a'_{11}x_1 + \phantom{a'_{2j}x_j +} \ldots + a'_{1n}x_n = b'_1 \\ \phantom{a'_{11}x_1 +} a'_{2j}x_j + \ldots + a'_{2n}x_n = b'_2 \quad (j \geq 2) \\ \phantom{a'_{11}x_1 +} \ldots\ldots\ldots\ldots\ldots\ldots\ldots \\ \phantom{a'_{11}x_1 +} a'_{kr}x_r + \ldots + a'_{kn}x_n = b'_k \quad (r > j \text{ e com } K < n) \end{cases}$

SISTEMAS LINEARES

Tanto no caso (1) como no (2), o número de linhas não nulas de A' e B' é o mesmo.

Logo $\rho(A) = \rho(B)$.

Além disso, se S' for do tipo (1), então $\rho(A) = \rho(B) = n$ e, se S' for do tipo (2), então $\rho(A) = \rho(B) < n$.

Reciprocamente, se $\rho(A) = \rho(B) = n$, S' será do tipo (1), isto é, possível e determinado.

E se $\rho(A) = \rho(B) < n$, então S' será do tipo (2), isto é, possível e indeterminado.

EXERCÍCIOS

436. Classifique e resolva o sistema abaixo, utilizando o teorema de Rouché-Capelli.

$$\begin{cases} x + y - 2z = 4 \\ -x + 4y - 3z = 1 \\ 2x + 2y + z = 2 \end{cases}$$

Solução

$A = \begin{bmatrix} 1 & 1 & -2 \\ -1 & 4 & -3 \\ 2 & 2 & 1 \end{bmatrix}$, matriz completa do sistema,

$B = \begin{bmatrix} 1 & 1 & -2 & 4 \\ -1 & 4 & -3 & 1 \\ 2 & 2 & 1 & 2 \end{bmatrix}$, matriz completa do sistema.

Determinemos $\rho(A)$ e $\rho(B)$.

Escalonando a matriz B, obteremos:

$\begin{bmatrix} 1 & 1 & -2 & | & 4 \\ -1 & 4 & -3 & | & 1 \\ 2 & 2 & 1 & | & 2 \end{bmatrix} \sim \begin{bmatrix} 1 & 1 & -2 & | & 4 \\ 0 & 5 & -5 & | & 5 \\ 0 & 0 & 5 & | & -6 \end{bmatrix}$

ρ (A) = ρ (B) = 3 = n ⇒ sistema possível e determinado.

Solução do sistema $\begin{cases} x + y - 2z = 4 \\ 5y - 5z = 5 \\ 5z = -6 \end{cases}$

Temos $z = -\dfrac{6}{5}, y = -\dfrac{1}{5}, x = \dfrac{9}{5}$, portanto $\left(\dfrac{9}{5}, -\dfrac{1}{5}, -\dfrac{6}{5}\right)$ é solução.

437. Classifique o sistema abaixo, utilizando o teorema de Rouché-Capelli.

$\begin{cases} -x + 3y - z = 2 \\ 3x - y + 2z = 1 \\ 2x + 2y + z = 3 \end{cases}$

Solução

$A = \begin{bmatrix} -1 & 3 & -1 \\ 3 & -1 & 2 \\ 2 & 2 & 1 \end{bmatrix}$

$B = \begin{bmatrix} -1 & 3 & -1 & 2 \\ 3 & -1 & 2 & 1 \\ 2 & 2 & 1 & 3 \end{bmatrix}$

Escalonando a matriz completa, vem:

$\begin{bmatrix} -1 & 3 & -1 & \vdots & 2 \\ 3 & -1 & 2 & \vdots & 1 \\ 2 & 2 & 1 & \vdots & 3 \end{bmatrix} \sim \begin{bmatrix} -1 & 3 & -1 & \vdots & 2 \\ 0 & 8 & -1 & \vdots & 7 \\ 0 & 8 & -1 & \vdots & 7 \end{bmatrix} \sim \begin{bmatrix} -1 & 3 & -1 & \vdots & 2 \\ 0 & 8 & -1 & \vdots & 7 \\ 0 & 0 & 0 & \vdots & 0 \end{bmatrix}.$

Temos, então, ρ (A) = ρ (B) = 2 < 3, portanto o sistema é possível e indeterminado.

SISTEMAS LINEARES

438. Utilizando o teorema de Rouché-Capelli, classifique e resolva os seguintes sistemas:

a) $\begin{cases} 2x - y + z = 4 \\ x + 2y + z = 1 \\ x + y + 2z = 3 \end{cases}$

d) $\begin{cases} x + y + z = 2 \\ x - y + z = 2 \\ x + 2y + z = -1 \end{cases}$

b) $\begin{cases} -x - y + z = 0 \\ 2x + y + z = 1 \\ 5x + 4y - 2z = 1 \end{cases}$

e) $\begin{cases} -2x + y + z = 1 \\ x - 2y + z = 1 \\ x + y - 2z = 1 \end{cases}$

c) $\begin{cases} 3x + 4y - z + 2t = 2 \\ 2x - 2y + z - 3t = 5 \\ -x + 3y + 2z - t = 3 \\ 2x + 7y + z + t = -1 \end{cases}$

f) $\begin{cases} -x + y + 2z = 1 \\ 2x - y - z = 1 \\ 3x + 2y - z = 2 \end{cases}$

439. Utilizando o teorema de Rouché-Capelli, classifique os seguintes sistemas:

a) $\begin{cases} x + 4y - 3z + t = 1 \\ 2x + 3y + 2z - t = 2 \end{cases}$

d) $\begin{cases} 2x - y - z = 2 \\ -x - 3y - 2z = 4 \\ x - 2y - 3z = 6 \end{cases}$

b) $\begin{cases} x + y = 2 \\ x - y = 1 \\ x + y = -1 \end{cases}$

e) $\begin{cases} 3x + 2y + 3z = 2 \\ -x - y - z = -1 \\ 2x + y + 2z = 1 \end{cases}$

c) $\begin{cases} x - 2y + z = 5 \\ 3x - y - 2z = 3 \\ x - y - z = 0 \end{cases}$

f) $\begin{cases} -x - y - z = 2 \\ 3x - 3y + 2z = 1 \\ 2x - 4y + z = -3 \end{cases}$

440. Dado o sistema:

$\begin{cases} x + y + z = 1 \\ x + a^2 y + z = a^2 \\ 2x + 2y + (3-a)z = b^2 \end{cases}$

Para que valores de *a* e *b* esse sistema é:

a) possível?

b) simplesmente indeterminado?

c) duplamente indeterminado?

Justifique as respostas utilizando o teorema de Rouché-Capelli.

441. Determine o valor de *k*, de modo que o sistema

$$\begin{cases} -x + 2y + kz = 1 \\ kx + 4y - 4z = 2 \\ 2x + y + z = -2k \end{cases}$$

seja:

a) indeterminado;

b) impossível.

442. Determine o valor de x_3 que satisfaz o sistema de equações lineares:

$$\begin{cases} x_1 & +x_2 & +x_3 & +x_4 & = 0 \\ x_1(b+c+d) & +x_2(a+c+d) & +x_3(a+b+d) & +x_4(a+b+c) & = 0 \\ x_1(bc+bd+cd) & +x_2(ac+ad+cd) & +x_3(ab+ad+bd) & +x_4(ab+ac+bc) & = 0 \\ x_1bcd & +x_2acd & +x_3abd & +x_4abc & = B \end{cases}$$

443. Para que valores de *a* são equivalentes os sistemas abaixo?

$$\begin{cases} x = 1 \\ y = 1 \end{cases} \text{ e } \begin{cases} ax + y = a + 1 \\ x + y = 2 \end{cases}$$

444. Resolva o sistema:

$$\begin{cases} 2^x \cdot 2^y \cdot 2^z = 8 \\ 3^x \cdot 3^z = 3^9 \cdot 9^y \\ 125^y \cdot 5^x = 5^z \end{cases}$$

SISTEMAS LINEARES

445. Resolva o sistema:

$$\begin{cases} x - y \cdot \cos C - z \cdot \cos B = 0 \\ y - z \cdot \cos A - x \cdot \cos C = 0 \\ z - x \cdot \cos B - y \cdot \cos A = 0 \end{cases}$$

sendo, A, B e C ângulos internos de um triângulo.

446. Resolva o sistema:

$$\begin{cases} \log_2 (x + y + z) = 0 \\ \log_y (x + z) = 1 \\ \log_3 5 + \log_3 x = \log_3 (y - z) \end{cases}$$

447. Mostre que as retas de equação

$x + ay + a^2 = 1$ ($a \in \mathbb{R}$, variável)

cortam-se duas a duas e que entre elas não existem três passando por um mesmo ponto.

448. Prove que, se o polinômio na variável x

$P(x) = a_0 x^n + a_1 x^{n-1} + a_2 x^{n-2} + \ldots + a_n$

assume valor numérico zero para $n + 1$ valores distintos de x, então $P(x) \equiv 0$.

449. Ache os polinômios $P(x)$ do 4º grau que verificam a identidade $P(x) \equiv P(1 - x)$.

450. Em que condições o sistema

$$\begin{cases} (k_1 + k_2)x + (k_2 - k_3)y + (k_1 - k_3)z = 0 \\ (k_2 - k_1)x + (k_2 + k_3)y + (k_3 - k_1)z = 0 \\ (k_1 - k_2)x + (k_3 - k_2)y + (k_3 + k_1)z = 0 \end{cases}$$

só admite a solução trivial?

LEITURA

Emmy Noether e a Álgebra Moderna

Hygino H. Domingues

Até o primeiro quartel do século XIX a álgebra ainda praticamente se restringia à teoria clássica das equações. Daí que não se cogitasse de sistemas algébricos além dos usuais. Mas mesmo estes careciam de uma fundamentação lógica. Por exemplo, não havia uma definição precisa de número real e, portanto, as propriedades das operações com esses números eram simplesmente admitidas com base na intuição (e, por que não dizer, na fé).

A questão da resolubilidade (por radicais) das equações de grau ≥ 5 foi um dos fatores que contribuíram para iniciar uma mudança nesse panorama. Joseph-Louis Lagrange (1736-1818), um dos primeiros a examiná-la com profundidade, concluiu que a teoria das permutações era "a verdadeira filosofia da questão". E acertou, porque as condições de resolubilidade, estabelecidas por Evariste Galois (1811-1832), envolvem a noção de grupo de permutações (criada por Galois, assim como o próprio termo *grupo*). Essas condições não se verificam para equações de grau ≥ 5 que, portanto, não são resolúveis por radicais. Mas a noção de grupo abstrato só surgiria em 1854 com Arthur Cayley. Começavam assim a surgir as estruturas algébricas. Mais algum tempo e surgiria a de *anel*, a que está intimamente ligado o nome de Amalie Emmy Noether (1882-1935).

Emmy Noether nasceu na cidade de Erlanger, sul da Alemanha, em cuja universidade seu pai era professor. Em Erlanger mesmo, de 1900 a 1903, frequentou cursos de línguas e matemática nos moldes então impostos às mulheres: com a aquiescência dos professores responsáveis (o que muitas vezes não se conseguia), mas com direito a obter a graduação mediante exames finais (um avanço em relação a outros tempos). Depois de graduada prosseguiu seus estudos e em 1907 obteve seu doutoramento em matemática com uma tese de valor, mas que, com certeza, não prenunciava até onde ela poderia chegar.

Nos anos seguintes permaneceu em Erlanger trabalhando em suas pesquisas (das quais resultaram vários artigos) e, eventualmente, substituindo seu pai na universidade. Em 1916, a convite de Hilbert, vai para Göttingen. Mas, apesar de seus méritos científicos cada vez mais evidentes, a condição de mulher praticamente lhe fechava as portas de uma carreira universitária plena. Assim, somente em 1922 passou a ser remunerada pela universidade, e em nível bastante modesto, apesar das instâncias de Hilbert. Mas sempre trabalhou com extrema dedicação e brilho, sobressaindo-se em alto grau na orientação de alunos. Dentre estes, um dos mais talentosos foi B. L. van der Waerden, autor do clássico *Álgebra moderna* (1930). Esta obra, baseada em grande parte em cursos ministrados por Emmy, levou a todos os cantos do mundo a nova álgebra, a álgebra moderna ou abstrata, cuja ideia central é a de estrutura algébrica.

O nome de Emmy, sem dúvida uma das principais fundadoras desse novo campo, está ligado mais diretamente a dois conceitos fundamentais: o de *anel noetheriano* (em sua homenagem) e o de *anel de Dedekind,* de muita utilidade na geometria algébrica. O conceito de *anel* foi introduzido por Richard Dedekind (1831-1916) e basicamente se compõe de um conjunto não vazio e duas operações sobre esse conjunto: uma "adição" (com as quatro propriedades usuais) e uma "multiplicação" (associativa e distributiva em relação à adição). São exemplos de anéis: o sistema dos números inteiros, o dos racionais, o dos reais, o dos complexos e o dos polinômios (inteiros, racionais, reais ou complexos). Cada um deles, obviamente, tem suas particularidades, são apenas *modelos* de anéis. Mas a teoria geral dos anéis vale para todos eles, assim como para qualquer sistema que se enquadrar na definição (inclusive os que venham a ser criados). Nessa generalidade reside a grande vantagem de se trabalhar com estruturas algébricas.

Amalie Emmy Noether (1882–1935).

Em 1933, com os nazistas já dominando a Alemanha, Emmy, que era de origem judia, teve sua licença para lecionar suspensa por tempo indeterminado. Nesse mesmo ano mudou-se para os Estados Unidos, contratada pelo Bryn Mawr College, perto da Filadélfia. Mas, em 1935, morreu de maneira inesperada devido a complicações decorrentes de uma cirurgia aparentemente bem-sucedida. Nunca uma mulher, até sua época, elevara tão alto a Matemática.

Respostas dos exercícios

Capítulo I

1. a) 5, 7, 9, 11, 13, 15
   b) 3, 6, 12, 24, 48, 96
   c) $2, 2^2, 2^4, 2^8, 2^{16}, 2^{32}$
   d) 4, 4, −4, −4, 4, 4
   e) $-2, 2^2, 2^6, 2^{24}, 2^{120}, 2^{720}$

2. a) 1, 4, 7, 10, 13, 16
   b) 6, 18, 54, 162, 486, 1 458
   c) 2, 6, 54, 20, 30, 42
   d) −2, 4, −8, 16, −32, 64
   e) 1, 8, 27, 64, 125, 216

3. a) $a_1 = 3$ e $a_n = a_{n-1} + 3$, $\forall n \geqslant 2$
   b) $b_1 = 1$ e $b_n = 2 \cdot b_{n-1}$, $\forall n \geqslant 2$
   c) $c_1 = 1$ e $c_n = (-1)^{n-1}$, $\forall n \geqslant 2$
   d) $d_1 = 5$ e $d_n = d_{n-1} + 1$, $\forall n \geqslant 2$
   e) $e_1 = 0$ e $e_n = e_{n-1} + 1$, $\forall n \geqslant 2$

4. (4, 9, 14, 19, 24, ...)

Capítulo II

6. a) $a = -\dfrac{23}{6}$

8. (−1, 0, 1), (0, 1, 2) ou (1, 2, 3)

9. (2, 6, 10) ou (10, 6, 2)

10. (0, 0, 0) ou (6, 12, 18)

11. (−1, 1, 3) ou (3, 1, −1)

13. −9, −4, 1 e 6

14. (3, 7, 11, 15) ou (−15, −11, −7, −3)

15. (1, 4, 7, 10) ou (10, 7, 4, 1)

17. (2, 0, −2, −4, −6)

18. $\left(\dfrac{1}{5}, \dfrac{3}{5}, 1, \dfrac{7}{5}, \dfrac{9}{5}\right)$

19. (2, 2, 2, 2, 2)

20. $c = 2b - a$

21. $x = 4$; (8, 12, 16)

22. 24

RESPOSTAS DOS EXERCÍCIOS

23. $x_1 = 2\sqrt{2} - 1$

25. Demonstração

26. Demonstração

27. Demonstração

28. Demonstração

30. 35, 80 e 299

32. $r = 3$

33. $a_1 = -2$

34. a_{20}

36. $(-3, -1, 1, 3, ...)$

37. $(20, 23, 26, ...)$

38. $(89, 93, 97, ...)$

39. $n = 89$

40. $m + n = p + q$

42. $n = 25$

43. $a = 9$

44. $f(2) = 7$

45. Demonstração

46. Demonstração

47. Demonstração

49. 43 termos

50. $r = \dfrac{100}{13}$

51. 69

52. 601

53. 849 números

54. 6171

55. $a_6 = 30$

56. $r = n - 1$

59. $S_{350} = 61\,425$

60. $S_{120} = 14\,520$; $S_n = n(n+1)$

61. $S_{12} = 600$

62. $S_n = \dfrac{1-n}{2}$

64. $S_{23} = 31$

65. $a_6 = 2$

66. $r = 5$

67. $a_6 = a_{15} = -1,5$

68. $S_{26} = 1\,040$

69. $S_{30} = 0$

70. 8 m

71. 1 820 m

72. $n = 8$

73. $n = 30$

74. 16

75. 14 662

76. $a_1 = -\dfrac{3410}{59}$; $r = 2$

77. $a_1 = -\dfrac{1}{2}$; $r = 3$

78. $\dfrac{259}{262}$

80. $S = 4\,549\,050$

81. $S = 7\,142\,135$

83. $a_1 = 5; r = 2$

84. $f(1) + f(2) + ... + f(25) = 725$

85. $A + B = 12$

86. Demonstração

87. Demonstração

88. $a_1 = k \cdot r, k \in \mathbb{Z}$

89. (3, 4, 5, 6, 7, 8)

90. (−9, −4, 1, 6)

91. Demonstração

Capítulo III

93. $x = 6 - a$

94. $x = 3$

95. $a_4 = -\dfrac{1}{2}$

96. $x = -\dfrac{1}{8}$

97. $q = 3$

98. $q = 2; (2, 4, 8, 16)$

99. P.G. alternante; $q = -1$

100.
a) V e) V i) V
b) V f) V j) F
c) F g) V l) F
d) F h) F m) F

101. $\left(\dfrac{3}{8}, \dfrac{3}{4}, \dfrac{3}{2}\right)$

102. (2, 10, 50, 250) ou (−3, 15, −75, 375)

103. $\left(\dfrac{1}{3}, 1, 3, 9, 27\right)$

104. (2, 6, 18, 54, 162, 486)

105. $a = 2; b = 6; c = 18; d = 30$
ou $a = 32, b = 16, c = 8$ e $d = 0$

106. 6, 12 e 18

107. Demonstração

108. Demonstração

109. Demonstração

110. Demonstração

111. $q = \sqrt{\dfrac{1 + \sqrt{5}}{2}}$

112. $1 < q < \dfrac{1 + \sqrt{5}}{2}$

113. 12, 12, 12 ou 8, 12, 18
ou 6, 12, 24 ou 4, 12, 36

114. $x = k\pi$ ou $x = \pm\dfrac{\pi}{3} + 2k\pi$, com k inteiro

116. $a_{100} = 2 \cdot 3^{99}$

117. $a_{21} = 3^{10}$

118. $a_4 = 1$

119. $\sqrt{3} + 1$

120. $a_1 = 64$

121. $a_6 = 4\sqrt{10}$

122. $a_1 = \dfrac{1}{16}; a_8 = 8$

123. 2 termos

RESPOSTAS DOS EXERCÍCIOS

124. não

125. 131 127

126. 146 410

127. 2,85 ℓ

128. 248 832

129. $a_1 = \dfrac{10}{273}$; $q = 3$

130. $n = 12$

131. Demonstração

132. Demonstração

133. Demonstração

134. $q = \dfrac{1}{2}$

135. $a_6 = -96$

136. 6 meios geométricos

137. 4 meios geométricos

138. $x = a^{\frac{2}{3}} \cdot b^{\frac{1}{3}}$; $y = a^{\frac{1}{3}} \cdot b^{\frac{2}{3}}$

139. a) 2^{45} d) -2^{2145}
   b) $2^{20} \cdot 3^{190}$ e) 1
   c) $3^{25} \cdot 2^{300}$ f) a^{5050}

140. a) $S = \log_2\left[a^{n+1} \cdot 2^{\frac{n(n+1)}{2}}\right]$

   b) $a = 2^{1-\frac{n}{2}}$

141. $n = 20$

142. $P_{101} = -1$

143. $P_{55} = 2^{756} \cdot 3^{784}$

144. $S_{10} = \dfrac{1023}{512}$

145. $S_{20} = \dfrac{3^{20} - 1}{2}$

146. $a_4 = 8$

147. base $= 16$

148. $S_5 = 93$

149. $n(A \cap B) = 10$

150. $3z = 21$

151. $r = 3a$ ou $r = -\dfrac{3}{4}a \Rightarrow$

   $\Rightarrow \dfrac{a}{r} = \dfrac{1}{3}$ ou $\dfrac{a}{r} = -\dfrac{4}{3}$

152. $S = \dfrac{a(q^{2n} - 1)}{q^2 - 1}$

153. $S = \dfrac{a^2(2^n - 1)}{2^{n-1}}$

154. 8

155. $n = 11$

156. $n_1 = 19$

157. Demonstração

158. (3, 6, 12, 24, 48, 96, 192, 384, 768, 1 536, 3 072)

159. Demonstração

160. a) $\dfrac{5}{2}$ b) $-\dfrac{9}{2}$ c) $\dfrac{25}{6}$ d) $-\dfrac{8}{15}$

161. $S = 4$

162. $\dfrac{4a}{5}$

163. $S = \dfrac{21}{25}$

164. $S = \dfrac{1}{2}$

165. $\dfrac{1}{2} \cdot \left(\dfrac{1}{3}\right)^{999}$ para mais

166. $S = 4$

167. $S = \dfrac{3}{2}$

168. $m = 7$

169. $S = \dfrac{1}{(1-x)^2}$

170. $S = \dfrac{q}{(1-q)^2}$

171. $S = \dfrac{3}{2}$

172. $S = \dfrac{8}{3}$

173. a) $\dfrac{139}{333}$ c) $\dfrac{47}{275}$

b) $\dfrac{169}{33}$ d) $\dfrac{4646}{495}$

174. $N = \dfrac{12\,022}{99}$

175. $S = \sqrt{2} + 1$

176. $a_1 = 15$

177. $a_1 = \dfrac{136}{9}$

178. a) $\left\{a \in \mathbb{R} \,\middle|\, \dfrac{1}{2} < a < 2\right\}$ b) $S = \dfrac{125}{8}$

179. $S = m$

180. $S = 18$

181. $S = 2p$

182. $S = 2A$

183. $\lim\limits_{n \to \infty} d_{A_0 \cdot A_n} = d(2 + \sqrt{2})$

184. a) $2a$ c) $\dfrac{a^2\sqrt{3}}{3}$

b) $\dfrac{a\sqrt{3}}{3}$ d) $\dfrac{\pi a^2}{9}$

185. a) $4a(2 + \sqrt{2})$ c) $2a^2$

b) $\pi a(2 + \sqrt{2})$ d) $\dfrac{\pi a^2}{2}$

Capítulo IV

187. $A = \begin{bmatrix} 1 & 0 & 0 \\ 0 & 1 & 0 \\ 0 & 0 & 1 \end{bmatrix}$ e $B = \begin{bmatrix} 0 & 0 & 1 \\ 0 & 1 & 0 \\ 1 & 0 & 0 \end{bmatrix}$

188. $A = \begin{bmatrix} 1 & 1 \\ 4 & 1 \\ 9 & 9 \end{bmatrix}$

189. $+/(+/A) = [p]$

191. $x = 0;\ y = 3;\ z = 4;\ t = 1$

192. $A + B = \begin{bmatrix} 5 & 5 \\ 9 & 6 \end{bmatrix};\ A - B = \begin{bmatrix} 5 & 7 \\ -1 & -2 \end{bmatrix}$

193. $A + B + C = \begin{bmatrix} 3 & 8 & 8 \\ 12 & 23 & 30 \end{bmatrix}$

$A - B + C = \begin{bmatrix} -1 & 0 & -4 \\ -4 & 3 & 6 \end{bmatrix}$

$A - B - C = \begin{bmatrix} -1 & 2 & 6 \\ -6 & -5 & -8 \end{bmatrix}$

$-A + B - C = \begin{bmatrix} 1 & 0 & 4 \\ 4 & -3 & -6 \end{bmatrix}$

RESPOSTAS DOS EXERCÍCIOS

194. $C = \begin{bmatrix} 4 & 9 & 16 \\ 9 & 16 & 25 \\ 16 & 25 & 36 \end{bmatrix}$

195. $C_{21} + C_{22} + C_{23} = 42$

196. $\alpha = \beta = \gamma = \delta = 1$

197. $x = -3; y = 2$

199. $X = \begin{bmatrix} 1 & 3 \\ 12 & 11 \end{bmatrix}$

200. $X = \begin{bmatrix} 5 \\ 2 \\ -7 \end{bmatrix}$

201. $d(A; B) = 5$

202. $2A = \begin{bmatrix} 2 & 2 \\ 10 & 14 \end{bmatrix}$; $\frac{1}{3}B = \begin{bmatrix} 0 & 2 \\ 3 & 1 \end{bmatrix}$;

$\frac{1}{2}(A+B) = \begin{bmatrix} 1 & 7 \\ 2 & 2 \\ \frac{1}{2} & \frac{1}{2} \\ 7 & 5 \end{bmatrix}$

203. $a = b = c = 0$

204. a) $X = \begin{bmatrix} \frac{5}{2} & -1 \\ 6 & \frac{3}{2} \end{bmatrix}$ b) $X = \begin{bmatrix} 0 & -\frac{15}{2} \\ -1 & -\frac{9}{2} \end{bmatrix}$

c) $X = \begin{bmatrix} \frac{1}{4} & -\frac{3}{2} \\ \frac{1}{2} & -\frac{3}{4} \end{bmatrix}$ d) $X = \begin{bmatrix} 9 & 20 \\ 14 & 27 \end{bmatrix}$

205. $X = \begin{bmatrix} 28 & 1 \\ 23 & 3 \end{bmatrix}$

207. $\left[X = \frac{3}{2} \quad \frac{5}{2} \quad 6\right]$; $Y = \left[-\frac{1}{2} \quad \frac{3}{2} \quad 1\right]$

208. $X = \begin{bmatrix} -15 \\ -38 \\ -9 \end{bmatrix}$; $y = \begin{bmatrix} 11 \\ 28 \\ 9 \end{bmatrix}$

209. a) $\begin{bmatrix} 2 & 3 \\ 4 & 7 \end{bmatrix}$ d) $\begin{bmatrix} 14 & 5 \\ 30 & 13 \end{bmatrix}$

b) $\begin{bmatrix} 3 & 1 & 1 & 2 \\ 6 & 2 & 2 & 4 \\ 9 & 3 & 3 & 6 \end{bmatrix}$ e) $\begin{bmatrix} -3 & 7 & 2 \\ 10 & -6 & 8 \\ 19 & -14 & 13 \end{bmatrix}$

c) $\begin{bmatrix} 5 & 14 \\ -14 & 13 \end{bmatrix}$ f) $\begin{bmatrix} 1 & 2 & 1 \\ 2 & 8 & 16 \\ 4 & 8 & 3 \end{bmatrix}$

210. -84

212. $AB = \begin{bmatrix} 5 & 2 \\ -10 & 13 \end{bmatrix}$; $BA = \begin{bmatrix} 0 & 0 \\ 2 & 1 \end{bmatrix}$

$A^2 = \begin{bmatrix} 0 & 0 \\ 0 & 0 \end{bmatrix}$; $B^2 = \begin{bmatrix} 5 & 2 \\ 2 & 1 \end{bmatrix}$

214. $A^2 + 2A - 11 \cdot I = \begin{bmatrix} 0 & 0 \\ 0 & 0 \end{bmatrix}$

215. a) $\begin{bmatrix} 34 \\ 56 \end{bmatrix}$ b) $\begin{bmatrix} 6 & 1 \\ 14 & 2 \end{bmatrix}$

217. a) $\begin{bmatrix} a & b \\ c & d \end{bmatrix} = \begin{bmatrix} \frac{25}{8} & -\frac{13}{8} \\ \frac{5}{8} & \frac{23}{8} \end{bmatrix}$

b) $\begin{bmatrix} a & b & c \\ d & e & f \\ g & h & i \end{bmatrix} = \begin{bmatrix} 1 & -1 & 0 \\ 1 & 0 & -1 \\ 2 & -1 & 0 \end{bmatrix}$

218. $x = -7;\ y = -5$

219. $x = 1;\ y = z = 4$

220. matriz E

221. $x = \dfrac{1}{2},\ y = -\dfrac{1}{2}$

223. a) $\begin{bmatrix} a & b \\ a & a-2b \end{bmatrix}$ com $a, b \in \mathbb{R}$.

b) $\begin{bmatrix} a & b \\ b & a+b \end{bmatrix}$ com $a, b, \in \mathbb{R}$.

c) $\begin{bmatrix} a & 0 & 0 \\ b & a & 0 \\ c & b & a \end{bmatrix}$ com $a, b, c \in \mathbb{R}$.

225. Demonstração

226. a) $\begin{bmatrix} 6 & 1 \\ 5 & 5 \end{bmatrix}$ c) $\begin{bmatrix} 18 & 0 \\ 0 & 18 \end{bmatrix}$

b) $\begin{bmatrix} 0 & 19 \\ 5 & 85 \end{bmatrix}$ d) $\begin{bmatrix} 54 & 189 \\ 42 & 54 \end{bmatrix}$

228. $X = \begin{bmatrix} \pm 1 & 0 \\ 0 & \pm 1 \end{bmatrix}$ ou

$X = \begin{bmatrix} \sqrt{1-bb} & b \\ c & -\sqrt{1-bc} \end{bmatrix}$ ou

$X = \begin{bmatrix} -\sqrt{1-bc} & b \\ c & \sqrt{1-bc} \end{bmatrix}$

em que $b, c \in \mathbb{R}$ e $bc \leq 1$

229. $X = \begin{bmatrix} 0 & 0 \\ 0 & 0 \end{bmatrix}$ ou $X = \begin{bmatrix} 1 & 0 \\ 0 & 1 \end{bmatrix}$ ou

$X = \begin{bmatrix} \dfrac{1+\sqrt{1-4bc}}{2} & b \\ c & \dfrac{1-\sqrt{1-4bc}}{2} \end{bmatrix}$ ou

$X = \begin{bmatrix} \dfrac{1-\sqrt{1-4bc}}{2} & b \\ c & \dfrac{1+\sqrt{1-4bc}}{2} \end{bmatrix}$

em que $b, c \in \mathbb{R}$ e $bc \leq \dfrac{1}{4}$

230. a) $X = \begin{bmatrix} 1 & -1 \\ 2 & 7 \\ 5 & 2 \end{bmatrix}$ c) $\begin{bmatrix} \dfrac{1}{2} & 1 \\ \dfrac{1}{2} & \dfrac{3}{2} \\ \dfrac{1}{2} & 2 \end{bmatrix}$

b) $X = \begin{bmatrix} -1 & 0 \\ -5 & 2 \end{bmatrix}$ d) $\begin{bmatrix} 0 & -\dfrac{5}{3} \\ -1 & \dfrac{5}{3} \end{bmatrix}$

231. $A^t B = \begin{bmatrix} 2 & -1 \\ 3 & -2 \\ 0 & 1 \end{bmatrix}$

232. $x = 2;\ y = 5;\ z = -4$

233. $x = 4;\ y = -2;\ z = -1$

234. Demonstração

235. $A^{-1} = \begin{bmatrix} 5 & -6 \\ -4 & 5 \end{bmatrix};\ B^{-1} = \begin{bmatrix} 3 & -5 \\ -1 & 2 \end{bmatrix};$

$$C^{-1} = \begin{bmatrix} 1 & 0 \\ 0 & \frac{1}{2} \end{bmatrix}; \quad D^{-1} = \begin{bmatrix} \frac{1}{2} & \frac{1}{2} \\ -\frac{1}{2} & \frac{1}{2} \end{bmatrix}$$

236. $A^{-1} = \frac{1}{2}\begin{bmatrix} 1 & 1 & -1 \\ 1 & -1 & 1 \\ -1 & 1 & 1 \end{bmatrix};$

$B^{-1} = \frac{1}{2}\begin{bmatrix} 2 & 2 & -2 \\ -1 & 3 & -2 \\ 0 & -2 & 2 \end{bmatrix};$

$C^{-1} = \frac{1}{26}\begin{bmatrix} -4 & -16 & 13 \\ 0 & -26 & 13 \\ 6 & 50 & -26 \end{bmatrix}$

237. $x = -\frac{1}{2}; \quad y = \frac{1}{2}; \quad x + y = 0$

238. $x = 1$

239. $\left(A + A^{-1}\right)^3 = \begin{bmatrix} 8 & 0 \\ 0 & -8 \end{bmatrix} = 8A$

241. a) $X = \begin{bmatrix} 3 \\ 5 \end{bmatrix}$ \quad c) $X = \begin{bmatrix} \cos 3a \\ \sin 3a \end{bmatrix}$

b) $\nexists\, X$ \quad d) $X = \begin{bmatrix} -7 \\ 9 \end{bmatrix}$

242. a) $X = \begin{bmatrix} 5 \\ -3 \\ 1 \end{bmatrix}$ \quad b) $\nexists\, X$

243. $X = \begin{bmatrix} 1 & 0 \\ 0 & \frac{1}{2} \end{bmatrix}$

244. $a = 24;\ b = -11$

246. a) $X = A^{-1}B$ \quad d) $X = A^{-1}B^{-1}A$

b) $X = A^{-1}B^{-1}$ \quad e) $X = A^{-1}B^t$

c) $X = A^{-1}B^{-1}$ \quad f) $X = B^t - A$

247. $\frac{1}{165}\begin{bmatrix} 7 & -6 \\ 10 & 15 \end{bmatrix}$

248. a) $X = \begin{bmatrix} -19 & 12 \\ 8 & -5 \end{bmatrix};$ b) $X = \begin{bmatrix} -1 & -21 \\ 0 & 13 \end{bmatrix}$

250. Demonstração

251. Demonstração

Capítulo V

252. a) $\frac{5}{2}$ \quad b) -12 \quad c) $6i - 5$

253. a) $\text{sen}(x + y)$

b) 1

c) $6 + 4\,\text{sen}\,x - 3\cos x$

254. a) $\log\sqrt[4]{\frac{a}{b^2}} \Rightarrow \log\frac{\sqrt[4]{a}}{\sqrt{b}}$ \quad b) $-m^2$

255. $\det A = 3$

256. a) $x = 2$ ou $x = -\frac{1}{2}$

RESPOSTAS DOS EXERCÍCIOS

b) $x = -1$ ou $x = \dfrac{1}{2}$

257. duas raízes

258. $\dfrac{y}{x} = -6$

259. a) 1   b) -9 c) -40

260. a) 121   c) $4m + 8n - 2^6$

    b) $b(a^2 - b^2)$

261. $D = 0$

262. 5D

263. a) $x = \dfrac{1}{2}$ c) $x = 0$ ou $x = -2$

    b) $x = 0$ ou $x = 1$

264. $x = \dfrac{\pm\sqrt{3}}{3}$

265. $S = \varnothing$

266. $x = \dfrac{\pi}{2}$

267. $\det A = r^2 \cdot \operatorname{sen}^4 x$

268. $x = 3$; $y = 5$ ou $x = 5$; $y = 3$

269. $D_{21} = -25$; $D_{22} = 7$; $D_{23} = 26$

270. -19

271. $D_{13} = -25$, $D_{24} = 6$; $D_{32} = -19$; $D_{43} = -4$

272. $D_{11} = 1$; $D_{22} = -41$; $D_{33} = -9$; $D_{44} = 29$

273. $A_{23} = -2$

274. a) -54 b) -44

275. a) -208 d) abcd

    b) $a^2 + b^2$ e) $x^2y^2z^2$

    c) 48

276. $D = -3_a + 3d$

277. -25

278. $x < -2$

279. a) $2ax(2 - 3a)$ c) 3696

    b) zero   d) zero

280. Demonstração

281. $x = 1$

282. $\det Q = 16$

283. a) Tem 1ª e 3ª colunas proporcionais.

    b) Tem 1ª e 3ª colunas iguais.

    c) Tem 2ª e 3ª colunas proporcionais.

284. Demonstração

286. Demonstração

287. $\begin{vmatrix} a & 1 & 2 \\ a & 3 & 4 \\ a & 5 & 6 \end{vmatrix} + \begin{vmatrix} b & 1 & 2 \\ -b & 3 & 4 \\ -b & 5 & 6 \end{vmatrix} + \begin{vmatrix} c & 1 & 2 \\ c & 3 & 4 \\ -c & 5 & 6 \end{vmatrix}$

288. 8

289. Demonstração

290. Uma condição necessária e suficiente para que um determinante se anule é ter uma fila que é combinação linear de outras filas paralelas.

291. Demonstração

292. Demonstração

RESPOSTAS DOS EXERCÍCIOS

293. P.10; P.3; P.10 e P.7, respectivamente

295. Demonstração

296. Demonstração

297. Demonstração

298. Demonstração

299. Demonstração

300. Demonstração

301. Demonstração

302. Demonstração

303. $x = \pm 1$

304. $\det A^{-1} = -\dfrac{1}{2}$

305. $\det A = \dfrac{1}{16}$

306. 1

307. $a(a - b)^3$

308. $S = \{0, 1, 4, 6\}$

309. a) 281   b) 30   c) -24

310. a) $(x - y)(z - x)(y - z)$
b) $(a + b + c)(b - a)(a - c)(b - c)$
c) $(a + b + c)(b - a)(c - a)(c - b)$

311. Demonstração

313. $S = \{-3a, a\}$

314. $8xyzt$

315. Demonstração

316. sim

317. Demonstração

318. Demonstração

319. Demonstração

320. a) 240   c) $(a^2 - a)(a^2 - b)(b - a)$
b) -42

321. $(e - a)(e - b)(e - c)(e - d)(d - a)(d - b)(d - c)(c - b)(c - a)(b - a)$

322. $(t - x)(t - y)(t - z)(z - x)(z - y)(y - x)$

323. $S = \{1, 2, 3\}$

324. $-34\,560$

325. 12

326. 12

327. $S = \{-5, 1, 2\}$

328. positivo

329. Demonstração

330. 1

331. Demonstração

332. Demonstração

333. Demonstração

334. Demonstração

335. Demonstração

336. $6 = 720$ termos

337. $m = 5$

338. Demonstração

339. $A^{-1} = \begin{bmatrix} 5 & -3 \\ -8 & 5 \end{bmatrix}$; $B^{-1} = \begin{bmatrix} \dfrac{1}{3} & \dfrac{2}{15} \\ \dfrac{2}{3} & \dfrac{7}{15} \end{bmatrix}$

$$C^{-1} = \begin{bmatrix} \text{sen}\,a & \cos a \\ -\cos a & \text{sen}\,a \end{bmatrix}; \quad D^{-1} = \begin{bmatrix} 1 & 0 & 0 \\ 0 & \frac{1}{2} & 0 \\ 0 & 0 & \frac{1}{3} \end{bmatrix}$$

$$E^{-1} = \begin{bmatrix} -1 & 0 & 1 \\ 1 & 0 & 0 \\ 1 & 1 & -1 \end{bmatrix}; \quad F^{-1} = \begin{bmatrix} 1 & 0 & 0 \\ -3 & 1 & 0 \\ 16 & -7 & 1 \end{bmatrix}$$

341. $a \neq 1$ e $a \neq -\dfrac{1}{2}$

342. $m = \pm\sqrt{2}$

343. $k = 1$ ou $k = -4$

Capítulo VI

344. a, c, f, g, h

345. É solução.

346. Não é solução.

347. $(1, 3, -1)$, por exemplo.

348. a) $\begin{bmatrix} 1 & -1 & 1 \\ -1 & 2 & 2 \\ 5 & -1 & 5 \end{bmatrix} \cdot \begin{bmatrix} x \\ y \\ z \end{bmatrix} = \begin{bmatrix} 2 \\ 5 \\ 1 \end{bmatrix}$

b) $\begin{bmatrix} 3 & -5 & 4 & -1 \\ 2 & 1 & -2 & 0 \\ -1 & -2 & 1 & -3 \\ -5 & -1 & 0 & 6 \end{bmatrix} \cdot \begin{bmatrix} x \\ y \\ z \\ t \end{bmatrix} = \begin{bmatrix} 8 \\ -3 \\ 1 \\ 4 \end{bmatrix}$

c) $\begin{bmatrix} a & b & c \\ -m & n & 0 \\ ab & -b^2 & m \end{bmatrix} \cdot \begin{bmatrix} x \\ y \\ z \end{bmatrix} = \begin{bmatrix} d \\ e \\ f \end{bmatrix}$

d) $\begin{bmatrix} \sqrt{2} & -3 & 2 \\ 0 & 7 & -1 \\ 4 & \sqrt{3} & 2 \end{bmatrix} \cdot \begin{bmatrix} x \\ y \\ z \end{bmatrix} = \begin{bmatrix} 7 \\ 0 \\ 5 \end{bmatrix}$

e) $\begin{bmatrix} 2 & -3 \\ -1 & 4 \\ 2 & -1 \end{bmatrix} \cdot \begin{bmatrix} x \\ y \end{bmatrix} = \begin{bmatrix} 7 \\ 1 \\ 2 \end{bmatrix}$

f) $\begin{bmatrix} a & -b & 2 \\ a^2 & -b & 1 \end{bmatrix} \cdot \begin{bmatrix} x \\ y \\ z \end{bmatrix} = \begin{bmatrix} 1 \\ 3 \end{bmatrix}$

g) $\begin{bmatrix} 1 & 1 & -1 & 1 \\ -1 & -1 & -2 & 3 \\ 5 & 0 & 3 & -1 \end{bmatrix} \cdot \begin{bmatrix} x \\ y \\ z \\ t \end{bmatrix} = \begin{bmatrix} 3 \\ 1 \\ 7 \end{bmatrix}$

h) $\begin{bmatrix} \text{sen}\,a & -\text{sen}\,a \\ \cos b & 2\cos b \\ \text{sen}\,b & -3\,\text{sen}\,b \end{bmatrix} \cdot \begin{bmatrix} x \\ y \end{bmatrix} = \begin{bmatrix} 1 \\ -1 \\ -2 \end{bmatrix}$

349. a) $\begin{cases} 2x + 4y + 9z = 0 \\ -x - z = 0 \\ 3x + 7y + 3z = 0 \end{cases}$

b) $\begin{cases} 5x + 2y - z + 3t = 2 \\ -x + 5y - 2z + t = 3 \end{cases}$

c) $\begin{cases} ax + by = a^2 \\ cx + dy = ab \\ ex + fy = b^2 \end{cases}$

d) $\begin{cases} x = 2y = 1 \\ 3y + 3z = -1 \\ -y = 2 \end{cases}$

350. Não é solução.

351. É solução.

RESPOSTAS DOS EXERCÍCIOS

352. a) $\begin{bmatrix} 3 & -2 \\ -2 & 1 \\ 1 & 4 \end{bmatrix} \begin{bmatrix} 3 & -2 & 4 \\ -2 & 1 & 0 \\ 1 & 4 & -1 \end{bmatrix}$

b) $\begin{bmatrix} 2 & 4 & -1 \\ -1 & -3 & -2 \\ 3 & -1 & 4 \end{bmatrix} \begin{bmatrix} 2 & 4 & -1 & 2 \\ -1 & -3 & -2 & 4 \\ 3 & -1 & 4 & -3 \end{bmatrix}$

c) $\begin{bmatrix} a & -1 & b \\ a^2 & 0 & ab \\ 0 & -b & a \end{bmatrix} \begin{bmatrix} a & -1 & b & c \\ a^2 & 0 & ab & d \\ 0 & -b & a & e \end{bmatrix}$

d) $\begin{bmatrix} 1 & 1 \\ 2 & 3 \\ -1 & 2 \\ 4 & -1 \end{bmatrix} \begin{bmatrix} 1 & 1 & 1 \\ 2 & 3 & 4 \\ -1 & 2 & -3 \\ 4 & -1 & 7 \end{bmatrix}$

353. a) $\left(2, -\dfrac{1}{2}\right)$ d) $(-2, 3, 0)$

b) $\left(\dfrac{3}{5}, -\dfrac{4}{5}\right)$ e) $\left(4, \dfrac{1}{2}, -\dfrac{11}{2}, 2\right)$

c) $(1, 1, -1)$ f) $(0, 0, 2, -1)$

354. a) $(5, -2, 3)$ c) $\left(\dfrac{3}{4}, -\dfrac{5}{8}, -\dfrac{3}{2}\right)$

b) $(2, -2, 1)$ d) impossível

355. $(-1, 2, 2)$

357. $y = -\dfrac{9}{31}$

358. $S = \left\{\left(-3, -\dfrac{9}{14}, \dfrac{9}{17}\right)\right\}$

359. Demonstração

360. $S = \{(\text{sen } a, \cos a)\}$

361. $a = 0$; $b = 1$

362. $16 < x < 20$, $0 < y < 8$ e $0 < z < 60$

363. a; b; d; e; f

364. a) $(-3, 0, 2)$

b) $(5\alpha - 10, 3 - \alpha, \alpha)$

c) $\left(\dfrac{8}{3}, 3, 0\right)$

d) $\left(\dfrac{-17\alpha+43}{6}, \dfrac{-7\alpha+11}{3}, \dfrac{2-\alpha}{3}, \alpha\right)$

e) $\left(\dfrac{cm - bn}{am}, \dfrac{n}{m}\right)$

f) $(-5\alpha + 3\beta + 5, 3\alpha - 2\beta - 2, \alpha, \beta)$

365. $x = 1$

366. a) sistema possível e determinado

b) sistema possível e indeterminado

367. sistema possível e determinado; $(1, 2)$

368. a) possível e determinado $(-11, -6, -3)$

b) possível e indeterminado

$S = \{(-12 - 13\alpha, -11 - 11\alpha, \alpha, 5 + 5\alpha)\}$

c) impossível

d) possível e indeterminado

$\left(\dfrac{6 - 14\alpha}{7}, \dfrac{2 - 7\alpha}{7}, \dfrac{1 - 14\alpha}{7}, \alpha\right)$

e) possível e determinado

$\left(-\dfrac{1}{5}, 1, -\dfrac{1}{5}, \dfrac{2}{5}\right)$

f) impossível

369. $(-\alpha, -1 - \alpha, -\alpha)$

370. $(1, 3, 4)$

371. $(1, -1, 2)$; $x - y - z = 0$

374. a) $\begin{cases} m \neq 2 \text{ (possível e determinado)} \\ m = 2 \text{ (possível e indeterminado)} \end{cases}$

RESPOSTAS DOS EXERCÍCIOS

b) $\begin{cases} a \neq -1 \text{ (possível e determinado)} \\ a = -1 \text{ (impossível)} \end{cases}$

c) $\begin{cases} a \neq -1 \text{ e } a \neq 3 \text{ (possível e determinado)} \\ a = -1 \text{ ou } a = 3 \text{ (possível e indeterminado)} \end{cases}$

d) $\begin{cases} a \neq \dfrac{1}{2} \text{ e } a \neq -1 \text{ (possível e determinado)} \\ a = \dfrac{1}{2} \text{ ou } a = -1 \text{ (impossível)} \end{cases}$

375. $\begin{cases} a \neq 0 \text{ e } a \neq -\dfrac{1}{2} \text{ e } a \neq \dfrac{1}{2} \text{ (possível e determinado)} \\ a = 0 \text{ ou } a = -\dfrac{1}{2} \text{ (possível e indeterminado)} \\ a = \dfrac{1}{2} \text{ (impossível)} \end{cases}$

376. $\begin{cases} a = 1 \text{ ou } a = -1 \text{ (possível e indeterminado)} \\ \nexists\, a \text{ (incompatível ou impossível)} \\ a \neq 1 \text{ e } a \neq -1 \text{ (possível e determinado)} \end{cases}$

377. $\begin{cases} m \neq 1 \text{ e } m \neq -1 \text{ (possível e determinado)} \\ m = 1 \text{ (possível e indeterminado)} \\ m = -1 \text{ (impossível)} \end{cases}$

378. $\begin{cases} a \neq 6 \text{ (possível e determinado)} \\ a = 6 \text{ e } b = 3 \text{ (possível e indeterminado)} \\ a = 6 \text{ e } b \neq 3 \text{ (impossível)} \end{cases}$

379. $\begin{cases} \text{(possível e determinado)} \\ \left(\dfrac{2-3b}{4a-3}, \dfrac{2ab-1}{4a-3}\right); a \neq \dfrac{3}{4} \\ \text{(possível e indeterminado)} \\ \left(\dfrac{2}{3} - 2\alpha, \alpha\right); a = \dfrac{3}{4} \text{ e } b = \dfrac{2}{3} \\ \text{(impossível)} \\ a = \dfrac{3}{4} \text{ e } b \neq \dfrac{2}{3} \end{cases}$

380. É compatível, $\forall m, m \in \mathbb{R}$.

381. $\begin{cases} m = 0 \text{ (possível e determinado)}; (1, 1) \\ m = +1 \text{ (possível e determinado)}; \left(\dfrac{3}{2}, \dfrac{1}{2}\right) \\ m \neq 0 \text{ e } m \neq +1 \text{ (indeterminado)} \end{cases}$

382. $p = \dfrac{ad}{c}; q = \dfrac{bd}{c}$

383. $\begin{cases} m = 1 \text{ (possível e determinado)} \left(\dfrac{3}{2}, \dfrac{1}{2}\right) \\ m = -2 \text{ (possível e determinado)} (0, 2) \\ m \neq 1 \text{ e } m \neq -2 \text{ (impossível)} \end{cases}$

384. $a = 6; b = 8$

387. a) $\begin{cases} m \neq 1 \text{ e } m \neq -2 \text{ (determinado)} \\ m = 1 \text{ (impossível)} \\ m = -2 \text{ (impossível)} \end{cases}$

b) $\begin{cases} m \neq 1 \text{ e } m \neq -1 \text{ (determinado)} \\ m = 1 \text{ (impossível)} \\ m = -1 \text{ (impossível)} \end{cases}$

388. a) $\begin{cases} a \neq 1 \text{ e } a \neq -\dfrac{1}{2} \text{ (determinado)} \\ a = 1 \text{ (indeterminado)} \\ a = -\dfrac{1}{2} \text{ (impossível)} \end{cases}$

b) $\begin{cases} a \neq 1 \text{ e } m \neq -4 \text{ (determinado)} \\ a = 1 \text{ (indeterminado)} \\ a = -4 \text{ (impossível)} \end{cases}$

389. $\begin{cases} p \neq 1 \text{ e } p \neq -2 \text{ (determinado)} \\ p = 1 \text{ (indeterminado)} \\ p = -2 \text{ (impossível)} \end{cases}$

390. $\begin{cases} m \neq 1 \text{ (determinado)} \\ m = 1 \text{ (impossível)} \end{cases}$

RESPOSTAS DOS EXERCÍCIOS

391. $\begin{cases} m \neq 1 \text{ e } m \neq -4 \text{ (determinado)} \\ m = 1 \text{ (indeterminado)} \\ m = -4 \text{ (impossível)} \end{cases}$

392. $\begin{cases} m \neq -2 \text{ e } m \neq 1 \text{ (determinado)} \\ m = -2 \text{ (indeterminado)} \\ m = 1 \text{ (impossível)} \end{cases}$

393. $\begin{cases} m \neq 0 \text{ e } m \neq 1 \text{ (determinado)} \\ m = 0 \text{ (impossível)} \\ m = 1 \text{ (impossível)} \end{cases}$

394. $\begin{cases} m \neq 0 \text{ e } m \neq 1 \text{ (determinado)} \\ \left(\dfrac{m-2}{m}, \dfrac{4-m}{m}, \dfrac{m+4}{m^2}\right) \\ m = 1 \text{ (indeterminado)} \\ \left(\dfrac{3-\alpha}{2}, \dfrac{1+\alpha}{2}, \alpha\right); \alpha \in \mathbb{R} \\ m = 0 \text{ (impossível)} \end{cases}$

395. $\begin{cases} m \neq 1 \text{ e } m \neq -1 \text{ (determinado)} \\ \left(\dfrac{m(2m-1)}{m-1}, \dfrac{m}{m+1}, \dfrac{2m^2}{1-m^2}\right) \\ m = \pm 1 \text{ (indeterminado)} \end{cases}$

396. $\begin{cases} m \neq 2 \text{ (determinado) } (m+2, 1, -2) \\ m = 2 \text{ (indeterminado) } (2-z, z, 1) \end{cases}$

397. $a = \dfrac{3}{2}$

398. $k = 5$

399. a) $k = 6$

b) $S = \left\{\left(\dfrac{17 - 40\alpha}{16}, \alpha, \dfrac{3}{8}\right), \forall \alpha, \alpha \in \mathbb{R}\right\}$

400. $\begin{cases} a \neq 1 \text{ e } a \neq -2 \text{ (determinado)} \\ a = 1 \text{ ou } a = -2 \text{ (impossível)} \end{cases}$

401. Demonstração

402. $m = \dfrac{3}{5};\ k = -6$

403. $\begin{cases} a \neq -6 \text{ e } a \neq 3 \text{ (determinado)} \\ a = -6 \text{ e } b \neq -5 \text{ (impossível)} \\ a = -6 \text{ e } b = -5 \text{ (indeterminado)} \\ a = 3 \text{ e } b \neq 1 \text{ (impossível)} \\ a = 3 \text{ e } b = 1 \text{ (indeterminado)} \end{cases}$

404. O sistema tem solução única para a, b, c quaisquer.

405. $\{(\alpha, \beta) \in \mathbb{R}^2 \mid \beta = -2\alpha\}$

406. $k \neq 1$ e $k \neq -4$

407. $a = 3;\ b = 4$

408. $\lambda_1 + \lambda_2 = 4$

409. $\lambda = \pm\sqrt{11}$

410. $(0, 0, 0)$

411. $(-\alpha, \alpha, \alpha); \alpha \in \mathbb{R}$

412. $\left(\dfrac{2}{3}\alpha, -\dfrac{1}{3}\alpha, \alpha\right); \alpha \in \mathbb{R}$

413. $(2\alpha, 3\alpha, \alpha); \alpha \in \mathbb{R}$

415. a) $\begin{cases} m \neq 3 \text{ (determinado)} \\ m = 3 \text{ (indeterminado)} \end{cases}$

b) $\begin{cases} m \neq 3 \text{ e } m \neq 5 \text{ (determinado)} \\ m = 3 \text{ e } m = 5 \text{ (indeterminado)} \end{cases}$

416. $\begin{cases} k \neq 1 \text{ e } k \neq -\dfrac{1}{2} \text{ (determinado)} \\ k = 1 \text{ ou } k = -\dfrac{1}{2} \text{ (indeterminado)} \end{cases}$

RESPOSTAS DOS EXERCÍCIOS

417. $\begin{cases} m = -1; \left(-\dfrac{\alpha}{2}, -\dfrac{\alpha}{2}, \alpha\right) \\ m = -\dfrac{3}{2}; (0, -\alpha, \alpha) \end{cases}$

418. $a = \dfrac{1}{2}$

419. $k = -\dfrac{14}{9}, S = \left\{\left(-\dfrac{3\alpha}{2}, -\dfrac{5\alpha}{3}, \alpha\right); \alpha \in \mathbb{R}\right\}$

420. $m = 1, (-\alpha - \beta, \alpha, \beta), \alpha \in \mathbb{R}, \beta \in \mathbb{R}$

421. $(m = -2$ ou $m = 0)$ e grau de indeterminação 1

422. $p = -\dfrac{1}{2}$

423. $m \in \left\{-\dfrac{3}{2}, -1, -0, 1\right\}$

424. $k = 1$

425. $a \neq 0$ e $a \neq 4$; $b = c = 0$

426. $m \neq 4$

427. $\lambda = 1$

428. Não existem valores α.

429. a) 2 c) 3 e) 2 g) 3
     b) 4 d) 3 f) 3 h) 4

430. b) 3

431. 2

432. 3

433. a) $\begin{cases} a \neq 1; \rho = 3 \\ a = 1; \rho = 1 \end{cases}$

     b) $\begin{cases} a \neq 2 \text{ e } a \neq 3; \rho = 3 \\ a = 2; \rho = 2 \\ a = 3; \rho = 2 \end{cases}$

434. $m = -1$ ou $m = -2$

435. $m \neq 1$

438. a) possível e determinado $\left(1, -\dfrac{2}{3}, \dfrac{4}{3}\right)$
     b) indeterminado $(1 - 2\alpha, 3\alpha - 1, \alpha), \alpha \in \mathbb{R}$
     c) impossível
     d) impossível
     e) impossível
     f) possível e determinado $(1, 0, 1)$

439. a) indeterminado   d) indeterminado
     b) impossível   e) indeterminado
     c) determindao   f) impossível

440. a) para todos a e b reais.
     b) $a = 1$, $b \neq \sqrt{2}$ e $b \neq -\sqrt{2}$
     c) $a = 1$ e $b = \pm\sqrt{2}$

441. $\begin{cases} \text{indeterminado} \Leftrightarrow k = -2 \\ \text{impossível} \Leftrightarrow k = 12 \end{cases}$

442. $x_3 = \dfrac{-B}{(a-c)(b-c)(c-d)}$

443. $\forall a \in \mathbb{R} - \{1\}$

444. $(1, -2, 4)$

445. sistema indeterminado →
$\left(\dfrac{\alpha(\cos B + \cos A \cos C)}{\operatorname{sen}^2 C}, \dfrac{\alpha(\cos A + \cos B \cos C)}{\operatorname{sen}^2 C}, \alpha\right)$

446. impossível

447. Demonstração

448. Demonstração

449. $P(x) = ax^4 - 2ax^3 + cx^2 + (a - c)x + e$

450. se $k_1 \neq 0$; $k_2 \neq 0$; $k_3 \neq 0$

Questões de vestibulares

Sequências

1. (UE–CE) O quadro numérico, a seguir, é construído, linha a linha, respeitando uma lógica construtiva, desde a primeira linha. A soma de todos os números que compõem a 91ª linha é um número que está entre:

a) 8 000 e 8 300
b) 8 300 e 8 600
c) 8 600 e 8 900
d) 8 900 e 9 200

$$\begin{array}{c} 1 \\ 2 \quad 2 \\ 3 \quad 3 \quad 3 \\ 4 \quad 4 \quad 4 \quad 4 \\ \dots \end{array}$$

2. (FGV–SP) Seja uma sequência de n elementos ($n > 1$) dos quais um deles é $1 - \dfrac{1}{n}$, e os demais são todos iguais a 1. A média aritmética dos n números dessa sequência é:

a) 1 b) $n - \dfrac{1}{n}$ c) $n - \dfrac{1}{n^2}$ d) $1 - \dfrac{1}{n^2}$ e) $1 - \dfrac{1}{n} - \dfrac{1}{n^2}$

3. (Enem–MEC) O Salto Triplo é uma modalidade do atletismo em que o atleta dá um salto em um só pé, uma passada e um salto, nessa ordem. Sendo que o salto com impulsão em um só pé será feito de modo que o atleta caia primeiro sobre o mesmo pé que deu a impulsão; na passada ele cairá com o outro pé, do qual o salto é realizado.

Disponível em: www.cbat.org.br (adaptado).

Um atleta da modalidade Salto Triplo, depois de estudar seus movimentos, percebeu que, do segundo para o primeiro salto, o alcance diminuía em 1,2 m e, do terceiro para o segundo salto, o alcance diminuía 1,5 m. Querendo atingir a meta de 17,4 m nessa prova e considerando os seus estudos, a distância alcançada no primeiro salto teria de estar entre:

a) 4,0 m e 5,0 m
b) 5,0 m e 6,0 m
c) 6,0 m e 7,0 m
d) 7,0 m e 8,0 m
e) 8,0 m e 9,0 m

4. (Unifesp–SP) O 2007º dígito na sequência 123454321234543... é:

a) 1   b) 2   c) 3   d) 4   e) 5

5. (PUC–RS) A sequência numérica $\left(\dfrac{1}{a}, \dfrac{1}{2a}, \dfrac{1}{4a}, ..., \dfrac{1}{2^{n-1}a}\right)$, com $a \neq 0$, possui 101 termos. Seu termo médio é:

a) $\dfrac{1}{51}$ b) $\dfrac{1}{50a}$ c) $\dfrac{1}{a^{51}}$ d) $\dfrac{1}{2^{50}a}$ e) $\dfrac{1}{2^{51}a}$

6. (Enem–MEC) Ronaldo é um garoto que adora brincar com números. Numa dessas brincadeiras, ele empilhou caixas numeradas de acordo com a sequência mostrada no esquema a seguir.

$$\begin{array}{ccccccc} & & & 1 & & & \\ & & 1 & 2 & 1 & & \\ & 1 & 2 & 3 & 2 & 1 & \\ 1 & 2 & 3 & 4 & 3 & 2 & 1 \\ & & & ... & & & \end{array}$$

Ele percebeu que a soma dos números em cada linha tinha uma propriedade e que, por meio dessa propriedade, era possível prever a soma de qualquer linha posterior às já construídas.

A partir dessa propriedade, qual será a soma da 9ª linha da sequência de caixas empilhadas por Ronaldo?

a) 9   b) 45   c) 64   d) 81   e) 285

7. (UF–RN) Se Joana lê cinco páginas de um livro por dia, ela termina de ler esse livro dezesseis dias antes do que se estivesse lendo três páginas por dia. O número de páginas do livro é:

a) 120   b) 80   c) 140   d) 100

8. (UF–RS) Na sequência 1, 3, 7, 15, ..., cada termo, a partir do segundo, é obtido adicionando-se uma unidade ao dobro do termo anterior. O 13º termo dessa sequência é:

a) $2^{11} - 1$ b) $2^{11} + 1$ c) $2^{12} - 1$ d) $2^{12} + 1$ e) $2^{13} - 1$

QUESTÕES DE VESTIBULARES

9. (UE–CE) Se a soma dos quadrados dos *n* primeiros números inteiros positivos é dada pela expressão $\frac{n(2n+1)(n+1)}{6}$, então o valor da soma

(x − 1)(x + 1) + (x − 2)(x + 2) + (x − 3)(x + 3) + ... + (x − 99)(x + 99) é:

a) $99x^2 - 328\,350$
b) $198x^2 - 328\,350$
c) $99x^2 - 1\,970\,100$
d) $198x^2 - 1\,970\,100$

10. (UF–RN) No sítio de Fibonacci, a colheita de laranjas ficou entre 500 e 1 500 unidades. Se essas laranjas fossem colocadas em sacos com 50 unidades cada um sobrariam doze laranjas e, se fossem colocados em sacos com 36 unidades cada um, também sobrariam doze laranjas. A quantidade de laranjas que sobrariam se elas fossem colocadas em sacos com 35 unidades cada seria:

a) 2   b) 6   c) 11   d) 13

11. (Unifesp–SP) Dia 20 de julho de 2008 caiu num domingo. Três mil dias após essa data, cairá:

a) Numa quinta-feira.
b) Numa sexta-feira.
c) Num sábado.
d) Num domingo.
e) Numa segunda-feira.

12. (Fuvest–SP) Sabendo que os anos bissextos são os múltiplos de 4 e que o primeiro dia de 2007 foi segunda-feira, o próximo ano a começar também em uma segunda-feira será:

a) 2012   b) 2014   c) 2016   d) 2018   e) 2020

13. (UE–RJ) Os anos do calendário chinês, um dos mais antigos que a história registra, começam sempre em uma lua nova, entre 21 de janeiro e 20 de fevereiro do calendário gregoriano. Eles recebem nomes de animais, que se repetem em ciclos de doze anos. A tabela abaixo apresenta o ciclo mais recente desse calendário.

Ano do calendário chinês

Início no calendário gregoriano	Nome
31 − janeiro − 1995	Porco
19 − fevereiro − 1996	Rato
08 − fevereiro − 1997	Boi
28 − janeiro − 1998	Tigre
16 − fevereiro − 1999	Coelho
05 − fevereiro − 2000	Dragão

Início no calendário gregoriano	Nome
24 – janeiro – 2001	Serpente
12 – fevereiro – 2002	Cavalo
01 – fevereiro – 2003	Cabra
22 – janeiro – 2004	Macaco
09 – fevereiro – 2005	Galo
29 – janeiro – 2006	Cão

Admita que, pelo calendário gregoriano, uma determinada cidade chinesa tenha sido fundada em 21 de junho de 1089 d.C., ano da serpente no calendário chinês. Desde então, a cada 15 anos, seus habitantes promovem uma grande festa de comemoração. Portanto, houve festa em 1104, 1119, 1134, e assim por diante.

Determine, no calendário gregoriano, o ano do século XXI em que a fundação dessa cidade será comemorada novamente no ano da serpente.

14. (Mackenzie–SP) Em uma sequência numérica, a soma dos n primeiros termos é $3n^2 + 2$, com n natural não nulo. O oitavo termo da sequência é:

a) 36   b) 39   c) 41   d) 43   e) 45

15. (Mackenzie–SP) Observe a disposição, abaixo, da sequência dos números naturais ímpares.

1ª linha → 1
2ª linha → 3, 5
3ª linha → 7, 9, 11
4ª linha → 13, 15, 17, 19
5ª linha → 21, 23, 25, 27, 29
... ...

O quarto termo da vigésima linha é:

a) 395   b) 371   c) 387   d) 401   e) 399

16. (UF–GO) Um objeto parte do repouso e se desloca em linha reta com aceleração constante. A partir do instante inicial, as posições desse objeto são marcadas a cada intervalo de dois segundos, como na figura abaixo.

```
0 s        2 s              4 s                        6 s
|----------|----------------|--------------------------|
    ΔS₁          ΔS₂                    ΔS₃
```

Verifica-se que os espaços percorridos entre marcações consecutivas, quando medidos em metros, formam uma progressão aritmética de razão 0,4. Nessas condições, o valor da aceleração do objeto, em m/s^2, é:

a) 2,0   b) 1,0   c) 0,8   d) 0,4   e) 0,1

17. (Unifesp–SP) "Números triangulares" são números que podem ser representados por pontos arranjados na forma de triângulos equiláteros. É conveniente definir 1 como o primeiro número triangular. Apresentamos a seguir os primeiros números triangulares.

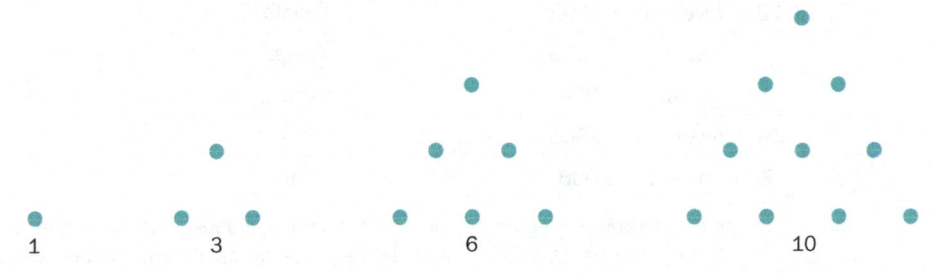

1   3   6   10

Se T_n representa o n-ésimo número triangular, então $T_1 = 1$, $T_2 = 3$, $T_3 = 6$, $T_4 = 10$, e assim por diante. Dado que T_n satisfaz a relação $T_n = T_{n-1} + n$, para $n = 2, 3, 4, \ldots$, pode-se deduzir que T_{100} é igual a:

a) 5 050   b) 4 950   c) 2 187   d) 1 458   e) 729

18. (FGV–SP) Seja $(a_1, a_2, a_3, \ldots)$ uma sequência com as seguintes propriedades:

(i) $a_1 = 1$.

(ii) $a_{2n} = n \cdot a_n$, para qualquer n inteiro positivo.

(iii) $a_{2n+1} = 2$, para qualquer n inteiro positivo.

a) Indique os 16 primeiros termos dessa sequência.

b) Calcule o valor de a_2^{50}.

19. (Unicamp–SP) No centro de um mosaico formado apenas por pequenos ladrilhos, uma artista colocou 4 ladrilhos cinza. Em torno dos ladrilhos centrais, o artista colocou uma camada de ladrilhos brancos, seguida por uma camada de ladrilhos cinza, e assim sucessivamente, alternando camadas de ladrilhos brancos e cinza, como ilustra a figura ao lado, que mostra apenas a parte central do mosaico. Observando a figura, podemos concluir que a 10ª camada de ladrilhos cinza contém:

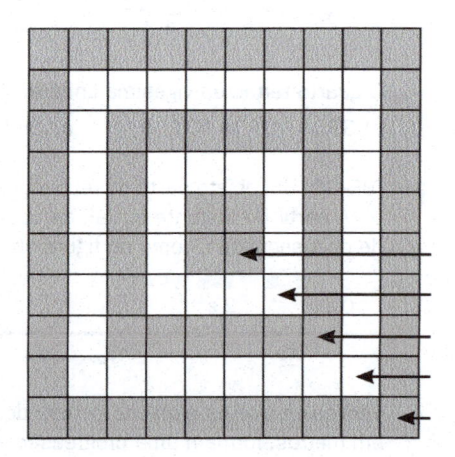

a) 76 ladrilhos.

b) 156 ladrilhos.

c) 112 ladrilhos.

d) 148 ladrilhos.

Progressões aritméticas

20. (Unesp–SP) Um viveiro clandestino com quase trezentos pássaros foi encontrado por autoridades ambientais. Pretende-se soltar esses pássaros seguindo um cronograma, de acordo com uma progressão aritmética, de modo que no primeiro dia sejam soltos cinco pássaros, no segundo dia sete pássaros, no terceiro nove, e assim por diante. Quantos pássaros serão soltos no décimo quinto dia?
a) 55   b) 43   c) 33   d) 32   e) 30

21. (UF–CE) O conjunto formado pelos números naturais cuja divisão por 5 deixa resto 2 forma uma progressão aritmética de razão igual a:
a) 2   b) 3   c) 4   d) 5   e) 6

22. (Fuvest–SP) Sejam a_1, a_2, a_3, a_4, a_5 números estritamente positivos tais que $\log_2 a_1$, $\log_2 a_2$, $\log_2 a_3$, $\log_2 a_4$, $\log_2 a_5$ formam, nesta ordem, uma progressão aritmética de razão $\frac{1}{2}$.
Se $a_1 = 4$, então o valor da soma $a_1 + a_2 + a_3 + a_4 + a_5$ é igual a:
a) $24 + \sqrt{2}$ c) $24 + 12\sqrt{2}$ e) $28 + 18\sqrt{2}$
b) $24 + 2\sqrt{2}$ d) $28 + 12\sqrt{2}$

23. (UF–MS) Numa corrida de longa distância, dois competidores estão distantes 164 m um do outro e ambos correndo de forma a percorrer constantemente 2 m em um segundo. Num determinado instante, somente o corredor que está atrás começa a acelerar, de forma que, no 1º segundo, percorre 2,2 m; no 2º segundo, 2,4 m; no 3º segundo, 2,6 m; e assim sucessivamente aumentando 0,2 m a cada segundo. Em quantos segundos o corredor que acelerou alcança o corredor da sua frente que não acelerou, emparelhando-se com este?
a) 30 segundos.   c) 40 segundos.   e) 50 segundos.
b) 36 segundos.   d) 44 segundos.

24. (FGV–SP) Seja S_A a soma dos n primeiros termos da progressão aritmética (8, 12, ...), e S_B a soma dos n primeiros termos da progressão aritmética (17, 19, ...). Sabendo-se que $n \neq 0$ e $S_A = S_B$. O único valor que n poderá assumir é:
a) Múltiplo de 3.   c) Múltiplo de 7.   e) Primo.
b) Múltiplo de 5.   d) Divisor de 16.

25. (FGV–SP) A soma dos 100 primeiros termos de uma progressão aritmética é 100, e a soma dos 100 termos seguintes dessa progressão é 200. A diferença entre o segundo e o primeiro termos dessa progressão, nessa ordem, é:
a) 10^{-4} b) 10^{-3} c) 10^{-2} d) 10^{-1} e) 1

QUESTÕES DE VESTIBULARES

26. (Fatec–SP) Se a média aritmética dos 31 termos de uma progressão aritmética é 78, então o 16º termo dessa progressão é:

a) 54   b) 66   c) 78   d) 82   e) 96

27. (FGV–SP) Em 1990, uma empresa produziu 12 525 unidades de certo produto e, em 1993, ela produziu 12 885 unidades do mesmo produto. Sabendo que a produção anual desse produto vem crescendo em progressão aritmética desde 1987, pode-se afirmar que em 2005 esta fábrica produziu:

a) 14 205 unidades.   c) 14 005 unidades.   e) 14 225 unidades.
b) 14 325 unidades.   d) 14 235 unidades.

28. (FGV–SP) Em uma progressão aritmética, o primeiro termo vale $\frac{1}{2}$ e a soma dos vinte e cinco primeiros termos é igual a $\frac{925}{2}$. A razão desta progressão vale:

a) $\frac{2}{3}$ b) $\frac{17}{12}$ c) $\frac{5}{24}$ d) $\frac{3}{2}$ e) 2

29. (ITA–SP) Considere a progressão aritmética $(a_1, a_2, ..., a_{50})$ de razão d.

Se $\sum_{n=1}^{10} a_n = 10 + 25d$ e $\sum_{n=1}^{50} a_n = 4550$, então $d - a_1$ é igual a:

a) 3   b) 6   c) 9   d) 11   e) 14

30. (UE–CE) O perímetro do triângulo PQR é 24 cm e a medida de seu menor lado é 5,5 cm. Se as medidas dos lados deste triângulo, em centímetros, formam uma progressão aritmética de razão r, podemos afirmar, corretamente, que:

a) $1,4 < r < 1,8$ c) $2,2 < r < 2,6$
b) $1,8 < r < 2,2$ d) $2,6 < r < 3,0$

31. (UF–BA) Para estudar o desenvolvimento de um grupo de bactérias, um laboratório realizou uma pesquisa durante 15 semanas. Inicialmente, colocou-se um determinado número de bactérias em um recipiente e, ao final de cada semana, observou-se o seguinte:
– na primeira semana, houve uma redução de 20% no número de bactérias;
– na segunda semana, houve um aumento de 10% em relação à quantidade de bactérias existentes ao final da primeira semana;
– a partir da terceira semana, o número de bactérias cresceu em progressão aritmética de razão 12;
– no final da décima quinta semana, o número de bactérias existentes era igual ao inicial.
Com base nessas informações, determine o número de bactérias existentes no início da pesquisa.

32. (Unicamp–SP) Considere a sucessão de figuras apresentada a seguir. Observe que cada figura é formada por um conjunto de palitos de fósforo.

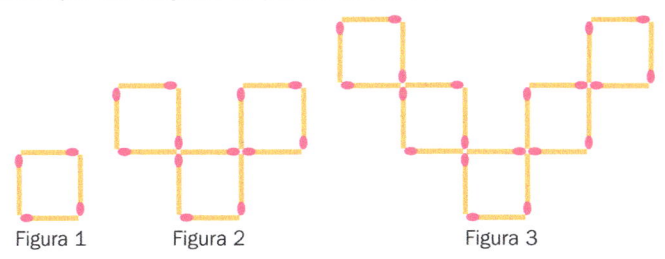

Figura 1   Figura 2   Figura 3

a) Suponha que essas figuras representam os três primeiros termos de uma sucessão de figuras que seguem a mesma lei de formação. Suponha também que F_1, F_2 e F_3 indiquem, respectivamente, o número de palitos usados para produzir as figuras 1, 2 e 3, e que o número de fósforos utilizados para formar a figura n seja F_n. Calcule F_{10} e escreva a expressão geral de F_n.

b) Determine o número de fósforos necessários para que seja possível exibir concomitantemente todas as primeiras 50 figuras.

33. (UF–GO) A figura abaixo representa uma sequência de cinco retângulos e um quadrado, todos de mesmo perímetro, sendo que a base e a altura do primeiro retângulo da esquerda medem 1 cm e 9 cm respectivamente. Da esquerda para a direita, as medidas das bases desses quadriláteros crescem, e as das alturas diminuem, formando progressões aritméticas de razões a e b, respectivamente. Calcule as razões dessas progressões aritméticas.

34. (UE–RJ) Maurren Maggi foi a primeira brasileira a ganhar uma medalha olímpica de ouro na modalidade salto em distância. Em um treino, no qual saltou n vezes, a atleta obteve o seguinte desempenho:
– todos os saltos de ordem ímpar foram válidos e os de ordem par inválidos;
– o primeiro salto atingiu a marca de 7,04 m, o terceiro a marca de 7,07 m, e assim sucessivamente cada salto válido aumentou sua medida em 3 cm;
– o último salto foi de ordem ímpar e atingiu a marca de 7,22 m.
Calcule o valor de n.

35. (ITA–SP) Sabe-se que $(x + 2y, 3x - 5y, 8x - 2y, 11x - 7y + 2z)$ é uma progressão aritmética com o último termo igual a -127. Então, o produto xyz é igual a:
a) -60 b) -30 c) 0 d) 30 e) 60

36. (UF–CE) Os lados de um triângulo retângulo estão em progressão aritmética com razão positiva r. A área desse triângulo em função da razão mede:

a) $2r^2$ b) $4r^2$ c) $6r^2$ d) $8r^2$ e) $10r^2$

37. (UF–PI) Um professor de Matemática surpreendeu-se ao constatar que as notas dos 25 alunos de uma de suas turmas estavam em *progressão aritmética* (P.A.). Se a nota mediana dessa turma é 5,5, pode-se assegurar que a média é:

a) 5,5   b) 4   c) 5   d) 6   e) 6,5

38. (Unifesp–SP) Entre os primeiros mil números inteiros positivos, quantos são divisíveis pelos números 2, 3, 4 e 5?

a) 60   b) 30   c) 20   d) 16   e) 15

39. (UFF–RJ) Ao se fazer um exame histórico da presença africana no desenvolvimento do pensamento matemático, os indícios e os vestígios nos remetem à matemática egípcia, sendo o papiro de Rhind um dos documentos que resgatam essa história.

Nesse papiro encontramos o seguinte problema: "Divida 100 pães entre 5 homens de modo que as partes recebidas estejam em progressão aritmética e que um sétimo da soma das três partes maiores seja igual à soma das duas menores".

Coube ao homem que recebeu a parte maior da divisão acima a quantidade de:

a) $\dfrac{115}{3}$ pães.   c) 20 pães.   e) 35 pães.

b) $\dfrac{55}{6}$ pães.   d) $\dfrac{65}{6}$ pães.

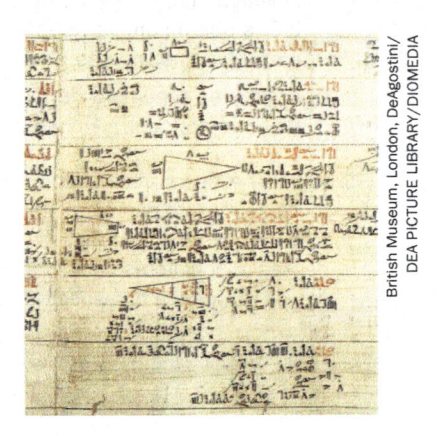

40. (UF–PR) Atribui-se ao matemático De Moivre uma lenda sobre um homem que previu sua própria morte. As condições da previsão estão dentro de uma narrativa que modela grosseiramente vários aspectos da realidade. Por exemplo, dormir 24 horas seguidas equivale a morrer, e assim por diante. A lenda é a seguinte: um homem observou que cada dia dormia 15 minutos a mais que no dia anterior. Se ele fez essa observação exatamente após ter dormido 8 horas, quanto tempo levará para que ele durma 24 horas seguidas, não mais acordando?

41. (Unifesp–SP) Progressão aritmética é uma sequência de números tal que a diferença entre cada um desses termos (a partir do segundo) e o seu antecessor é constante. Essa diferença constante é chamada "razão da progressão aritmética" e usualmente indicada por r.

a) Considere uma P.A. genérica finita $(a_1, a_2, a_3, ..., a_n)$ de razão r, na qual n é par. Determine a fórmula da soma dos termos de índice par dessa P.A., em função de a_1, n e r.

b) Qual a quantidade mínima de termos para que a soma dos termos da P.A. (−224, −220, −216, ...) seja positiva?

42. (Fuvest–SP) Em uma progressão aritmética $a_1, a_2, ..., a_n, ...$ a soma dos n primeiros termos é dada por $S_n = bn^2 + n$, sendo b um número real. Sabendo-se que $a_3 = 7$, determine:

a) O valor de b e a razão da progressão aritmética.

b) O 20º termo da progressão.

c) A soma dos 20 primeiros termos da progressão.

43. (UF–AM) Se os lados de um triângulo retângulo estão em progressão aritmética (P.A.), então o cosseno do menor ângulo deste triângulo é igual a:

a) $\dfrac{3}{5}$ b) $\dfrac{3}{4}$ c) $\dfrac{4}{5}$ d) $\dfrac{\sqrt{3}}{2}$ e) $\dfrac{\sqrt{2}}{2}$

44. (PUC–RS) Devido à epidemia de gripe do último inverno, foram suspensos alguns concertos em lugares fechados. Uma alternativa foi realizar espetáculos em lugares abertos, como parques ou praças. Para uma apresentação, precisou-se compor uma plateia com oito filas, de tal forma que na primeira fila houvesse 10 cadeiras; na segunda, 14 cadeiras; na terceira, 18 cadeiras; e assim por diante. O total de cadeiras foi:

a) 384   b) 192   c) 168   d) 92   e) 80

45. (UF–PI) O pediatra de uma criança em estado de subnutrição estabeleceu um regime alimentar no qual se previa que ela alcançaria 12,50 kg em 30 dias, mediante um aumento diário do peso de 105 gramas. Nessas condições, podemos afirmar que, ao iniciar o regime, a criança pesava:

a) Menos de 7 kg.

b) Entre 7 kg e 8 kg.

c) Entre 8 kg e 9 kg.

d) Entre 9 kg e 10 kg.

e) Mais de 10 kg.

46. (FGV–SP) O valor da expressão $\displaystyle\sum_{k=1}^{100} (2k + 5)$ é:

a) 10 400   b) 10 500   c) 10 600   d) 10 700   e) 10 800

47. (FGV–SP) Carlos tem oito anos de idade. É um aluno brilhante, porém comportou-se mal na aula, e a professora mandou-o calcular a soma dos mil primeiros números ímpares. Carlos resolveu o problema em dois minutos, deixando a professora impressionada. A resposta correta encontrada por Carlos foi:

a) 512 000

b) 780 324

c) 1 000 000

d) 1 210 020

e) 2 048 000

48. (FGV–SP) Guilherme pretende comprar um apartamento financiado cujas prestações mensais formam uma progressão aritmética decrescente; a primeira prestação é de R$ 2 600,00 e a última, de R$ 2 020,00.

A média aritmética das prestações é um valor:
a) Entre R$ 2250,00 e R$ 2350,00.
b) Entre R$ 2350,00 e R$ 2450,00.
c) Menor que R$ 2250,00.
d) Maior que R$ 2450,00.
e) Impossível de determinar com as informações dadas.

49. (Unifesp–SP) Uma pessoa resolveu fazer sua caminhada matinal passando a percorrer, a cada dia, 100 metros mais do que no dia anterior. Ao completar o 21º dia de caminhada, observou ter percorrido, nesse dia, 6 000 metros. A distância total percorrida nos 21 dias foi de:
a) 125 500 m
b) 105 000 m
c) 90 000 m
d) 87 500 m
e) 80 000 m

50. (FEI–SP) Três estudantes reservaram as seguintes quantidades de livros na biblioteca: $(2x + 2)$, $(4x)$ e $(2x^2 + 2)$, sendo que as mesmas formam, nesta ordem, uma progressão aritmética de razão não nula. Neste caso, os três estudantes reservaram juntos um total de:
a) 12 livros
b) 16 livros
c) 10 livros
d) 24 livros
e) 32 livros

51. (FEI–SP) As medidas dos lados de um triângulo, em centímetros, são expressas por $(x + 2)$, $(x^2 - 8)$ e $(3x - 2)$ e estão, nessa ordem, em progressão aritmética. Nessas condições:
a) O maior lado do triângulo tem 8 cm.
b) O menor lado do triângulo tem 5 cm.
c) O perímetro do triângulo é igual a 12 cm.
d) O triângulo é equilátero.
e) A área do triângulo é de 24 cm^2.

52. (FEI–SP) Em uma estrada recém-construída, existem somente dois postos de emergência instalados. Um deles está no quilômetro 4 da estrada e o outro no quilômetro 375. Pretende-se instalar mais postos de emergência consecutivos entre estes dois, mantendo-se sempre a mesma distância de sete quilômetros entre dois postos. Nestas condições, serão construídos:
a) 54 postos.
b) 52 postos.
c) 70 postos.
d) 66 postos.
e) 68 postos.

53. (UE–CE) Se f: $\{1, 2, 3, ..., n\} \to R$ é a função definida por $f(x) = 4(2x - 1)$, então a soma de todos os números que estão na imagem de f é:
a) $4(2n - 1)^2$
b) $4(2n)^2$
c) $4(2n + 1)^2$
d) $4n^2$

54. (Mackenzie–SP) O menor valor de n, tal que a soma dos n primeiros termos da P.A. (36, 29, 22, ...) seja negativa, é:
a) 12
b) 9
c) 11
d) 8
e) 10

QUESTÕES DE VESTIBULARES

55. (Unesp–SP) Um fazendeiro plantou 3960 árvores em sua propriedade no período de 24 meses. A plantação foi feita mês a mês, em progressão aritmética. No primeiro mês foram plantadas x árvores, no mês seguinte (x + r) árvores, r > 0, e assim sucessivamente, sempre plantando no mês seguinte r árvores a mais do que no mês anterior. Sabendo-se que ao término do décimo quinto mês do início do plantio ainda restavam 2160 árvores para serem plantadas, o número de árvores plantadas no primeiro mês foi:

a) 50   b) 75   c) 100   d) 150   e) 165

56. (Unesp–SP) Considere os 100 primeiros termos de uma P.A.: $\{a_1, a_2, a_3, ..., a_{100}\}$. Sabendo-se que $a_{26} + a_{75} = 300$, o resultado da soma dos seus 100 primeiros termos é:

a) 7650   c) 15300   e) 30300
b) 15000   d) 30000

57. (U.F. São Carlos–SP) Sejam as sequências $(75, a_2, a_3, a_4, ...)$ e $(25, b_2, b_3, b_4, ...)$ duas progressões aritméticas de mesma razão. Se $a_{100} + b_{100} = 496$, então $\dfrac{a_{100}}{b_{100}}$ é igual a:

a) $\dfrac{273}{223}$ b) $\dfrac{269}{219}$ c) $\dfrac{247}{187}$ d) $\dfrac{258}{191}$ e) $\dfrac{236}{171}$

58. (Fuvest–SP) Os números a_1, a_2, a_3 formam uma progressão aritmética de razão r, de tal modo que $a_1 + 3$, $a_2 - 3$, $a_3 - 3$ estejam em progressão geométrica. Dado ainda que $a_1 > 0$ e $a_2 = 2$, conclui-se que r é igual a:

a) $3 + \sqrt{3}$ b) $3 + \dfrac{\sqrt{3}}{2}$ c) $3 + \dfrac{\sqrt{3}}{4}$ d) $3 - \dfrac{\sqrt{3}}{2}$ e) $3 - \sqrt{3}$

59. (UF–PR) Considere a seguinte tabela de números naturais. Observe a regra de formação das linhas e considere que as linhas seguintes sejam obtidas seguindo a mesma regra.

```
1
2 3 4
3 4 5 6 7
4 5 6 7 8 9 10
5 6 7 8 9 10 11 12 13
⋮ ⋮ ⋮ ⋮ ⋮ ⋮ ⋮ ⋮
```

a) Qual é a soma dos elementos da décima linha dessa tabela?

b) Use a fórmula da soma dos termos de uma progressão aritmética para mostrar que a soma dos elementos da linha n dessa tabela é $S_n = (2n - 1)^2$.

60. (UF–PR) Considere a função f definida no conjunto dos números naturais pela expressão $f(n + 2) = f(n) + 3$, com $n \in \mathbb{N}$, e pelos dados $f(0) = 10$ e $f(1) = 5$. É correto afirmar que os valores de f(20) e f(41) são, respectivamente:

a) 21 e 65   c) 21 e 42   e) 23 e 44
b) 40 e 56   d) 40 e 65

QUESTÕES DE VESTIBULARES

61. (Fuvest–SP) Considere uma progressão aritmética cujos três primeiros termos são dados por $a_1 = 1 + x$, $a_2 = 6x$, $a_3 = 2x^2 + 4$, em que x é um número real.

a) Determine os possíveis valores de x.

b) Calcule a soma dos 100 primeiros termos da progressão aritmética correspondente ao menor valor de x encontrado no item a).

62. (Mackenzie–SP) Para que o produto dos termos da sequência $\left(1, \sqrt{3}, \sqrt{3}^2, \sqrt{3}^3, \sqrt{3}^4 \ldots \sqrt{3}^{n-1}\right)$ seja 3^{14}, deverão ser considerados, nessa sequência:

a) 8 termos.
c) 10 termos.
e) 7 termos.
b) 6 termos.
d) 9 termos.

63. (ITA–SP) Se A, B, C forem conjuntos tais que

$n(A \cup B) = 23$, $n(B - A) = 12$, $n(C - A) = 10$, $n(B \cap C) = 6$ e $n(A \cap B \cap C) = 4$, então $n(A)$, $n(A \cup C)$, $n(A \cup B \cup C)$, nesta ordem,

a) formam uma progressão aritmética de razão 6.

b) formam uma progressão aritmética de razão 2.

c) formam uma progressão aritmética de razão 8, cujo primeiro termo é 11.

d) formam uma progressão aritmética de razão 10, cujo último termo é 31.

e) não formam uma progressão aritmética.

Progressões geométricas

64. (PUC–RJ) Numa palestra o auditório inicialmente estava lotado. Na primeira pausa 10% do público foi embora e na segunda e última pausa 10% do restante foi embora. Que porcentagem do público assistiu à palestra até o fim?

a) 1%   b) 20%   c) 80%   d) 81%   e) 89%

65. (FEI–SP) Uma vitamina deve ser tomada por dez dias em doses diárias, as quais formam uma progressão geométrica crescente. Se a primeira dose é de 2 miligramas e a segunda de 5 miligramas, podemos afirmar que:

a) A quarta dose será de 11 miligramas.

b) A terceira dose será de 12,5 miligramas.

c) A razão dessa progressão é igual a 3.

d) A razão dessa progressão é igual a $\frac{2}{5}$.

e) Nesse tratamento, a pessoa consumirá um total de 155 miligramas de vitamina.

66. (UF–RN) Um fazendeiro dividiu 30 km² de suas terras entre seus 4 filhos, de idades distintas, de modo que as áreas dos terrenos recebidos pelos filhos estavam em progressão geométrica, de acordo com a idade, tendo recebido mais quem era mais velho. Ao filho mais novo coube um terreno com 2 km² de área. O filho que tem idade imediatamente superior à do mais novo recebeu um terreno de área igual a:

a) 10 km² b) 8 km² c) 4 km² d) 6 km²

67. (UF–RS) Considere o padrão de construção representado pelos desenhos abaixo.

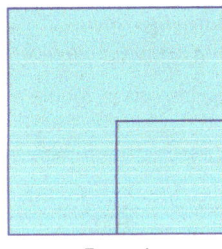

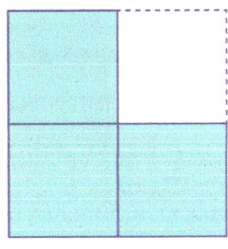

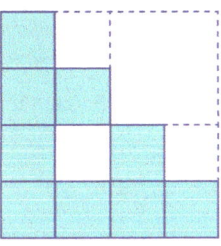

Etapa 1   Etapa 2   Etapa 3

Na Etapa 1, há um único quadrado com lado 10. Na Etapa 2, esse quadrado foi dividido em quatro quadrados congruentes, sendo um deles retirado, como indica a figura. Na Etapa 3 e nas seguintes, o mesmo processo é repetido em cada um dos quadrados da etapa anterior.

Nessas condições, a área restante na Etapa 6 será de:

a) $100\left(\dfrac{1}{4}\right)^5$ b) $100\left(\dfrac{1}{3}\right)^6$ c) $100\left(\dfrac{1}{3}\right)^5$ d) $100\left(\dfrac{3}{4}\right)^6$ e) $100\left(\dfrac{3}{4}\right)^5$

68. (Fatec–SP) Se o lado, a altura e a área de um triângulo equilátero formam, nessa ordem, uma progressão geométrica, então a medida do lado desse triângulo é um número:

a) irracional.

b) racional.

c) inteiro.

d) real e maior que $\sqrt{3}$.

e) real e compreendido entre $\sqrt{2}$ e $\sqrt{3}$.

69. (UFF–RJ) Com o objetivo de criticar os processos infinitos, utilizados em demonstrações matemáticas de sua época, o filósofo Zenão de Eleia (século V a.C.) propôs o paradoxo de Aquiles e a tartaruga, um dos paradoxos mais famosos do mundo matemático.

QUESTÕES DE VESTIBULARES

Existem vários enunciados do paradoxo de Zenão. O escritor argentino Jorge Luis Borges o apresenta da seguinte maneira:

Aquiles, símbolo de rapidez, tem de alcançar a tartaruga, símbolo de morosidade. Aquiles corre dez vezes mais rápido que a tartaruga e lhe dá dez metros de vantagem. Aquiles corre esses dez metros, a tartaruga corre um; Aquiles corre esse metro, a tartaruga corre um decímetro; Aquiles corre esse decímetro, a tartaruga corre um centímetro; Aquiles corre esse centímetro, a tartaruga um milímetro; Aquiles corre esse milímetro, a tartaruga um décimo de milímetro, e assim infinitamente, de modo que Aquiles pode correr para sempre, sem alcançá-la.

Fazendo a conversão para metros, a distância percorrida por Aquiles nessa fábula é igual a: $d = 10 + 1 + \dfrac{1}{10} + \dfrac{1}{10^2} + \ldots = 10 + \sum_{n=0}^{\infty}\left(\dfrac{1}{10}\right)^n$. É correto afirmar que:

a) $d = +\infty$ b) $d = 11,11$ c) $d = \dfrac{91}{9}$ d) $d = 12$ e) $d = \dfrac{100}{9}$

70. (UFF–RJ) O terceiro termo da progressão geométrica cujos dois primeiros termos são $a_1 = \sqrt{3}$ e $a_2 = \sqrt[3]{3}$ é:

a) $\dfrac{1}{\sqrt[6]{3}}$ b) $\sqrt[3]{3^2}$ c) $\sqrt[6]{3^5}$ d) $\sqrt[6]{3}$ e) $\sqrt[4]{3}$

71. (FEI–SP) Numa progressão geométrica de termos positivos, $a_2 = \dfrac{1}{3}$ e $a_8 = 243$. Calculando a_5, pode-se afirmar que o resultado é um número:

a) par.
b) primo.
c) divisível por 7.
d) quadrado perfeito.
e) múltiplo de 5.

72. (UF–RS) A sequência $(x, xy, 2x)$, $x \neq 0$ é uma progressão geométrica. Então, necessariamente:

a) x é um número irracional.
b) x é um número racional.
c) y é um número irracional.
d) y é um número racional.
e) $\dfrac{x}{y}$ é um número irracional.

73. (Unesp–SP) Considere um triângulo isósceles de lados medindo L, $\dfrac{L}{2}$, L centímetros. Seja h a medida da altura relativa ao lado de medida $\dfrac{L}{2}$.

Se L, h e a área desse triângulo formam, nessa ordem, uma progressão geométrica, determine a medida do lado L do triângulo.

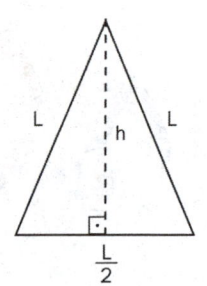

74. (UE–CE) Se x é um arco entre 0° e 90°, tal que tg x, sen x e $\dfrac{\text{sen } 2x}{2}$, nesta ordem, são os três primeiros termos de uma progressão geométrica, então o vigésimo segundo termo desta progressão é:

a) sen x · cos^{19} x

b) sen x · cos x^{20} x

c) $\dfrac{\text{sen } 2x}{2} \cdot \cos^{20} x$

d) $\dfrac{\text{sen } 2x}{2} \cdot \cos^{21} x$

75. (Mackenzie–SP) Se a sequência $\left(\text{sen } 2x, -\cos(x), \dfrac{\text{tg}x}{6}\right)$, $\pi < x < \dfrac{3\pi}{2}$, é uma progressão geométrica, então x é igual a:

a) $\dfrac{3\pi}{4}$ b) $\dfrac{7\pi}{6}$ c) $\dfrac{4\pi}{3}$ d) $-\dfrac{2\pi}{3}$ e) $\dfrac{5\pi}{4}$

76. (FEI–SP) Numa Progressão Geométrica (P.G.) de razão positiva, o primeiro termo é o dobro da razão e a soma dos dois primeiros termos vale 40. Então o quarto termo desta progressão vale:

a) 1 024 b) 512 c) 2 048 d) 16 384 e) 256

77. (UE–CE) Se os dois primeiros termos de uma progressão geométrica são dados por $x_1 = p^2 - q^2$ e $x_2 = (p - q)^2$, com p > q > 0, então a expressão do décimo primeiro termo desta progressão será:

a) $\dfrac{(p-q)^9}{(p+q)^{11}}$

b) $\dfrac{(p-q)^{11}}{(p+q)^9}$

c) $\dfrac{(p+q)^9}{(p-q)^{11}}$

d) $\dfrac{(p-q)^9}{(p-q)^{11}}$

78. (Fuvest–SP) No plano cartesiano, os comprimentos de segmentos consecutivos da poligonal, que começa na origem 0 e termina em B (ver figura ao lado), formam uma progressão geométrica de razão p, com 0 < p < 1. Dois segmentos consecutivos são sempre perpendiculares. Então, se OA = 1, a abscissa x do ponto B = (x, y) vale:

a) $\dfrac{1-p^{12}}{1-p^4}$

b) $\dfrac{1-p^{12}}{1+p^2}$

c) $\dfrac{1-p^{16}}{1-p^2}$

d) $\dfrac{1-p^{16}}{1+p^2}$

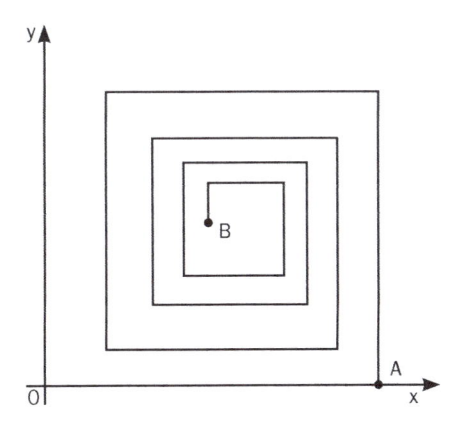

e) $\dfrac{1-p^{20}}{1-p^4}$

QUESTÕES DE VESTIBULARES

79. (Fuvest–SP) Sabe-se sobre a progressão geométrica $a_1, a_2, a_3, \ldots$, que $a_1 > 0$ e $a_6 = -9\sqrt{3}$. Além disso, a progressão geométrica $a_1, a_5, a_9, \ldots$ tem razão igual a 9. Nessas condições, o produto $a_2 \cdot a_7$ vale:

a) $-27\sqrt{3}$ b) $-3\sqrt{3}$ c) $-\sqrt{3}$ d) $3\sqrt{3}$ e) $27\sqrt{3}$

80. (Unicamp–SP) Por norma, uma folha de papel A4 deve ter 210 mm × 297 mm. Considere que uma folha A4 com 0,1 mm de espessura é seguidamente dobrada ao meio, de forma que a dobra é sempre perpendicular à maior dimensão resultante até a dobra anterior.

a) Escreva a expressão do termo geral da progressão geométrica que representa a espessura do papel dobrado em função do número k de dobras feitas.

b) Considere que, idealmente, o papel dobrado tem o formato de um paralelepípedo. Nesse caso, após dobrar o papel seis vezes, quais serão as dimensões do paralelepípedo?

81. (U.E. Londrina–PR) Considere a progressão $\left(-3, 1, -\dfrac{1}{3}, \ldots\right)$. O produto de seus 12 primeiros termos é:

a) $\sqrt[54]{3}$ b) $\sqrt[4]{3}$ c) $\sqrt[35]{3}$ d) $\sqrt[27]{3}$ e) $\sqrt[12]{3}$

82. (Fuvest–SP) A soma dos cinco primeiros termos de uma P.G., de razão negativa, é $\dfrac{1}{2}$. Além disso, a diferença entre o sétimo termo e o segundo termo da P.G. é igual a 3.

Nessas condições, determine:

a) A razão da P.G.

b) A soma dos três primeiros termos da P.G.

83. (UF–ES) Maria fez uma viagem de 8 dias. Em cada dia da viagem, a partir do segundo dia, ela percorreu metade da distância percorrida no dia anterior. No sexto dia, ela percorreu 48 km. A distância total, em quilômetros, percorrida durante os 8 dias de viagem foi:

a) 2 900   b) 2 940   c) 2 980   d) 3 020   e) 3 060

84. (UE–CE) Os números 1 458 e 39 366 são termos de uma progressão geométrica $(a_1, a_2, a_3, \ldots, a_n, \ldots)$, cujo primeiro termo é 2 e cuja razão é um número natural primo. Assim, a soma $a_1 + a_3 + a_5 + a_7$ é igual a:

a) 1 460   b) 1 640   c) 1 680   d) 1 860

85. (PUC–RS) A sequência numérica $(x_1, x_2, x_3, \ldots, x_{2n+1})$, onde n é um número natural, é uma progressão geométrica de razão $q = -1$. A soma de seus termos é:

a) -1 b) 0   c) 1   d) x_{2n} e) x_{2n+1}

86. (Fatec-SP) Ao longo de um ano, uma pessoa usou uma caixa, inicialmente vazia, para guardar quantias em dinheiro e, nesse período, não fez retiradas e nem outro tipo de depósito na caixa. Considere que as quantias depositadas, em reais, eram numericamente iguais aos termos de uma progressão geométrica de razão 2 e que o terceiro depósito foi de R$ 10,00. Ao ser colocado o décimo depósito, o total contido na caixa era:

a) R$ 1 280,00   c) R$ 6 412,50   e) R$ 10 237,50
b) R$ 2 557,50   d) R$ 10 230,00

87. (U.F. Juiz de Fora–MG) Um aluno do curso de biologia estudou durante nove semanas o crescimento de uma determinada planta, a partir de sua germinação. Observou que, na primeira semana, a planta havia crescido 16 mm. Constatou ainda que, em cada uma das oito semanas seguintes, o crescimento foi sempre a metade do crescimento da semana anterior. Dentre os valores a seguir, o que *melhor* aproxima o tamanho dessa planta, ao final dessas nove semanas, em milímetros, é:

a) 48   b) 36   c) 32   d) 30   e) 24

88. (UF–RN) José foi contratado com a proposta de, no primeiro dia, receber um centavo de real; no segundo dia, o dobro do dia anterior, e assim sucessivamente. Após 14 dias, o valor total recebido por José foi de:

a) R$ 81,92   b) R$ 327,68   c) R$ 163,83   d) R$ 655,35

89. (UF–ES) Para que a soma dos n primeiros termos da progressão geométrica 3, 6, 12, 24, ... seja um número compreendido entre 50 000 e 100 000, devemos tornar n igual a:

a) 16   b) 15   c) 14   d) 13   e) 12

90. (UF–AM) Supondo que uma folha de papel de 1 mm de espessura possa ser dobrada ao meio indefinidamente; assim, após a primeira dobra, a folha terá 2 mm de espessura; após a segunda, terá 4 mm, e assim por diante. Após a 11ª dobra a folha terá a espessura de:

a) 512 mm   c) 40,96 mm   e) 1,024 mm
b) 51,12 mm   d) 2,048 mm

91. (IME–RJ) Uma placa metálica com base b e altura h sofre sucessivas reduções da sua área, em função da realização de diversos cortes, conforme ilustrado na figura abaixo. A cada passo, a área à direita é removida e a placa sofre um novo corte. Determine a soma das áreas removidas da placa original após serem realizados n cortes.

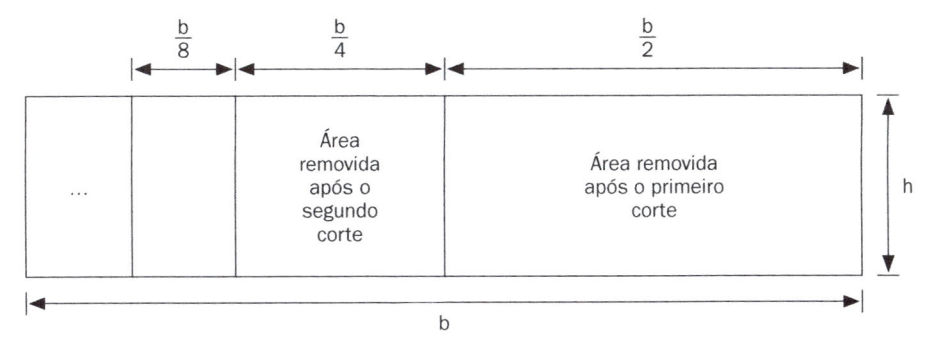

QUESTÕES DE VESTIBULARES

92. (UF–ES) Uma tartaruga se desloca em linha reta, sempre no mesmo sentido. Inicialmente, ela percorre 2 metros em 1 minuto e, a cada minuto seguinte, ela percorre $\frac{4}{5}$ da distância percorrida no minuto anterior.

a) Calcule a distância percorrida pela tartaruga após 3 minutos.

b) Determine uma expressão para a distância percorrida pela tartaruga após um número inteiro n de minutos.

c) A tartaruga chega a percorrer 10 metros? Justifique a sua resposta.

d) Determine o menor valor inteiro de n tal que, após n minutos, a tartaruga terá percorrido uma distância superior a 9 metros. [Se necessário, use log 2 ≈ 0,30.]

93. (UE–CE) A sequência de quadrados Q_1, Q_2, Q_3, ... é tal que, para $n > 1$, os vértices do quadrado Q_n são os pontos médios dos lados do quadrado Q_{n-1}. Se a medida do lado do quadrado Q_1 é 1m, então a soma das medidas das áreas, em m², dos 10 primeiros quadrados é:

a) $\frac{1\,023}{1\,024}$ b) $\frac{2\,048}{1\,023}$ c) $\frac{2\,048}{512}$ d) $\frac{1\,023}{512}$

94. (Vunesp–SP) No dia 1º de dezembro, uma pessoa enviou pela Internet uma mensagem para x pessoas. No dia 2, cada uma das x pessoas que recebeu a mensagem no dia 1º enviou a mesma para outras duas novas pessoas. No dia 3, cada pessoa que recebeu a mensagem do dia 2 também enviou a mesma para outras duas novas pessoas. E assim sucessivamente. Se, do dia 1º até o final do dia 6 de dezembro, 756 pessoas haviam recebido a mensagem, o valor de x é:

a) 12   b) 24   c) 52   d) 63   e) 126

95. (Unesp–SP) Em uma determinada região de floresta na qual, a princípio, não havia nenhum desmatamento, registrou-se, no período de um ano, uma área desmatada de 3 km², e a partir daí, durante um determinado período, a quantidade de área desmatada a cada ano cresceu em progressão geométrica de razão 2. Assim, no segundo ano a área total desmatada era de 3 + 2 · 3 = 9 km². Se a área total desmatada nessa região atingiu 381 km² nos n anos em que ocorreram desmatamentos, determine o valor de n.

96. (UF–CE) A progressão geométrica infinita $(a_1, a_2, ..., a_n, ...)$ tem razão $q = \frac{1}{2}$ e $a_1 = 1$. Determine o menor inteiro positivo n tal que S_n, a soma dos n primeiros termos da progressão, satisfaz a desigualdade $S_n > \frac{8\,191}{4\,096}$.

97. (U.F. Santa Maria–RS) Uma doença bovina propagou-se pelo rebanho de uma região de modo que, a cada 2 dias, o número de animais doentes triplicou. Sabe-se que, primeiramente, havia 10 animais doentes e que o rebanho sob risco era de 262 440 cabeças. Após quantos dias a quarta parte desse rebanho contaminou-se?

a) 9   b) 12   c) 18   d) 21   e) 30

98. (UF–PR) Numa série de testes para comprovar a eficiência de um novo medicamento, constatou-se que apenas 10% dessa droga permanecem no organismo seis horas após a dose ser ministrada. Se um indivíduo tomar uma dose 250 mg desse medicamento a cada seis horas, que quantidade da droga estará presente em seu organismo logo após ele tomar a quarta dose?

a) 275 mg
b) 275,25 mg
c) 277,75 mg
d) 285 mg
e) 285,55 mg

99. (PUC–RS) O primeiro termo de uma progressão geométrica infinita é 3, e sua soma é 3,3333… . A razão dessa progressão é:

a) -3
b) $-\frac{1}{3}$
c) $\frac{1}{3}$
d) $-\frac{1}{10}$
e) $\frac{1}{10}$

100. (Unemat–MT) Lança-se uma bola, verticalmente de cima para baixo, da altura de 4 metros. Após cada choque com o solo, ela recupera apenas $\frac{1}{2}$ da altura anterior.

A soma de todos os deslocamentos (medidos verticalmente) efetuados pela bola até o momento de repouso é:

a) 12 m
b) 6 m
c) 8 m
d) 4 m
e) 16 m

101. (FEI–SP) Seja $\frac{a}{b}$ a fração geratriz do número decimal periódico 0,2333…, com a e b primos entre si. Nestas condições:

a) $a + b = 111$
b) $a^b = 210$
c) $a \cdot b = 21$
d) $a - b = -23$
e) $3a - b = -7$

102. (FGV–SP) O conjunto solução da equação $x^2 - x - \frac{x}{3} - \frac{x}{9} - \frac{x}{27} - \ldots = -\frac{1}{2}$ é:

a) $\left\{\frac{1}{2}, 1\right\}$
b) $\left\{-\frac{1}{2}, 1\right\}$
c) $\{1, 4\}$
d) $\{1, -4\}$
e) $\{1, 2\}$

103. (FGV–SP) Um círculo é inscrito em um quadrado de lado m. Em seguida, um novo quadrado é inscrito nesse círculo, e um novo círculo é inscrito nesse quadrado, e assim sucessivamente. A soma das áreas dos infinitos círculos descritos nesse processo é igual a:

a) $\frac{\pi m^2}{2}$
b) $\frac{3\pi m^2}{8}$
c) $\frac{\pi m^2}{3}$
d) $\frac{\pi m^2}{4}$
e) $\frac{\pi m^2}{8}$

104. (UF–PI) Ao largar-se uma bola de uma altura de 5 m sobre uma superfície plana, observa-se que, devido a seu peso, a cada choque com o solo, ela recupera apenas $\frac{3}{8}$ da altura anterior. Admitindo-se que o deslocamento da bola ocorra somente na direção vertical, qual é o espaço total percorrido pela bola pulando para cima e para baixo?

a) 6 m
b) 11 m
c) 15 m
d) 18 m
e) 19 m

105. (UF–AM) Considere a sequência infinita de triângulos equiláteros $T_1, T_2, ..., T_n, ...$ onde os vértices de cada triângulo T_n são os pontos médios do triângulo T_{n-1} a partir de T_2. Sabendo que o lado de T_1 mede 2 cm, a soma dos perímetros dos infinitos triângulos vale:

a) 10 cm   b) 12 cm   c) 4 cm   d) 14 cm   e) 11 cm

106. (UE–CE) Se, para $0 < x < \pi$ e $x \neq \dfrac{\pi}{2}$, o valor da soma com infinitas parcelas $1 + \operatorname{sen} x + \operatorname{sen}^2 x + \operatorname{sen}^3 x + ...$ é igual a 2, então o valor do $|\cos x|$ é:

a) $\dfrac{1}{2}$ b) $\dfrac{\sqrt{2}}{2}$ c) $\dfrac{\sqrt{3}}{2}$ d) $\dfrac{\sqrt{3}}{3}$

107. (ITA–SP) Seja $(a_1, a_2, a_3, ...)$ uma progressão geométrica infinita de razão $0 < a_1 < 1$ e soma igual a $3a_1$. A soma dos três primeiros termos dessa progressão geométrica é:

a) $\dfrac{8}{27}$ b) $\dfrac{20}{27}$ c) $\dfrac{26}{27}$ d) $\dfrac{30}{27}$ e) $\dfrac{38}{27}$

108. (Fatec–SP) Se x é um número real positivo tal que $\log_2 \left(6 + 2 + \dfrac{2}{3} + \dfrac{2}{9} + ... \right) = \log_2 x - \log_4 x$, então $\log_3 x$ é igual a:

a) 1   b) 2   c) 3   d) 4   e) 5

109. (ITA–SP) A progressão geométrica infinita $(a_1, a_2, ..., a_n, ...)$ tem razão $r < 0$. Sabe-se que a progressão infinita $(a_1, a_6, ..., a_{5n+1}, ...)$ tem soma 8 e a progressão infinita $(a_5, a_{10}, ..., a_{5n}, ...)$ tem soma 2. Determine a soma da progressão infinita $(a_1, a_2, ..., a_n, ...)$.

110. (PUC–RS) O valor de x na equação $x + \dfrac{3}{4}x + \dfrac{9}{16}x + ... = 8$ é:

a) 6   b) 4   c) 2   d) 1   e) $\dfrac{3}{4}$

111. (Mackenzie–SP) Sendo S a soma dos infinitos termos da progressão geométrica $\left(\dfrac{2a}{3}, \dfrac{a}{9}, \dfrac{a}{54}, \dfrac{a}{324}, ... \right)$, o valor de a na equação $\log_2 S = 2$ é:

a) 1   b) 2   c) 3   d) 4   e) 5

112. (Mackenzie–SP) A soma dos valores inteiros negativos de x, para os quais a expressão $\sqrt{2 + \dfrac{x}{2} + \dfrac{x}{4} + \dfrac{x}{8} + ...}$ é um número real, é:

a) −1   b) −2   c) −3   d) −4   e) −5

Progressões aritméticas e progressões geométricas

113. (FEI–SP) Se f(n), com n ∈ {0, 1, 2, 3, 4, 5, …}, é uma sequência definida por $\begin{cases} f(0) = 3 \\ f(n+1) = 2f(n) \end{cases}$ então essa sequência é:

a) Uma progressão aritmética de razão 2.
b) Uma progressão geométrica de razão 3.
c) Uma progressão aritmética cujo sexto termo vale 21.
d) Uma progressão geométrica cujo quinto termo vale 48.
e) Uma progressão geométrica decrescente.

114. (UF–AM) Sejam quatro números tais que os três primeiros formam uma progressão aritmética de razão 3, os três últimos uma progressão geométrica e o primeiro número é igual ao quarto. Dessa forma, a soma desses números será:

a) 7   b) 11   c) 14   d) −7   e) −14

115. (Fatec–SP) Em uma progressão aritmética (P.A.) crescente, o segundo, o quarto e o nono termo, nessa ordem, formam uma progressão geométrica (P.G.) de três termos.

Se o quarto termo da P.A. é igual a 10, então a razão da P.G. é:

a) 1   b) 1,5   c) 2   d) 2,5   e) 3

116. (UFF–RJ) São dadas progressões: uma aritmética (P.A.) e outra geométrica (P.G.). Sabe-se que:

– a razão da P.G. é 2;
– em ambas o primeiro termo é igual a 1;
– a soma dos termos da P.A. é igual à soma dos termos da P.G.;
– ambas têm 4 termos.

Pode-se afirmar que a razão da P.A. é:

a) $\dfrac{1}{6}$ c) $\dfrac{7}{6}$ e) $\dfrac{11}{6}$

b) $\dfrac{5}{6}$ d) $\dfrac{9}{6}$

117. (FGV–SP) A sequência de termos positivos $(a_1, a_2, a_3, …, a_n, …)$ é uma progressão geométrica de razão igual a q. Podemos afirmar que a sequência $(\log a_1, \log a_2, \log a_3, …, \log a_n, …)$ é:

a) Uma progressão aritmética de razão q.
b) Uma progressão geométrica de razão q.
c) Uma progressão aritmética de razão $\log q$.
d) Uma progressão geométrica de razão $\log q$.
e) Uma progressão aritmética de razão $(\log a_1 - \log q)$.

118. (UF–PR) A sentença "a função f transforma uma progressão em outra progressão" significa que, ao se aplicar a função aos termos de uma progressão (a_1, a_2, a_3, ...), resulta nova progressão ($f(a_1)$, $f(a_2)$, $f(a_3)$, ...). Calcule a soma dos números associados à(s) alternativa(s) correta(s):

(01) A função $f(x) = 2x + 5$ transforma qualquer progressão aritmética de razão r em uma progressão aritmética, esta de razão 5.

(02) A função $f(x) = 3x$ transforma qualquer progressão aritmética de razão r em outra progressão aritmética, esta de razão 3r.

(04) A função $f(x) = 2^x$ transforma qualquer progressão aritmética de razão r em uma progressão geométrica de razão 2 elevado à potência r.

(08) A função $f(x) = \log_3 x$ transforma qualquer progressão geométrica de termos positivos e razão 9 em uma progressão aritmética de razão 2.

119. (U.F. Uberlândia–MG) Seja f uma função real de variável real tal que $f(x + y) = f(x) + f(y)$ para todos x e y reais. Se a, b, c, d e e formam, nessa ordem, uma P.A. de razão r, então $f(a)$, $f(b)$, $f(c)$, $f(d)$, $f(e)$ formam, nessa ordem:

a) Uma P.G. de razão $f(r)$.

b) Uma P.G. de razão r.

c) Uma P.A. de razão $f(a)$.

d) Uma P.G. de razão $f(a)$.

e) Uma P.A. de razão $f(r)$.

120. (UF–SC) Calcule a soma dos números associados à(s) proposição(ões) correta(s).

(01) O 10º termo da sequência cujo termo geral é $a_n^4 = 4n + 7$ é $a_{10} = 33$.

(02) Entre 20 e 1 200 existem 169 múltiplos de 7.

(04) Se três números distintos formam uma progressão aritmética, então eles não formam uma progressão geométrica.

(08) Uma sequência de quadrados é construída a partir de um quadrado arbitrário dado, tomando-se para vértices de cada quadrado, a partir do segundo, os pontos médios dos lados do quadrado anterior. Então, as áreas desses quadrados formam uma progressão geométrica de razão $q = \dfrac{1}{2}$.

121. (UF–CE) A sequência $(a_n)_{n \geq 1}$ tem seus termos dados pela formula $a_n = \dfrac{n+1}{2}$. Calcule a soma dos dez primeiros termos da sequência $(b_n)_{n \geq 1}$, onde $b_n = 2^{a_n}$ para $n \geq 1$.

122. (UF–RS) A disposição de números abaixo representa infinitas progressões.

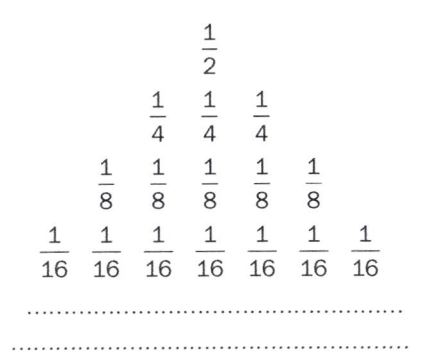

$$\frac{1}{2}$$
$$\frac{1}{4} \quad \frac{1}{4} \quad \frac{1}{4}$$
$$\frac{1}{8} \quad \frac{1}{8} \quad \frac{1}{8} \quad \frac{1}{8} \quad \frac{1}{8}$$
$$\frac{1}{16} \quad \frac{1}{16} \quad \frac{1}{16} \quad \frac{1}{16} \quad \frac{1}{16} \quad \frac{1}{16} \quad \frac{1}{16}$$
....
....

Considere as afirmações referentes à disposição dada.

I) A décima linha é formada por 19 elementos.

II) Chamando-se de a_1 o primeiro elemento de uma coluna qualquer, a soma dos termos dessa coluna é $2a_1$.

III) A soma dos infinitos elementos da disposição é 3.

Quais são verdadeiras?

a) Apenas I.   c) Apenas I e III.   e) I, II e III.
b) Apenas I e II.   d) Apenas II e III.

123. (UF–SC — Adaptado) Classifique cada uma das proposições adiante como V (verdadeira) ou F (falsa):

a) Se os raios de uma sequência de círculos formam uma P.G. de razão q, então suas áreas também formam uma P.G. de razão q.

b) Uma empresa, que teve no mês de novembro de 2002 uma receita de 300 mil reais e uma despesa de 350 mil reais, tem perspectiva de aumentar mensalmente sua receita segundo uma P.G. de razão $\frac{6}{5}$ e prevê que a despesa mensal crescerá segundo uma P.A. de razão igual a 55 mil. Nesse caso, o primeiro mês em que a receita será maior do que a despesa é fevereiro de 2003.

c) Suponha que um jovem, ao completar 16 anos, pesava 60 kg e, ao completar 17 anos, pesava 64 kg. Se o aumento anual de sua massa, a partir dos 16 anos, se der segundo uma progressão geométrica de razão $\frac{1}{2}$, então ele nunca atingirá 68 kg.

d) Uma P.A. e uma P.G., ambas crescentes, têm o primeiro e o terceiro termos respectivamente iguais. Sabendo que o segundo termo da P.A. é 5 e o segundo termo da P.G. é 4, a soma dos 10 primeiros termos da P.A. é 155.

QUESTÕES DE VESTIBULARES

124. (UF–RN) As áreas dos quadrados ao lado estão em progressão geométrica de razão 2. Podemos afirmar que os lados dos quadrados estão em:

a) Progressão aritmética de razão 2.

b) Progressão geométrica de razão 2.

c) Progressão aritmética de razão $\sqrt{2}$.

d) Progressão geométrica de razão $\sqrt{2}$.

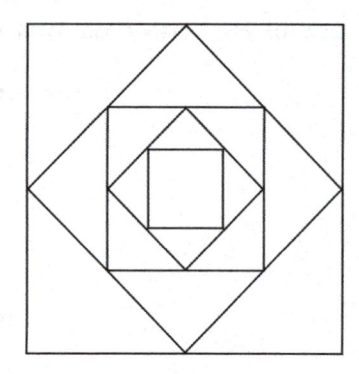

125. (UF–BA) Considerando-se uma sequência de números reais $a_1, a_2, a_3, ..., a_n, ...$, com $a_{13} = 72$ e $a_{15} = 18$, é correto afirmar:

(01) Se a sequência é uma progressão aritmética, então todos os termos são positivos.

(02) Se $a_{14} = 30$, então a sequência não é uma progressão aritmética nem uma progressão geométrica.

(04) Se a sequência é uma progressão aritmética, então a soma dos 15 primeiros termos é igual a 3 105.

(08) Se a sequência é uma progressão geométrica, então $a_{121} = \pm \dfrac{a_{120}}{2}$.

(16) Se a sequência é uma progressão geométrica, então a sequência
$\log |a_1|, \log |a_2|, \log |a_3|, ..., \log |a_n|, ...$, é uma progressão aritmética.

(32) Se a sequência satisfaz a fórmula de recorrência $a_{n+1} = \dfrac{a_n}{3} + \dfrac{30}{4}$, então $a_{12} = \dfrac{387}{2}$.

126. (ITA–SP) Seja k um número inteiro positivo e $A_k = \{j \in \mathbb{N}: j \leq k \text{ e mdc}(j, k) = 1\}$.
Verifique se $n(A_3)$, $n(A_9)$, $n(A_{27})$ e $n(A_{81})$ estão ou não, nesta ordem, numa progressão aritmética ou geométrica. Se for o caso, especifique a razão.

Matrizes

127. (PUC–RS) No projeto Sobremesa Musical, o instituto de Cultura Musical da PUC-RS realiza apresentações semanais gratuitas para a comunidade universitária. O número de músicos que atuaram na apresentação de número j do i-ésimo mês da primeira temporada de 2009 está registrado como o elemento a_{ij} da matriz abaixo:

$$\begin{bmatrix} 43 & 12 & 6 & 6 & 5 \\ 43 & 5 & 5 & 12 & 12 \\ 43 & 13 & 20 & 13 & 0 \\ 3 & 5 & 54 & 43 & 43 \end{bmatrix}$$

A apresentação na qual atuou o maior número de músicos ocorreu na _____ semana do _____ mês.

a) quinta – segundo
b) quarta – quarto
c) quarta – terceiro
d) terceira – quarto
e) primeira – terceiro

128. (FGV–SP) Complete o quadrado da figura ao lado, de modo que as somas dos números inteiros das linhas, das colunas e das diagonais sejam iguais. A soma a + b + c é igual a:

a) −1
b) −2
c) −3
d) −4
e) −5

d	b	−4
a	−3	c
−2	e	0

129. (Vunesp–SP) Considere três lojas, L_1, L_2 e L_3, e três tipos de produtos, P_1, P_2, P_3. A matriz a seguir descreve a quantidade de cada produto vendido em cada loja na primeira semana de dezembro. Cada elemento a_{ij} da matriz indica a quantidade do produto P_1 vendido pela loja L_j, $i, j = 1, 2, 3$.

$$\begin{array}{c} \\ P_1 \\ P_2 \\ P_3 \end{array} \begin{array}{ccc} L_1 & L_2 & L_3 \\ \left[\begin{array}{ccc} 30 & 19 & 20 \\ 15 & 10 & 8 \\ 12 & 16 & 11 \end{array}\right] \end{array}$$

Analisando a matriz, podemos afirmar que:

a) A quantidade de produtos do tipo P_2 vendidos pela loja L_2 é 11.
b) A quantidade de produtos do tipo P_1 vendidos pela loja l_3 é 30.
c) A soma das quantidades de produtos do tipo P_3 vendidos pelas três lojas é 40.
d) A soma das quantidades de produtos do tipo P_1 vendidos pelas loja L_1, i = 1, 2, 3 é 52.
e) A soma das quantidades dos produtos dos tipos P_1 e P_2 vendidos pela loja L_1 é 45.

130. (UF–AM) Para qual valor positivo de x, a matriz real $A = \begin{pmatrix} e^{x^3+2x} & x^2 + 1 \\ 5 & \log_4\left(x^2 + 6\right) \end{pmatrix}$ é simétrica.

a) −5   b) 9   c) 1   d) 4   e) 2

131. (U.E. Londrina–PR) Uma matriz quadrada A se diz antissimétrica se $A^1 = -A$. Nessas condições se a matriz $A = \begin{bmatrix} x & y & z \\ 2 & 0 & -3 \\ -1 & 3 & 0 \end{bmatrix}$ é uma matriz antissimétrica, então x + y + z é igual a:

a) 3   b) 1   c) 0   d) −1   e) −3

QUESTÕES DE VESTIBULARES

132. (ITA–SP) Sejam A = (a_{jk}) e B = (b_{jk}) duas matrizes quadradas n × n, onde a_{jk} e b_{jk} são, respectivamente, os elementos da linha j e coluna k das matrizes A e B, definidos por

$$a_{jk} = \binom{j}{k}, \text{ quando } j \geq k, \, a_{jk} = \binom{k}{j}, \text{ quando } j < k \text{ e } b_{jk} = \sum_{p=0}^{jk}(-2)^p\binom{jk}{p}.$$

O traço de uma matriz quadrada (c_{jk}) de ordem n × n é definido por $\sum_{p=1}^{n} c_{pp}$. Quando n for ímpar, o traço de A + B é igual a:

a) $\dfrac{n(n-1)}{3}$

b) $\dfrac{(n-1)(n+1)}{4}$

c) $\dfrac{(n^2 - 3n + 2)}{(n-2)}$

d) $\dfrac{3(n-1)}{n}$

e) $\dfrac{(n-1)}{(n-2)}$

133. (FEI–SP) Sejam as matrizes: $A = \begin{pmatrix} 1 & 0 & 2 \\ 4 & -1 & 3 \\ 1 & 0 & 1 \end{pmatrix}$, $B = \begin{pmatrix} 4 & 3 & 5 \\ 1 & 0 & 0 \end{pmatrix}$ e $C^t = \begin{pmatrix} 2 & 1 & 1 \\ 0 & -1 & 1 \end{pmatrix}$.

A matriz $X = A \cdot C + 2B^t$ é tal que:

a) $X = \begin{pmatrix} 12 & 4 \\ 15 & 3 \\ 10 & -1 \end{pmatrix}$

b) $X = \begin{pmatrix} 4 & 2 \\ 10 & 4 \\ 3 & 1 \end{pmatrix}$

c) $X = \begin{pmatrix} 8 & 1 \\ 2 & 4 \\ -1 & 5 \end{pmatrix}$

d) $X = \begin{pmatrix} 12 & 4 \\ 16 & 4 \\ 13 & 1 \end{pmatrix}$

e) Não é possível calcular X.

134. (UE-CE) Sejam as matrizes $M = \begin{pmatrix} \sqrt{3} & q \\ n & \sqrt{3} \end{pmatrix}$ e $P = \begin{pmatrix} 6 & 6 \\ 6 & 6 \end{pmatrix}$. Se $M \cdot M^t = P$, sendo M^t a matriz transposta de M, então $n^2 + n \cdot q$ é igual a:

a) 6   b) 9   c) 12   d) 18

135. (Mackenzie–SP) A tabela 1 mostra as quantidades de grãos dos tipos G1 e G2 produzidos, em milhões de toneladas por ano, pelas regiões agrícolas A e B. A tabela 2 indica o preço de venda desses grãos.

tabela 1

	G1	G2
região A	4	3
região B	5	6

tabela 2

	preço por tonelada (reais)
G1	120
G2	180

Sendo x o total arrecadado com a venda dos grãos produzidos pela região A e y pela região B, a matriz $\begin{bmatrix} x \\ y \end{bmatrix}$ é:

a) $10^4 \begin{bmatrix} 1\,000 \\ 1\,600 \end{bmatrix}$
c) $10^4 \begin{bmatrix} 1\,200 \\ 1\,800 \end{bmatrix}$
e) $10^6 \begin{bmatrix} 1\,000 \\ 1\,580 \end{bmatrix}$

b) $10^6 \begin{bmatrix} 1\,020 \\ 1\,680 \end{bmatrix}$
d) $10^6 \begin{bmatrix} 980 \\ 1\,400 \end{bmatrix}$

136. (UF–MT) Um projeto de pesquisa sobre dietas envolve adultos e crianças de ambos os sexos. A composição dos participantes no projeto é dada pela matriz:

$$\begin{array}{cc} \text{adultos} & \text{crianças} \end{array}$$
$$\begin{bmatrix} 80 & 120 \\ 100 & 200 \end{bmatrix} \begin{array}{l} \text{masculino} \\ \text{feminino} \end{array}$$

O número diário de gramas de proteínas, de gorduras e de carboidratos que cada criança e cada adulto consomem é dado pela matriz:

$$\begin{array}{ccc} \text{proteínas} & \text{gorduras} & \text{carboidratos} \end{array}$$
$$\begin{bmatrix} 20 & 20 & 20 \\ 10 & 20 & 30 \end{bmatrix} \begin{array}{l} \text{adultos} \\ \text{crianças} \end{array}$$

A partir dessas informações, julgue os itens.

0) 6 000 g de proteínas são consumidos diariamente por adultos e crianças do sexo masculino.

1) A quantidade de gorduras consumida diariamente por adultos e crianças do sexo masculino é 50% menor que a consumida por adultos e crianças do sexo feminino.

2) As pessoas envolvidas no projeto consomem diariamente um total de 13 200 g de carboidratos.

137. (UFF–RJ) A transmissão de mensagens codificadas em tempos de conflitos militares é crucial. Um dos métodos de criptografia mais antigos consiste em permutar os símbolos das mensagens. Se os símbolos são números, uma permutação pode ser efetuada usando-se multiplicações por matrizes de permutação, que são matrizes quadradas que satisfazem as seguintes condições:

– cada coluna possui um único elemento igual a 1 (um) e todos os demais elementos são iguais a zero;

– cada linha possui um único elemento igual a 1 (um) e todos os demais elementos são iguais a zero.

Por exemplo, a matriz $M = \begin{bmatrix} 0 & 1 & 0 \\ 0 & 0 & 1 \\ 1 & 0 & 0 \end{bmatrix}$ permuta os elementos da matriz coluna $Q = \begin{bmatrix} a \\ b \\ c \end{bmatrix}$,

transformando-a na matriz $P = \begin{bmatrix} b \\ c \\ a \end{bmatrix}$, pois $P = M \cdot Q$.

Pode-se afirmar que a matriz que permuta $\begin{bmatrix} a \\ b \\ c \end{bmatrix}$, transformando-a em $\begin{bmatrix} c \\ a \\ b \end{bmatrix}$, é:

a) $\begin{bmatrix} 0 & 0 & 1 \\ 1 & 0 & 0 \\ 0 & 1 & 0 \end{bmatrix}$

b) $\begin{bmatrix} 1 & 0 & 0 \\ 0 & 0 & 1 \\ 0 & 1 & 0 \end{bmatrix}$

c) $\begin{bmatrix} 0 & 1 & 0 \\ 1 & 0 & 0 \\ 0 & 0 & 1 \end{bmatrix}$

d) $\begin{bmatrix} 0 & 0 & 1 \\ 0 & 1 & 0 \\ 1 & 0 & 0 \end{bmatrix}$

e) $\begin{bmatrix} 1 & 0 & 0 \\ 0 & 1 & 0 \\ 0 & 0 & 1 \end{bmatrix}$

138. (UF–GO) Um polígono pode ser representado por uma matriz $F_{2 \times n}$, onde n é o número de vértices e as coordenadas dos seus vértices são as colunas dessa matriz. Assim, a matriz $F_{2 \times 6} = \begin{bmatrix} 0 & 2 & 6 & 6 & 4 & 2 \\ 2 & 6 & 4 & -2 & -4 & -2 \end{bmatrix}$ representa o polígono da figura abaixo.

Em computação gráfica utiliza-se de transformações geométricas para realizar movimentos de figuras e objetos na tela do computador. Essas transformações geométricas podem ser representadas por uma matriz $T_{2 \times 2}$. Fazendo-se o produto das matrizes $T_{2 \times 2} \times F_{2 \times n}$ obtém-se uma matriz que representa a figura transformada, que pode ser uma simetria, translação, rotação ou dilatação da figura original.

Considerando a transformação geométrica representada pela matriz $T_{2 \times 2} = \begin{bmatrix} \dfrac{3}{2} & 0 \\ 0 & -\dfrac{3}{2} \end{bmatrix}$

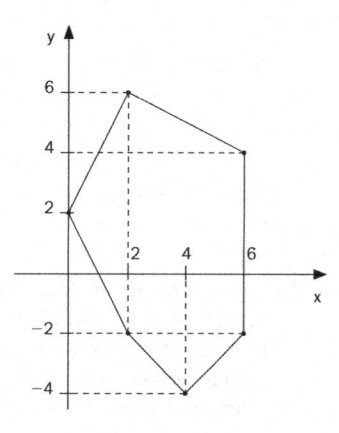

qual é a figura transformada do polígono representado pela matriz $F_{2 \times 6}$ dada anteriormente?

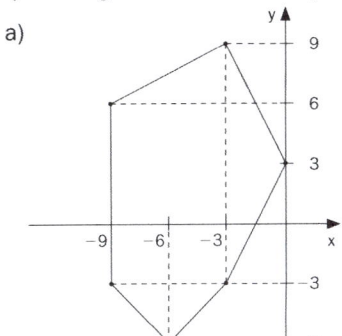

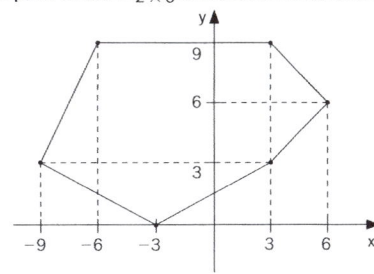

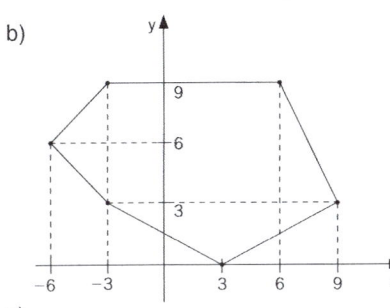

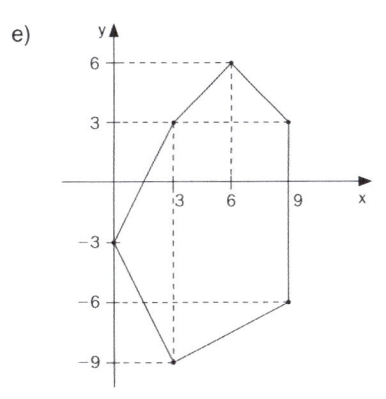

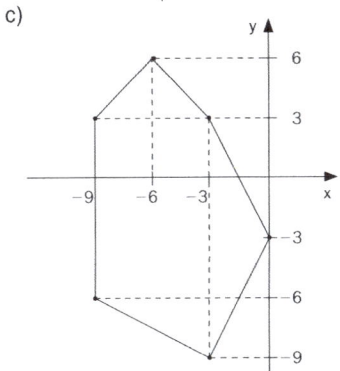

a)
b)
c)
d)
e)

139. (UE–RJ) Observe parte da tabela do quadro de medalhas dos Jogos Pan-americanos do Rio de Janeiro em 2007:

país	medalhas			total
	tipos			
	1. ouro	2. prata	3. bronze	
1. Estados Unidos	97	88	52	237
2. Cuba	59	35	41	135
3. Brasil	54	40	67	161

Com base na tabela, é possível formar a matriz quadrada A cujos elementos a_{ij} representam o número de medalhas do tipo j que o país i ganhou, sendo i e j pertencentes ao conjunto $\{1, 2, 3\}$.

Para fazer uma outra classificação desses países, são atribuídos às medalhas os seguintes valores:
– ouro: 3 pontos;
– prata: 2 pontos;
– bronze: 1 ponto.

Esses valores compõem a matriz $V = \begin{pmatrix} 3 \\ 2 \\ 1 \end{pmatrix}$.

Determine, a partir do cálculo do produto AV, o número de pontos totais obtidos pelos três países separadamente.

140. (ITA–SP) Seja A uma matriz real 2×2. Suponha que α e β sejam dois números distintos e V e W duas matrizes reais 2×1 não nulas, tais que $AV = \alpha V$ e $AW = \beta W$. Se a, b $\in \mathbb{R}$ são tais que $aV + bW$ é igual à matriz nula 2×1, então $a + b$ vale:

a) 0   b) 1   c) -1 d) $\dfrac{1}{2}$ e) $-\dfrac{1}{2}$

141. (FGV–SP) Sendo $A = \begin{bmatrix} 1 & 1 \\ 0 & 1 \end{bmatrix}$ e $B = \begin{bmatrix} 170 \\ 10 \end{bmatrix}$, a matriz $X = \begin{bmatrix} x \\ y \end{bmatrix}$ na equação $A^{16} \cdot X = B$ será:

a) $\begin{bmatrix} 5 \\ 5 \end{bmatrix}$ b) $\begin{bmatrix} 0 \\ 10 \end{bmatrix}$ c) $\begin{bmatrix} 10 \\ 5 \end{bmatrix}$ d) $\begin{bmatrix} 10 \\ 10 \end{bmatrix}$ e) $\begin{bmatrix} 5 \\ 10 \end{bmatrix}$

142. (Unifesp–SP) Uma indústria farmacêutica produz diariamente p unidades do medicamento X e q unidades do medicamento Y, ao custo unitário de r e s reais, respectivamente.

Considere as matrizes M, 1×2, e N, 2×1, $M = [\, 2p \quad q \,]$ e $N = \begin{bmatrix} r \\ 2s \end{bmatrix}$. A matriz produto $M \times N$ representa o custo da produção de:

a) 1 dia.   b) 2 dias.   c) 3 dias.   d) 4 dias.   e) 5 dias.

143. (Fatec–SP) Sendo A uma matriz quadrada, define-se $A^n = A \cdot A \ldots A$. No caso de A ser a matriz $\begin{bmatrix} 0 & 1 \\ 1 & 0 \end{bmatrix}$, é correto afirmar que a soma $A + A^2 + A^3 + A^4 + \ldots + A^{39} + A^{40}$ é igual à matriz:

a) $\begin{bmatrix} 20 & 20 \\ 20 & 20 \end{bmatrix}$ c) $\begin{bmatrix} 40 & 40 \\ 40 & 40 \end{bmatrix}$ e) $\begin{bmatrix} 0 & 20 \\ 20 & 0 \end{bmatrix}$

b) $\begin{bmatrix} 20 & 0 \\ 0 & 20 \end{bmatrix}$ d) $\begin{bmatrix} 0 & 40 \\ 40 & 0 \end{bmatrix}$

144. (PUC–RS) Sendo $A = \begin{bmatrix} 1 & 2 & 3 \\ -3 & -2 & -1 \\ -1 & 3 & -2 \end{bmatrix}$, $B = \begin{bmatrix} 0 & 0 & 1 \\ 2 & 0 & -1 \\ 6 & 5 & 2 \end{bmatrix}$ e $C = A \cdot B$, o elemento C_{33} da matriz C é:

a) 9 b) 0 c) −4 d) −8 e) −12

145. (ITA–SP) Considere as matrizes $A = \begin{bmatrix} 1 & 0 & -1 \\ 0 & -1 & 2 \end{bmatrix}$, $I = \begin{bmatrix} 1 & 0 \\ 0 & 1 \end{bmatrix}$, $X = \begin{bmatrix} x \\ y \end{bmatrix}$, $B = \begin{bmatrix} 1 \\ 2 \end{bmatrix}$. Se x e y são soluções do sistema $(AA^t - 3I)X = B$, então $x + y$ é igual a:

a) 2 b) 1 c) 0 d) −1 e) −2

146. (ITA–SP) Sendo x um número real positivo, considere as matrizes

$$A = \begin{pmatrix} \log_{\frac{1}{3}} x & \log_{\frac{1}{3}} x^2 & 1 \\ 0 & -\log_3 x & 1 \end{pmatrix} \text{ e } B = \begin{pmatrix} 0 & \log_{\frac{1}{3}} x^2 \\ 1 & 0 \\ -3\log_{\frac{1}{3}} x & -4 \end{pmatrix}.$$

A soma de todos os valores de x para os quais $(AB) = (AB)^t$ é igual a:

a) $\dfrac{25}{3}$ b) $\dfrac{28}{3}$ c) $\dfrac{32}{3}$ d) $\dfrac{27}{2}$ e) $\dfrac{25}{2}$

147. (PUC–RS) Numa aula de Álgebra Matricial dos cursos de Engenharia, o professor pediu que os alunos resolvessem a seguinte questão:

Se $A = \begin{bmatrix} 1 & 2 \\ 3 & 4 \end{bmatrix}$, então A^2 é igual a:

a) $\begin{bmatrix} 1 & 3 \\ 2 & 4 \end{bmatrix}$ b) $\begin{bmatrix} 1 & 4 \\ 9 & 16 \end{bmatrix}$ c) $\begin{bmatrix} 7 & 10 \\ 15 & 22 \end{bmatrix}$ d) $\begin{bmatrix} 5 & 11 \\ 11 & 25 \end{bmatrix}$ e) $\begin{bmatrix} 5 & 5 \\ 25 & 25 \end{bmatrix}$

148. (Unesp–SP) Uma fábrica produz dois tipos de peças, P1 e P2. Essas peças são vendidas a duas empresas, E1 e E2. O lucro obtido pela fábrica com a venda de cada peça P1 é R$ 3,00 e de cada peça P2 é R$ 2,00. A matriz abaixo fornece a quantidade de peças P1 e P2 vendidas a cada uma das empresas E1 e E2 no mês de novembro.

$$\begin{array}{c} \\ \text{E1} \\ \text{E2} \end{array} \begin{array}{cc} \text{P1} & \text{P2} \\ \begin{bmatrix} 20 & 8 \\ 15 & 12 \end{bmatrix} \end{array}$$

QUESTÕES DE VESTIBULARES

A matriz $\begin{bmatrix} x \\ y \end{bmatrix}$, onde x e y representam os lucros, em reais, obtidos pela fábrica, no referido mês, com a venda das peças às empresas E1 e E2, respectivamente, é:

a) $\begin{bmatrix} 35 \\ 20 \end{bmatrix}$
b) $\begin{bmatrix} 90 \\ 48 \end{bmatrix}$
c) $\begin{bmatrix} 76 \\ 69 \end{bmatrix}$
d) $\begin{bmatrix} 84 \\ 61 \end{bmatrix}$
e) $\begin{bmatrix} 28 \\ 27 \end{bmatrix}$

149. (UF–BA) Um quadrado mágico é uma matriz quadrada de ordem maior ou igual a 3, cujas somas dos termos de cada linha, de cada coluna, da diagonal principal e da diagonal secundária têm o mesmo valor, que é chamado de constante mágica.

Estabeleça um sistema de equações que permita determinar os valores de x, y e z que tornam a matriz

$$A = \begin{pmatrix} -2x+3 & z+9 & x+2y+1 \\ x+y+2 & -y+8 & -x+8 \\ -4z+5 & y-z+1 & -x+z+4 \end{pmatrix}$$ um quadrado mágico e calcule esses valores.

150. (UFF–RJ) Se $C_1, C_2, ..., C_k$ representam k cidades que compõem uma malha aérea, a matriz de adjacência associada à malha é a matriz A definida da seguinte maneira: o elemento na linha i e na coluna j de A é igual ao número 1 se existe exatamente um voo direto da cidade C_i para a cidade C_j, caso contrário, esse elemento é igual ao número 0. Uma propriedade importante do produto com $A^n = \underbrace{AA ... A}_{n \text{ fatores}}$, $n \in \mathbb{N}$, é a seguinte: o elemento na linha i e na coluna j da matriz A^n dá o número de voos com exatamente $n - 1$ escalas da cidade C_i para a cidade C_j.

Considere a malha aérea composta por quatro cidades, C_1, C_2, C_3 e C_4, cuja matriz de adjacência é:

$$A = \begin{bmatrix} 0 & 1 & 1 & 1 \\ 1 & 0 & 1 & 1 \\ 1 & 1 & 0 & 0 \\ 1 & 1 & 0 & 0 \end{bmatrix}$$

Os números de voos com uma única escala de C_3 para C_1, de C_3 para C_2 e de C_3 para C_4 são, respectivamente, iguais a:

a) 0, 0 e 1   b) 1, 1 e 0   c) 1, 1 e 2   d) 1, 2 e 2   e) 2, 1 e 1

151. (UF–CE) O valor $2A^2 + 4B^2$ quando $A = \begin{bmatrix} 2 & 0 \\ 0 & -2 \end{bmatrix}$ e $B = \begin{bmatrix} 0 & -1 \\ 1 & 0 \end{bmatrix}$ é igual a:

a) $\begin{bmatrix} 4 & 4 \\ 4 & 4 \end{bmatrix}$
b) $\begin{bmatrix} 4 & 0 \\ 0 & 4 \end{bmatrix}$
c) $\begin{bmatrix} 0 & 0 \\ 0 & 0 \end{bmatrix}$
d) $\begin{bmatrix} 0 & 4 \\ 4 & 0 \end{bmatrix}$
e) $\begin{bmatrix} 6 & 0 \\ 0 & 6 \end{bmatrix}$

152. (ITA–SP) Sejam A e B matrizes quadradas de ordem n tais que AB = A e BA = B. Então $[(A + B)^t]^2$ é igual a:

a) $(A + B)^2$ b) $2(A^t \cdot B^t)$ c) $2(A^t + B^t)$ d) $A^t + B^t$ e) $A^t B^t$

QUESTÕES DE VESTIBULARES

153. (FGV–SP) Sejam as matrizes $X = [x \quad y]$, $A = \begin{bmatrix} 4 & 0 \\ 0 & 25 \end{bmatrix}$, $B = [100]$ e X^t, a matriz transposta de X. A representação gráfica do conjunto de pontos de coordenadas (x, y) que satisfazem a equação matricial $X \cdot A \cdot X^t = B$ é:

a) uma hipérbole com excentricidade igual a $\dfrac{5}{4}$.

b) uma hipérbole com excentricidade igual a $\dfrac{7}{5}$.

c) uma elipse com distância focal igual a $2\sqrt{10}$.

d) uma elipse com distância focal igual a $2\sqrt{21}$.

e) uma parábola com eixo de simetria vertical.

154. (Fatec–SP) Sejam a matriz $A = \begin{pmatrix} 3 & -1 \\ x & y \end{pmatrix}$, em que x e y são números reais, e I_2 a matriz identidade de ordem 2. Se $A^2 = I_2$, então o valor do módulo de xy é:

a) 0   b) 8   c) 10   d) 16   e) 24

155. (ITA–SP) Determine todas as matrizes $M \in M_{2 \times 2}(\mathbb{R})$ tais que $MN + NM$, $\forall N \in M_{2 \times 2}(\mathbb{R})$.

156. (UFF–RJ) Na década de 1940, o estatístico P.H. Leslie propôs um modelo usando matrizes para o estudo da evolução de uma população ao longo do tempo. Se, por exemplo, x(t) e y(t) representam a distribuição de indivíduos no ano *t* em duas faixas etárias, no modelo de Leslie, a distribuição de indivíduo x(t + 1) e y(t +1) no ano t + 1, nessas mesmas duas faixas etárias, é dada por:

$$\begin{bmatrix} x(t+1) \\ y(t+1) \end{bmatrix} = \begin{bmatrix} a & b \\ p & 0 \end{bmatrix} \begin{bmatrix} x(t) \\ y(t) \end{bmatrix}$$

As constantes *a* e *b* representam as fertilidades em cada faixa etária e a constante *p* representa a taxa de sobrevivência da primeira faixa etária.

Se a = 0; b = 10; p = 0,1; e sabendo que x(0) = 2 000 e y(0) = 200; então, a distribuição de indivíduos no ano t = 10 é dada por:

a) x(10) = 20 000 e y(10) = 2 000
b) x(10) = 2 000 e y(10) = 200
c) x(10) = $2\,000^{10}$ e y(10) = 200^{10}
d) x(10) = $2\,000 \cdot 10^{10}$ e y(10) = $200 \cdot 10^{-10}$
e) x(10) = $2\,000 \cdot 10^{-10}$ e y(10) = $200 \cdot 10^{10}$

157. (UF–GO) Uma técnica para criptografar mensagens utiliza a multiplicação de matrizes. Um codificador transforma sua mensagem numa matriz M, com duas linhas, substituindo cada letra pelo número correspondente à sua ordem no alfabeto, conforme modelo apresentado a seguir.

Letra	A	B	C	D	E	F	G	H	I	J	K	L	M	N
Número	1	2	3	4	5	6	7	8	9	10	11	12	13	14
Letra	O	P	Q	R	S	T	U	V	W	X	Y	Z	–	
Número	15	16	17	18	19	20	21	22	23	24	25	26	27	

Por exemplo, a palavra SENHAS ficaria assim:

$$M = \begin{bmatrix} S & E & N \\ H & A & S \end{bmatrix} = \begin{bmatrix} 19 & 5 & 14 \\ 8 & 1 & 19 \end{bmatrix}$$

Para codificar, uma matriz 2 × 2, A, é multiplicada pela matriz M, resultando na matriz E = A × M, que é a mensagem codificada a ser enviada.

Ao receber a mensagem, o decodificador precisa reobter M para descobrir a mensagem original. Para isso, utiliza uma matriz 2 × 2, B tal que B × A = I, onde I é a matriz identidade (2 × 2). Assim, multiplicando B por E, obtém-se B × E = B × A × M = M.

Uma palavra codificada, segundo esse processo, por uma matriz $A = \begin{bmatrix} 2 & 1 \\ 1 & 1 \end{bmatrix}$ resultou na matriz $E = \begin{bmatrix} 47 & 30 & 29 \\ 28 & 21 & 22 \end{bmatrix}$.

Calcule a matriz B, decodifique a mensagem e identifique a palavra original.

158. (ITA–SP) Sejam as matrizes reais de ordem 2 $A = \begin{bmatrix} 2+a & a \\ 1 & 1 \end{bmatrix}$ e $B = \begin{bmatrix} 1 & 1 \\ a & 2+a \end{bmatrix}$.

Então a soma dos elementos da diagonal principal de $(AB)^{-1}$ é igual a:

a) A + 1.

b) 4(a + 1).

c) $\frac{1}{4}(5 + 2a + a^2)$

d) $\frac{1}{4}(1 + 2a + a^2)$

e) $\frac{1}{2}(5 + 2a + a^2)$

159. (U.F. Viçosa–MG) Considerando-se a matriz $A_{3 \times 3}$ cujo termo geral é dado por $a_{xy} = (-1)^{x+y}$, é correto afirmar que:

a) $A = -A^t$
b) A é inversível.
c) $a_{11} + a_{22} + a_{33} = 0$
d) $a_{xy} = \cos((x+y)\pi)$
e) $a_{11} + a_{21} - a_{31} = 0$

160. (ITA–SP) Uma matriz real quadrada A é ortogonal se A é inversível e $A^{-1} = A^t$. Determine todas as matrizes 2×2 que são simétricas e ortogonais, expressando-as, quando for o caso, em termos de seus elementos que estão fora da diagonal principal.

161. (UF–PR) Se A é uma matriz quadrada de ordem 2 e I é a matriz identidade de mesma ordem, pode-se mostrar que, para cada n natural, existem números reais α e β tais que $A^n = \alpha A + \beta I$.

Dada a matriz:

$$A = \begin{bmatrix} 2 & 3 \\ 0 & 1 \end{bmatrix}$$

a) Encontre α e β tais que $A^2 = \alpha A + \beta I$.

b) Multiplicando a expressão do item anterior pela matriz inversa A^{-1} obtém-se a expressão $A = \alpha I + \beta A^{-1}$. Use essa informação para calcular a matriz A^{-1}.

162. (UF–AM) Para criptografar uma palavra de quatro letras, um aluno de matemática a representou como uma matriz 4×1 substituindo cada letra da palavra por números conforme o quadro a seguir.

A → 1	B → 2	C → 3	Ç → 4	D → 5	E → 6
F → 7	G → 8	H → 9	I → 10	J → 11	K → 12
L → 13	M → 14	N → 15	O → 16	P → 17	Q → 18
R → 19	S → 20	T → 21	U → 22	V → 23	W → 24
X → 25	Y → 26	Z → 27	Ã → 28	Õ → 29	É → 30

Em seguida multiplicou essa matriz pela matriz.

$$A = \begin{pmatrix} \frac{1}{21} & 0 & 0 & 0 \\ 0 & \frac{1}{11} & 0 & 0 \\ 0 & 0 & \frac{3}{5} & 0 \\ 0 & 0 & 0 & \frac{1}{4} \end{pmatrix}$$ obtendo como resultado a matriz

$$B = \begin{pmatrix} 1 \\ 2 \\ 3 \\ 4 \end{pmatrix}$$. Para descriptografar a palavra deve-se fazer o produto da matriz B pela matriz inversa de A. Então a palavra originalmente era:

a) UFAM   b) MAÇÃ   c) HEXA   d) TUDO   e) AMOR

163. (Unicamp–SP) Uma matriz real quadrada P é dita ortogonal se $P^T = P^{-1}$, ou seja, se sua transposta é igual a sua inversa.

a) Considere a matriz P abaixo. Determine os valores de a e b para que P seja ortogonal. Dica: você pode usar o fato de que $P^{-1}P = I$ em que I é a matriz identidade.

$$P = \begin{bmatrix} -\dfrac{1}{3} & -\dfrac{2}{3} & -\dfrac{2}{3} \\ -\dfrac{2}{3} & a & -\dfrac{1}{3} \\ -\dfrac{2}{3} & b & \dfrac{2}{3} \end{bmatrix}$$

b) Uma certa matriz A pode ser escrita na forma $A = QR$, sendo Q e R as matrizes abaixo. Sabendo que Q é ortogonal, determine a solução do sistema $Ax = b$, para o vetor b dado, **sem obter explicitamente a matriz A**. Dica: lembre-se de que $X = A^{-1}b$.

$$Q = \begin{bmatrix} \dfrac{1}{2} & -\dfrac{1}{2} & -\dfrac{\sqrt{2}}{2} \\ \dfrac{1}{2} & -\dfrac{1}{2} & \dfrac{\sqrt{2}}{2} \\ \dfrac{\sqrt{2}}{2} & \dfrac{\sqrt{2}}{2} & 0 \end{bmatrix}, \quad R = \begin{bmatrix} 2 & 0 & 0 \\ 0 & -2 & 0 \\ 0 & 0 & \sqrt{2} \end{bmatrix}, \quad b = \begin{bmatrix} 6 \\ -2 \\ 0 \end{bmatrix}.$$

164. (ITA–SP) Seja n um número natural. Sabendo que o determinante da matriz

$$A = \begin{bmatrix} n & \log_2 2 & -\log_2 \dfrac{1}{2} \\ n+5 & \log_3 3^n & \log_3 243 \\ -5 & \log_5 \dfrac{1}{125} & -\log_5 25 \end{bmatrix}$$

é igual a 9, determine n e também a soma dos elementos da primeira coluna da matriz inversa A^{-1}.

Determinantes

165. (U.F. São Carlos–SP) Dadas as matrizes

$$A = \begin{bmatrix} x & -3 \\ -2 & -1 \end{bmatrix} \text{ e } B = \begin{bmatrix} 1 & x \\ -3 & 2 \end{bmatrix},$$

o valor de x para que o determinante de $A + B$ seja igual a 40 é:
a) 9   b) 8   c) 7   d) 6   e) 5

166. (Fatec–SP) Considere a matriz A, quadrada de ordem 2, cujo termo geral é dado por $a_{ij} = \log_2 (i \cdot j)$, então o determinante da matriz A é igual a:
a) -2 b) -1 c) 0   d) 1   e) 2

167. (UF–PR) Na função $f(a + bi) = \det \begin{bmatrix} a + bi & 1 + i \\ -i & 1 - 2i \end{bmatrix}$, a e b são números reais e i é a unidade imaginária. Considerando que para calcular o determinante acima usa-se a mesma regra de determinantes de matrizes com números reais:

a) Calcule $f(1 + i)$ e $f(0)$.

b) Encontre números reais a e b tais que $f(a + bi) = 0$.

168. (UF–BA) Considere as matrizes $A = \begin{pmatrix} x & y \\ z & w \end{pmatrix}$ de elementos reais não negativos,

$B = \begin{pmatrix} 1 & 1 \\ 0 & 0 \end{pmatrix}$ e $C = \begin{pmatrix} 16 & 7 \\ 0 & 9 \end{pmatrix}$.

Sabendo que A comuta com B e que $A^2 = C$, calcule o determinante da matriz $X = 12A^{-1} + A^t$.

169. (Mackenzie–SP) Se D é o determinante da matriz $\begin{pmatrix} 3^x + 3^{-x} & 3^x - 3^{-x} \\ 3^x - 3^{-x} & 3^x + 3^{-x} \end{pmatrix}$, o valor de $\log_{\frac{1}{2}} D$ é:

a) -2 b) -1 c) 1 d) 2 e) 3

170. (Unesp–SP) Seja A uma matriz. Se $A^3 = \begin{bmatrix} 1 & 0 & 0 \\ 0 & 6 & 14 \\ 0 & 14 & 34 \end{bmatrix}$, o determinante de A é:

a) 8 b) $2\sqrt{2}$ c) 2 d) $\sqrt[3]{2}$ e) 1

171. (FEI–SP) Sabendo que o determinante da matriz $A = \begin{pmatrix} 1 & 1 & 0 \\ \log_2 m & 2 & 1 \\ 3 & 0 & 1 \end{pmatrix}$ é igual a zero, então:

a) $m = 1$ d) $m = 25$
b) $m = 2$ e) $m = 32$
c) $m = 5$

172. (Mackenzie–SP) Dadas as matrizes $A = (a_{ij})_{3 \times 3}$ tal que $\begin{cases} a_{ij} = 10, \text{ se } i = j \\ a_{ij} = 0, \text{ se } i \neq j \end{cases}$ e $B = (b_{ij})_{3 \times 3}$ tal que $\begin{cases} b_{ij} = 3, \text{ se } i = j \\ b_{ij} = 0, \text{ se } i \neq j \end{cases}$, o valor de $\det(AB)$ é:

a) 27×10^3 d) $3^2 \times 10^2$
b) 9×10^3 e) 27×10^4
c) 27×10^2

QUESTÕES DE VESTIBULARES

173. (ITA–SP) Considere a matriz

$$A = \begin{bmatrix} a_1 & a_2 & a_3 \\ 0 & a_4 & a_5 \\ 0 & 0 & a_6 \end{bmatrix} \in M_{3 \times 3}(\mathbb{R})$$

em que $a_4 = 10$, $\det(A) = -1000$ e a_1, a_2, a_3, a_4, a_5 e a_6 formam, nesta ordem, uma progressão aritmética de razão $d > 0$. Pode-se afirmar que $\dfrac{a_1}{d}$ é igual a:

a) -4 b) -3 c) -2 d) -1 e) 1

174. (FEI–SP) A soma das raízes da equação $\det \begin{pmatrix} 1 & 1 & 2 \\ 4 & 5 & x^2 \\ -3 & 0 & x \end{pmatrix} = 0$ é:

a) $\dfrac{1}{3}$ b) -3 c) 1 d) $\dfrac{10}{3}$ e) $\dfrac{7}{3}$

175. (FEI–SP) São dadas as matrizes $A = \begin{pmatrix} 1 & 2 & 3 \\ 0 & 1 & 5 \end{pmatrix}$, $B = \begin{pmatrix} -3 & 2 \\ 1 & 1 \\ 0 & 1 \end{pmatrix}$ e $C = \begin{pmatrix} 1 & 0 \\ 0 & \dfrac{x}{2} \end{pmatrix}$. O valor de x para que o determinante da matriz $(A \cdot B + 2C)$ seja igual a 10 é um número:

a) Par.
b) Primo.
c) Múltiplo de 3.
d) Divisível por 7.
e) Múltiplo de 5.

176. (U.F. Lavras–MG) O determinante da matriz $A = \begin{pmatrix} \operatorname{sen} x & \cos^2 x & \cos x \\ \cos x & 0 & -\operatorname{sen} x \\ \operatorname{sen} x & -\operatorname{sen}^2 x & \cos x \end{pmatrix}$ é:

a) -1 b) 1 c) 0 d) $\operatorname{sen} 2x$

177. (UF–PR) Considere a função f definida pela expressão $f(x) = \det \begin{bmatrix} \cos(2x) & \operatorname{sen} x & 0 \\ \cos x & \dfrac{1}{2} & 0 \\ 1 & 0 & 2 \end{bmatrix}$

a) Calcule $f(0)$ e $f\left(\dfrac{\pi}{4}\right)$.

b) Para quais valores de x se tem $f(x) = 0$?

178. (FGV–SP) O sistema linear nas incógnitas x, y e z:

$$\begin{cases} x - y = 10 + z \\ y - z = 5 - x \\ z + x = 7 + y \end{cases}$$

pode ser escrito na forma matricial AX = B, em que:

$$X = \begin{bmatrix} x \\ y \\ z \end{bmatrix} \text{ e } B = \begin{bmatrix} 10 \\ 5 \\ 7 \end{bmatrix}.$$

Nessas condições, o determinante da matriz A é igual a:
a) 5   b) 4   c) 3   d) 2   e) 1

179. (UE–CE) Considere a matriz $M = \begin{pmatrix} 1 & 2 & 3 \\ 2 & 3 & 2 \\ 3 & 2 & x \end{pmatrix}$. A soma das raízes da equação $\det(M^2) = 25$ é igual a:

a) 14   b) −14   c) 17   d) −17

180. (FGV–SP) Seja a matriz identidade de ordem três $I = \begin{bmatrix} 1 & 0 & 0 \\ 0 & 1 & 0 \\ 0 & 0 & 1 \end{bmatrix}$ e a matriz $\begin{bmatrix} 0 & 0 & 1 \\ 0 & 1 & 0 \\ 1 & 0 & 0 \end{bmatrix}$.

Considere a equação polinomial na variável real x dada por $\det(A - xI) = 0$, em que o símbolo $\det(A - xI)$ indica o determinante da matriz $A - xI$. O produto das raízes da equação polinomial é:

a) 3   b) 2   c) 1   d) 0   e) −1

181. (UF–PI) Considere a equação abaixo:

$$\begin{vmatrix} 2^x & \cos(x^2 + 1) & -\text{sen}(x^2 + 1) \\ 1 & \text{sen}(x^2 + 1) & \cos(x^2 + 1) \\ 2^x & 0 & 0 \end{vmatrix} = 1$$

Assinale a alternativa correta:
a) A equação não possui solução real.
b) A equação possui uma única solução real.
c) A equação possui apenas duas soluções reais e distintas.
d) A equação possui infinitas soluções reais.
e) O número real $x = \sqrt{\pi - 1}$ é solução da equação dada.

182. (Unicamp–SP) Seja dada a matriz

$$A = \begin{bmatrix} x & 2 & 0 \\ 2 & x & 6 \\ 0 & 6 & 16x \end{bmatrix}, \text{ em que x é um número real.}$$

a) Determine para quais valores de x o determinante de A é positivo.

b) Tomando $C = \begin{bmatrix} 3 \\ 4 \\ -1 \end{bmatrix}$, e supondo que, na matriz A, $x = -2$, calcule $B = AC$.

183. (U.E. Londrina–PR) Se o determinante da matriz

$$A = \begin{bmatrix} x & 2 & 1 \\ 1 & -1 & 1 \\ 2x & -1 & 3 \end{bmatrix}$$

é nulo, então:

a) $x = -3$
b) $x = -\dfrac{7}{4}$
c) $x = -1$
d) $x = 0$
e) $x = \dfrac{7}{4}$

184. (FEI–SP) Seja a matriz $A = \begin{pmatrix} 1 & 0 & 3 \\ 1 & \operatorname{sen} x & 0 \\ 0 & 4 & \cos x \end{pmatrix}$, com $x \in \mathbb{R}$. Sendo det(A) o determinante da matriz A, podemos afirmar que os valores mínimo e máximo assumidos por det(A) são, respectivamente:

a) $\dfrac{23}{2}$ e $\dfrac{25}{2}$
b) 11 e 13
c) $\dfrac{11}{2}$ e $\dfrac{13}{2}$
d) 23 e 25
e) -1 e 1

185. (Mackenzie–SP) O valor de x, na equação $\begin{vmatrix} \log x & 1 & 1 \\ 1 & 1 & 0 \\ \log 2 & 1 & 1 \end{vmatrix} = 1$, é:

a) 5
b) 10
c) 20
d) 1
e) $\sqrt{5}$

186. (UF–BA) Considere a matriz simétrica $A = (a_{ij})$, $1 \leqslant i \leqslant 3$, $1 \leqslant j \leqslant 3$, que satisfaz as seguintes condições:

I) Se $j = i + 1$ ou $i = j + 1$, então a_{ij} é a distância do ponto P ao ponto Q, sendo P e Q interseções da parábola $y = x^2 - 2x + 1$ com a reta $y = -x + 1$.

II) Se $j = i + 2$ ou $i = j + 2$, então a_{ij} é a área do triângulo PQR, sendo o ponto R o simétrico de Q em relação à origem do sistema de coordenadas xOy.

III) Se $i = j$, então a_{ij} é o valor máximo da função quadrática $f(x) = -2x^2 + 4x$.

Assim sendo, escreva a matriz A e calcule o seu determinante.

QUESTÕES DE VESTIBULARES

187. (UE–CE) Seja $X = M + M^2 + M^3 + \ldots + M^k$, em que M é a matriz $\begin{bmatrix} 1 & 1 \\ 0 & 1 \end{bmatrix}$ e k é um número natural. Se o determinante da matriz X é igual a 324, então o valor de $k^2 + 3k - 1$ é:

a) 207 b) 237 c) 269 d) 377

188. (ITA–SP) Sejam $A, B \in M_{3 \times 3} (\mathbb{R})$. Mostre as propriedades abaixo:

a) Se AX é a matriz coluna nula, para todo $X \in M_{3 \times 1} (\mathbb{R})$, então A é a matriz nula.

b) Se A e B são não nulas e tais que AB é a matriz nula, então det A = det B = 0.

189. (UF–AM) Sendo $A = \begin{pmatrix} 1 & 0 & 0 & 0 & 0 \\ -5 & 0 & 1 & 3 & 2 \\ 6 & 3 & 0 & 2 & 1 \\ 9 & 1 & 0 & 2 & 0 \\ -1 & -1 & 0 & 1 & 0 \end{pmatrix}$ uma matriz real, então o det A é:

a) −3 b) 3 c) 10 d) −10 e) 24

190. (FGV–SP) As matrizes $A = (a_{ij})_{4 \times 4}$ e $B = (b_{ij})_{4 \times 4}$ são tais que $2a_{ij} = 3b_{ij}$. Se o determinante da matriz A é igual a $\frac{3}{4}$, então o determinante da matriz B é igual a:

a) 0 b) $\frac{4}{27}$ c) $\frac{9}{8}$ d) 2 e) $\frac{243}{64}$

191. (ITA–SP) Determine os valores de α e γ que anulem o determinante abaixo.

$$\begin{vmatrix} 1 & 0 & 1 & 1 & 0 \\ \alpha^2 & 0 & \frac{1}{4} & \frac{1}{9} & 0 \\ 0 & \frac{1}{5} & 0 & 0 & \gamma^2 \\ \alpha & 0 & \frac{1}{2} & -\frac{1}{3} & 0 \\ 0 & \frac{1}{25} & 0 & 0 & \gamma \end{vmatrix}$$

192. (ITA–SP) Considere a matriz quadrada A em que os termos da diagonal principal são $1, 1 + x_1, 1 + x_2, \ldots, 1 + x_n$ e todos os outros termos são iguais a 1. Sabe-se que $(x_1, x_2, \ldots, x_n)$ é uma progressão geométrica cujo primeiro termo é $\frac{1}{2}$ e a razão é 4. Determine a ordem da matriz A para que o seu determinante seja igual a 256.

QUESTÕES DE VESTIBULARES

193. (Mackenzie–SP) Se $A^3 = \begin{pmatrix} 2 & -1 \\ -4 & 6 \end{pmatrix}$, o triplo do determinante da matriz A é igual a:

a) 3 b) 6 c) 9 d) 12 e) 15

194. (ITA–SP) Considerando que x_1, x_2, x_3, x_4 e x_5 são termos consecutivos de uma progressão aritmética (P.A.) de razão r e que $\det(A) - 4\det(B) = 1$, sendo A e B matrizes dadas por

$A = \begin{pmatrix} 1 & x_1 & x_1^2 \\ 1 & x_3 & x_3^2 \\ 1 & x_5 & x_5^2 \end{pmatrix}$ e $B = \begin{pmatrix} 1 & x_1 & x_1^2 \\ 1 & x_2 & x_2^2 \\ 1 & x_3 & x_3^2 \end{pmatrix}$, calcule a razão da referida P.A.

195. (UF–MT) Seja A uma matriz quadrada, de ordem n, que satisfaz a equação matricial $A^3 = 3A$. Sabendo-se que o determinante de A é um número inteiro positivo, o valor de n, necessariamente, é:

a) Múltiplo de 3.
b) Ímpar.
c) Primo.
d) Par.
e) Múltiplo de 5.

196. (Mackenzie–SP) A soma das soluções inteiras da inequação $\begin{vmatrix} 1 & 1 & 1 \\ 1 & x & 3 \\ 1 & x^2 & 9 \end{vmatrix} \geq 0$ é:

a) 0 b) 2 c) 5 d) 6 e) 7

197. (UF–PR) Sendo I a matriz identidade de ordem 2, $A = \begin{bmatrix} 1 & -1 \\ 1 & 1 \end{bmatrix}$ e $B = \begin{bmatrix} \frac{\sqrt{3}}{2} & \frac{1}{2} \\ \frac{1}{2} & -\frac{\sqrt{3}}{2} \end{bmatrix}$, considere as afirmativas a seguir:

1. $A + A^t = 2 \cdot I$
2. $\det(A \cdot B) = -\sqrt{3}$
3. $B^{2007} = B$

Assinale a alternativa correta.
a) Somente as afirmativas 2 e 3 são verdadeiras.
b) Somente as afirmativas 1 e 2 são verdadeiras.
c) Somente as afirmativas 1 e 3 são verdadeiras.
d) Somente a afirmativa 1 é verdadeira.
e) Somente a afirmativa 2 é verdadeira.

198. (UF–BA) Dadas as matrizes $A = \begin{pmatrix} \operatorname{sen} 3x & \cos 3x & 0 \\ -\cos 3x & \operatorname{sen} 3x & 0 \\ 0 & 0 & \frac{x}{3-x} \end{pmatrix}$ e $B = \begin{pmatrix} 0 & \sqrt{2} & 0 \\ 3^x & 0 & 4 \\ 9 & 0 & 2^x \end{pmatrix}$, encontre o conjunto solução da inequação $\det(AB) \leq 0$, sendo $\det(AB)$ o determinante da matriz produto AB.

199. (ITA–SP) Se $\det \begin{bmatrix} a & b & c \\ p & q & r \\ x & y & z \end{bmatrix} = -1$, então o valor do $\det \begin{bmatrix} -2a & -2b & -2c \\ 2p+x & 2q+y & 2r+z \\ 3x & 3y & 3z \end{bmatrix}$ é igual a:

a) 0   b) 4   c) 8   d) 12   e) 16

200. (UF–PI) Uma matriz quadrada $M_{n \times n}$ é dita simétrica se $M^t = M$; e dita antissimétrica se $M^t = -M$. Considere as seguintes afirmações:

I) A única matriz que é simétrica e antissimétrica é a matriz nula;

II) A soma finita de matrizes simétricas é uma matriz simétrica;

III) O determinante de uma matriz antissimétrica, de ordem ímpar, é nulo.

Após análise das afirmações acima, pode-se afirmar que:

a) Somente o item I é falso.
b) Os itens I e II são falsos.
c) Somente o item II é verdadeiro.
d) Os itens II e III são verdadeiros.
e) Todos os itens são verdadeiros.

201. (Unesp–SP) Dadas a matriz $A = \begin{pmatrix} x & 2 \\ 3 & 4 \end{pmatrix}$, com $x \in \mathbb{R}$, e a matriz U, definida pela equação $U = A^2 - 3A + 2I$, em que $A^2 = A \cdot A$ e I é a matriz identidade, então, o conjunto aceitável de valores de x de modo que U seja inversível é:

a) $\{x \in \mathbb{R} \mid x \neq 3 \text{ e } x \neq 5\}$
b) $\{x \in \mathbb{R} \mid x \neq 1 \text{ e } x \neq 2\}$
c) $\{x \in \mathbb{R} \mid x = 3 \text{ e } x = 5\}$
d) $\{x \in \mathbb{R} \mid x = 1 \text{ e } x = 2\}$
e) $\{x \in \mathbb{R} \mid x = 2 \text{ e } x \neq 1\}$

202. (UF–ES) Seja $A = \begin{bmatrix} b & a_{12} & a_{13} \\ 2 & a_{22} & a_{23} \\ a_{31} & a_{32} & c \end{bmatrix}$ uma matriz real 3×3 invertível.

a) Determine os elementos a_{12} e a_{13} da matriz A, sabendo que existe um número real x tal que $a_{12} = \cos(2x) + 2\text{sen}^2(x)$ e que $a_{13} = \sec(9\pi) + \text{tg}(-3\pi) \text{sen}(3x)$.

b) Calcule os elementos da segunda linha da matriz A, sabendo que 2, a_{22} e a_{23} formam, nessa ordem, uma progressão aritmética cuja soma é 3.

c) Determine os elementos b e c da matriz A de modo que $b = c = \det(A)$, sabendo que os elementos a_{31} e a_{32}, ambos positivos, são, respectivamente, a parte real e a parte imaginária de uma das raízes complexas da equação $z^3 - 4z^2 + 5z = 0$.

QUESTÕES DE VESTIBULARES

203. (UE–CE) Na matriz $M = \begin{bmatrix} 1 & 1 & 1 \\ x & 1 & 1 \\ x & x & 1 \end{bmatrix}$, o valor de x é $x = \log_2 y$, $y > 0$. Para que exista a matriz M^{-1}, inversa da matriz M, é necessário e suficiente que:

a) $y \neq 1$ b) $y \neq 2$ c) $y \neq \sqrt{2}$ d) $y \neq \sqrt{3}$

204. (FEI–SP) Para que a matriz $A = \begin{bmatrix} 1 & 2 & 3 \\ 0 & 3 & 4 \\ m & 5 & 7 \end{bmatrix}$ admita inversa, necessariamente:

a) $m = 1$ b) $m \neq 1$ c) $m = 0$ d) $m \neq 0$ e) $m = -1$

205. (UF–PE) Para cada número real α, defina a matriz

$M(\alpha) = \begin{bmatrix} \cos\alpha & -\sen\alpha & 0 \\ \sen\alpha & \cos\alpha & 0 \\ 0 & 0 & 1 \end{bmatrix}$. Analise as afirmações seguintes acerca de $M(\alpha)$:

0-0) $M(0)$ é a matriz identidade 3×3.
1-1) $M(\alpha)^2 = M(2\alpha)$.
2-2) $M(\alpha)$ tem determinante 1.
3-3) $M(\alpha)$ é invertível, e sua inversa é $M(-\alpha)$.
4-4) Se $M(\alpha)^t$ é a transposta de $M(\alpha)$, então $M(\alpha) \, M(\alpha)^t = M(0)$.

206. (FGV–SP) Sendo M uma matriz, M^{-1} sua inversa, M^T sua transposta, D o determinante de M, e P o determinante de M^T, é correto afirmar que, necessariamente:

a) $D = P$.
b) M pode não ser uma matriz quadrada.
c) M^{-1} e M^T podem não ser de mesma ordem.
d) M possui ao menos duas filas paralelas linearmente dependentes.
e) O determinante de $M \cdot M^{-1}$ é igual ao produto de P por D.

207. (ITA–SP) Considere as matrizes $A \in M_{4 \times 4}(\mathbb{R})$ e $X, B \in M_{4 \times 1}(\mathbb{R})$:

$A = \begin{bmatrix} a & 1 & b & 1 \\ b & 1 & a & 0 \\ 0 & 2 & 0 & 0 \\ -a & 2 & b & 1 \end{bmatrix}; X = \begin{bmatrix} x \\ y \\ z \\ w \end{bmatrix}$ e $B = \begin{bmatrix} b_1 \\ b_2 \\ b_3 \\ b_4 \end{bmatrix}$.

a) Encontre todos os valores reais de a e b tais que a equação matricial $AX = B$ tenha solução única.

b) Se $a^2 - b^2 = 0$, $a \neq 0$ e $B = [1\,1\,2\,4]^t$, encontre X tal que $AX = B$.

QUESTÕES DE VESTIBULARES

208. (Unicamp–SP) Considere a matriz

$$A = \begin{bmatrix} a_{11} & a_{12} & a_{13} \\ a_{21} & a_{22} & a_{23} \\ a_{31} & a_{32} & a_{33} \end{bmatrix}, \text{ cujos coeficientes são números reais.}$$

a) Suponha que exatamente seis elementos dessa matriz são iguais a zero. Supondo também que não há nenhuma informação adicional sobre A, calcule a probabilidade de que o determinante dessa matriz não seja nulo.

b) Suponha, agora, que $a_{ij} = 0$ para todo elemento em que $j > i$, e que $a_{ij} = i - j + 1$ para os elementos em que $j \leq i$. Determine a matriz A, nesse caso, e calcule sua inversa, A^{-1}.

209. (ITA–SP) Considere as afirmações a seguir:

I) Se M é uma matriz quadrada de ordem $n > 1$, não nula e não inversível, então existe matriz não nula N, de mesma ordem, tal que MN é matriz nula.

II) Se M é uma matriz quadrada inversível de ordem n tal que $\det(M^2 - M) = 0$, então existe matriz não nula X, de ordem n × 1, tal que MX = X.

III) A matriz $\begin{bmatrix} \cos\theta & -\sen\theta \\ \tg\theta & 1 - 2\sen^2\dfrac{\theta}{2} \\ \sec\theta & \end{bmatrix}$ é inversível, $\forall \theta \neq \dfrac{\pi}{2} + k\pi, k \in \mathbb{Z}$.

Dessas, é (são) verdadeira(s):

a) Apenas II.
b) Apenas I e II.
c) Apenas I e III.
d) Apenas II e III.
e) Todas.

210. (UF–SE) Considere as matrizes $A = \begin{bmatrix} -1 & 2 \\ 0 & 1 \end{bmatrix}$, $B = \begin{bmatrix} 1 & 0 \\ 2 & -1 \end{bmatrix}$ e $C = \begin{bmatrix} a & b \\ c & d \end{bmatrix}$, com a, b, c, d reais, para analisar as afirmações abaixo:

a) $A + B = \begin{bmatrix} 0 & 2 \\ 2 & 0 \end{bmatrix}$

b) Se $A - \dfrac{B}{2} = C$, então $b^a = \sqrt{2}$.

c) Se A^t é a matriz transposta de A, então $\det(A^t) = -1$.

d) Se C é a matriz inversa de B, então $a \cdot d = 1$.

e) Se $A \cdot C = B$, então $C = \begin{bmatrix} 3 & 2 \\ 2 & 1 \end{bmatrix}$.

211. (Udesc–SC) Dada a matriz A (figura 1). Seja a matriz B tal que $A^{-1}BA = D$, onde a matriz D (figura 2), então o determinante de B é igual a:

Figura 1
$$A = \begin{bmatrix} 1 & 2 \\ 1 & -1 \end{bmatrix}$$

Figura 2
$$D = \begin{bmatrix} 2 & 1 \\ -1 & 2 \end{bmatrix}$$

a) 3 b) −5 c) 2 d) 5 e) −3

212. (Fuvest–SP) Considere a matriz
$$A = \begin{bmatrix} a & 2a+1 \\ a-1 & a+1 \end{bmatrix}$$, em que a é um número real. Sabendo que A admite inversa A^{-1} cuja primeira coluna é $\begin{bmatrix} 2a-1 \\ -1 \end{bmatrix}$, a soma dos elementos da diagonal principal de A^{-1} é igual a:

a) 5 b) 6 c) 7 d) 8 e) 9

213. (FEI–SP) Dadas as matrizes $A = \begin{pmatrix} a & 2 \\ 1 & 0 \end{pmatrix}$ e $B = \begin{pmatrix} 0 & 1 \\ b & -\dfrac{1}{2} \end{pmatrix}$, sabendo que $B = A^{-1}$, tem-se que:

a) $a + b = 1$
b) $a + b = 2$
c) $a + b = \dfrac{1}{2}$
d) $a + b = \dfrac{3}{2}$
e) $a + b = \dfrac{5}{2}$

214. (UF–PR) Dados os números reais a, b e c diferentes de zero e a matriz quadrada de ordem 2 $M = \begin{bmatrix} a & b \\ 0 & c \end{bmatrix}$ considere as seguintes afirmativas a respeito de M:

1. A matriz M é invertível.
2. Denotando a matriz transposta de M por M^T, teremos $\det(M \cdot M^T) > 0$.
3. Quando $a = 1$ e $c = -1$, tem-se $M^2 = I$, sendo I a matriz identidade de ordem 2.

Assinale a alternativa correta.
a) Somente a afirmativa 2 é verdadeira.
b) Somente a afirmativa 3 é verdadeira.
c) Somente as afirmativas 1 e 2 são verdadeiras.
d) Somente as afirmativas 2 e 3 são verdadeiras.
e) As afirmativas 1, 2 e 3 são verdadeiras.

215. (ITA–SP) Sobre os elementos da matriz
$$A = \begin{bmatrix} x_1 & x_2 & x_3 & x_4 \\ y_1 & y_2 & y_3 & y_4 \\ 0 & 0 & 0 & 1 \\ 1 & 0 & 0 & 0 \end{bmatrix} \in M_{4 \times 4}(\mathbb{R})$$

sabe-se que (x_1, x_2, x_3, x_4) e (y_1, y_2, y_3, y_4) são duas progressões geométricas de razão 3 e 4 e de soma 80 e 255, respectivamente. Então, $\det(A^{-1})$ e o elemento $(A^{-1})_{23}$ valem, respectivamente:

a) $\dfrac{1}{72}$ e 12

b) $-\dfrac{1}{72}$ e -12

c) $-\dfrac{1}{72}$ e 12

d) $-\dfrac{1}{72}$ e $\dfrac{1}{12}$

e) $\dfrac{1}{72}$ e $\dfrac{1}{12}$

Sistemas Lineares

216. (FEI–SP) A soma dos preços de dois equipamentos é R$ 90,00. Somando 30% do preço de um deles com 60% do preço do outro, obtém-se R$ 42,00. A diferença entre os preços desses equipamentos, em valor absoluto, é igual a:

a) R$ 20,00   b) R$ 10,00   c) R$ 25,00   d) R$ 15,00   e) R$ 12,00

217. (UF–GO) Uma pequena empresa, especializada em fabricar cintos e bolsas, produz mensalmente 1 200 peças. Em um determinado mês, a produção de bolsas foi três vezes maior que a produção de cintos. Nesse caso, a quantidade de bolsas produzidas nesse mês foi:

a) 900   b) 750   c) 600   d) 450   e) 300

218. (FGV–SP) Em uma escola, a razão entre o número de alunos e o de professores é de 50 para 1. Se houvesse mais 400 alunos e mais 16 professores, a razão entre o número de alunos e o de professores seria de 40 para 1. Podemos concluir que o número de alunos da escola é:

a) 1 000   b) 1 050   c) 1 100   d) 1 150   e) 1 200

219. (Unicamp–SP) Em uma bandeja retangular, uma pessoa dispôs brigadeiros formando n colunas, cada qual com m brigadeiros, como mostra a figura ao lado. Os brigadeiros foram divididos em dois grupos. Os que estavam mais próximos das bordas da bandeja foram postos em forminhas azuis, enquanto os brigadeiros do interior da bandeja foram postos em forminhas vermelhas.

a) Sabendo que $m = \dfrac{3n}{4}$ e que a pessoa gastou o mesmo número de forminhas vermelhas e azuis, determine o número de brigadeiros da bandeja.

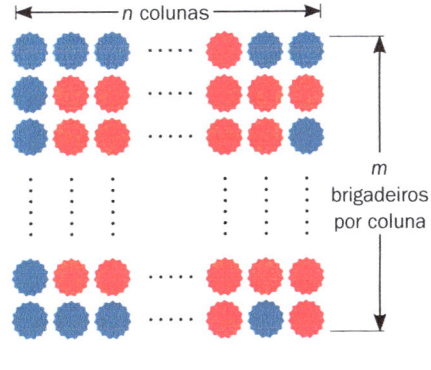

QUESTÕES DE VESTIBULARES

b) Se a pessoa compra a massa do brigadeiro já pronta, em latas de 1 litro, e se cada brigadeiro, antes de receber o chocolate granulado que o cobre, tem o formato de uma esfera de 2 cm de diâmetro, quantas latas ela tem que comprar para produzir 400 brigadeiros? (Dica: lembre-se de que 1 litro corresponde a 1 000 cm³.)

220. (UF–GO) Uma videolocadora classifica seus 1 000 DVDs em lançamentos e catálogo (não lançamentos). Em um final de semana, foram locados 260 DVDs, correspondendo a quatro quintos do total de lançamentos e um quinto do total de catálogo. Portanto, o número de DVDs de catálogo locados foi:

a) 80   b) 100   c) 130   d) 160   e) 180

221. (Unicamp–SP) Um supermercado vende dois tipos de cebola, conforme se descreve na tabela abaixo:

Tipo de cebola	Peso unitário aproximado (g)	Raio médio (cm)
Pequena	25	2
Grande	200	4

a) Uma consumidora selecionou cebolas pequenas e grandes, somando 40 unidades, que pesaram 1 700 g. Formule um sistema linear que permita encontrar a quantidade de cebolas de cada tipo escolhidas pela consumidora e resolva-o para determinar esses valores.

b) Geralmente, as cebolas são consumidas sem casca. Determine a área de casca correspondente a 600 g de cebolas pequenas, supondo que elas sejam esféricas. Sabendo que 600 g de cebolas grandes possuem 192π cm² de área de casca, indique que tipo de cebola fornece o menor desperdício com cascas.

222. (UF–PI) Maria comprou um par de sandálias, uma blusa e um *short* pagando o total de R$ 65,00. Se tivesse comprado um par de sandálias, duas blusas e três *shorts* teria gasto R$ 100,00. Considerando-se os mesmos preços, quanto Maria gastaria para comprar dois pares de sandálias, cinco blusas e oito *shorts*?

a) R$ 220,00   c) R$ 230,00   e) R$ 240,00
b) R$ 225,00   d) R$ 235,00

223. (UF–GO) Para se deslocar de casa até o seu trabalho, um trabalhador percorre 550 km por mês. Para isso, em alguns dias, ele utiliza um automóvel e, em outros, uma motocicleta. Considerando que o custo do quilômetro rodado é de 21 centavos para o automóvel e de 7 centavos para a motocicleta, calcule quantos quilômetros o trabalhador deve andar em cada um dos veículos, para que o custo total mensal seja de R$ 70,00.

224. (UF–PR) Numa empresa de transportes, um encarregado recebe R$ 400,00 a mais que um carregador, porém cada encarregado recebe apenas 75% do salário de um supervisor de cargas. Sabendo que a empresa possui 2 supervisores de cargas, 6 encarregados e 40 carregadores e que a soma dos salários de todos esses funcionários é R$ 57 000,00, qual é o salário de um encarregado?

a) R$ 2 000,00   c) R$ 1 500,00   e) R$ 1 100,00
b) R$ 1 800,00   d) R$ 1 250,00

225. (Unicamp–SP) Uma confeitaria produz dois tipos de bolos de festa. Cada quilograma do bolo do tipo A consome 0,4 kg de açúcar e 0,2 kg de farinha. Por sua vez, o bolo do tipo B consome 0,2 kg de açúcar e 0,3 kg de farinha para cada quilograma produzido. Sabendo que, no momento, a confeitaria dispõe de 10 kg de açúcar e 6 kg de farinha, responda às questões abaixo.

a) Será que é possível produzir 7 kg de bolo do tipo A e 18 kg de bolo do tipo B? Justifique sua resposta.

b) Quantos quilogramas de bolo do tipo A e de bolo do tipo B devem ser produzidos se a confeitaria pretende gastar toda a farinha e todo o açúcar de que dispõe?

226. (UF–PE) Um laboratório tem em seu acervo besouros (com seis pernas cada um) e aranhas (com oito pernas cada uma). Se o número total de pernas excede em 214 o número de besouros e aranhas, e o número de aranhas é inferior em 14 ao número de besouros, quantas são as aranhas?

a) 15   b) 14   c) 13   d) 12   e) 11

227. (PUC–SP) Para presentear alguns amigos, Jade comprou certa quantidade de bombons e pretende que todos sejam acondicionados em algumas caixas que tem em sua casa. Para tal, sabe-se que, se ela colocar:

— exatamente 3 bombons em cada caixa, 1 única caixa deixará de ser usada;

— exatamente 2 bombons em cada caixa, não sobrarão caixas para acondicionar os 3 bombons restantes.

Nessas condições, é correto afirmar que:

a) Seria impossível Jade usar todas as caixas para acondicionar todos os bombons, colocando a mesma quantidade de bombons em cada caixa.

b) O número de bombons excede o de caixas em 10 unidades.

c) A soma do número de caixas com o de bombons é igual a 23.

d) O total de caixas é um número ímpar.

e) O total de bombons é um número divisível por 6.

228. (UF–MS) Um funcionário de uma mercearia está encarregado de armazenar caixas fechadas de dois produtos diferentes: arroz e feijão. As caixas de arroz pesam 60 kg cada uma, e as de feijão 40 kg cada uma. Num determinado dia, chegou um carregamento de 2,5 toneladas, com caixas de arroz e caixas de feijão, totalizado 53 caixas. Sabe-se que cada caixa de arroz ou de feijão está cheia com sacos contendo exatamente 5 kg do alimento. A partir dos dados fornecidos, assinale a(s) afirmação(ões) correta(s).

(001) O carregamento daquele dia continha exatamente 272 sacos de feijão.

(002) O carregamento daquele dia continha exatamente 208 sacos de arroz.

(004) O carregamento daquele dia continha exatamente 19 caixas de arroz.

(008) O carregamento daquele dia continha exatamente 30 caixas de feijão.

(016) O carregamento daquele dia continha exatamente 480 sacos de alimentos (entre arroz e feijão).

QUESTÕES DE VESTIBULARES

229. (FEI–SP) Sejam a e b números inteiros positivos. Dividindo-se a por b obtém-se quociente 2 e resto 20. Dividindo-se $a + 10$ por $b - 20$ obtém-se quociente 3 e resto 29. Então, $a - b$ vale:

a) 61   b) 81   c) 71   d) 142

230. (Mackenzie–SP) O diretor de uma empresa, o Dr. Antonio, convocou todos os seus funcionários para uma reunião. Com a chegada do Dr. Antonio à sala de reuniões, o número de homens presentes na sala ficou quatro vezes maior que o número de mulheres também presentes na sala. Se o Dr. Antonio não fosse à reunião e enviasse sua secretária, o número de mulheres ficaria a terça parte do número de homens. A quantidade de pessoas, presentes na sala, aguardando o Dr. Antonio é:

a) 20   b) 19   c) 18   d) 15   e) 14

231. (FEI–SP) Dois casais A e B foram a uma lanchonete. O casal A consumiu dois refrigerantes e uma porção de batatas fritas. O casal B consumiu um refrigerante e duas porções de batatas fritas. A conta final dos dois casais totalizou R$ 57,60. Considerando que a conta será dividida de acordo com o consumo de cada casal e sabendo que o preço de um refrigerante é 20% do preço de uma porção de batatas fritas, determine o valor que o casal B deverá pagar pelo que efetivamente consumiu.

a) R$ 30,00
b) R$ 22,40
c) R$ 25,00
d) R$ 28,80
e) R$ 35,20

232. (UE–PB) Se os dois sistemas lineares $\begin{cases} 2x - y = 0 \\ x + y = 3 \end{cases}$ e $\begin{cases} mx + ny = -1 \\ mx - ny = 1 \end{cases}$ são equivalentes, os valores de m e n são, respectivamente:

a) $\dfrac{1}{2}$ e -1 b) 0 e $\dfrac{1}{2}$ c) $\dfrac{1}{2}$ e 1 d) 0 e $-\dfrac{1}{2}$ e) 1 e -2

233. (PUC–MG) Cada grama do produto P custa R$ 0,21 e cada grama do produto Q, R$ 0,18. Cada quilo de certa mistura desses dois produtos, feita por um laboratório, custa R$ 192,00. Com base nesses dados, pode-se afirmar que a quantidade do produto P utilizada para fazer um quilo dessa mistura é:

a) 300 g   b) 400 g   c) 600 g   d) 700 g

234. (UE–CE) Um paraense quer fazer uma refeição de açaí e farinha de mandioca com 400 g no total e com 1 200 kcal. Sabendo que 100 g de farinha de mandioca têm 330 kcal e 100 g de açaí 250 kcal, a quantidade de açaí na mistura em gramas será:

a) 120   b) 150   c) 200   d) 220   e) 250

235. (UF–GO) Um cliente fez um orçamento na página da internet em uma loja de informática, para a compra de cartuchos para impressoras, no valor total de R$ 1 260,00. Em seguida, ele dirigiu-se à loja para tentar obter um desconto e, após negociação, obteve um desconto de R$ 7,50 no preço de cada cartucho, o que lhe possibilitou adquirir mais três cartuchos, pagando o mesmo valor total. Calcule qual foi a quantidade de cartuchos que ele comprou e o preço pago em cada cartucho.

236. (FGV–SP) No início de dezembro de certo ano, uma loja tinha um estoque de calças e camisas no valor total de R$ 140 000,00, sendo R$ 80,00 o valor (preço de venda) de cada calça e R$ 50,00 (preço de venda) o de cada camisa.

Ao longo do mês, foram vendidos 30% do número de calças em estoque e 40% do número de camisas em estoque, gerando uma receita de R$ 52 000,00.

Com relação ao estoque inicial, a diferença (valor absoluto) entre o número de calças e o de camisas é:
a) 1 450
b) 1 500
c) 1 550
d) 1 600
e) 1 650

237. (UF–MS) Uma mistura líquida é composta por duas substâncias, A e B, em partes iguais. Inicialmente o preço do litro da substância B era quatro vezes o preço da substância A. Tem-se que o litro da substância A sofreu um aumento de preço de 10%, e o litro da substância B sofreu uma redução de preço de 20%. Sabendo-se que aumentos ou reduções de preços dessas substâncias são repassados automaticamente para o preço da mistura, é correto afirmar que o litro da mistura sofreu uma redução de:
a) 10% b) 12% c) 14% d) 16% e) 18%

238. (Mackenzie–SP) Se (x, y) é solução do sistema $\begin{cases} 2\log_3 x + 3\log_2 y = 7 \\ \log_3 x - \log_2 y = 1 \end{cases}$, então o valor de x + y é:
a) 7 b) 11 c) 2 d) 9 e) 13

239. (FGV–SP) No seu livro *Introdução à Álgebra*, Leonhard Euler propõe um curioso e interessante problema aos leitores:

Duas camponesas juntas carregam 100 ovos para vender em uma feira e cada uma vai cobrar seu preço por ovo. Embora uma tivesse levado mais ovos que a outra, as duas receberam a mesma quantia em dinheiro. Uma delas disse, então:

– Se eu tivesse trazido o mesmo número de ovos que você trouxe, teria recebido 15 kreuzers (antiga moeda austríaca).

Ao que a segunda respondeu:

– Se eu tivesse trazido a quantidade de ovos que você trouxe, teria recebido $\frac{20}{3}$ kreuzers.

Releia o texto com atenção e responda:

Quantos ovos carregava cada uma?

QUESTÕES DE VESTIBULARES

240. (UE–CE) Se, no "quadrado" ao lado, a soma dos números nas 3 linhas é igual à soma dos números nas 3 colunas e é igual à soma dos números nas 2 diagonais, então a soma $x + y + z + v$ é:

a) 52
b) 48
c) 44
d) 40

16	2	x
z	10	v
y	w	4

241. (Unicamp–SP) Sejam dadas as funções $f(x) = \dfrac{8}{4^{2x}}$ e $g(x) = 4^x$.

a) Represente a curva $y = f(x)$ no gráfico abaixo, em que o eixo vertical fornece $\log_2(y)$.

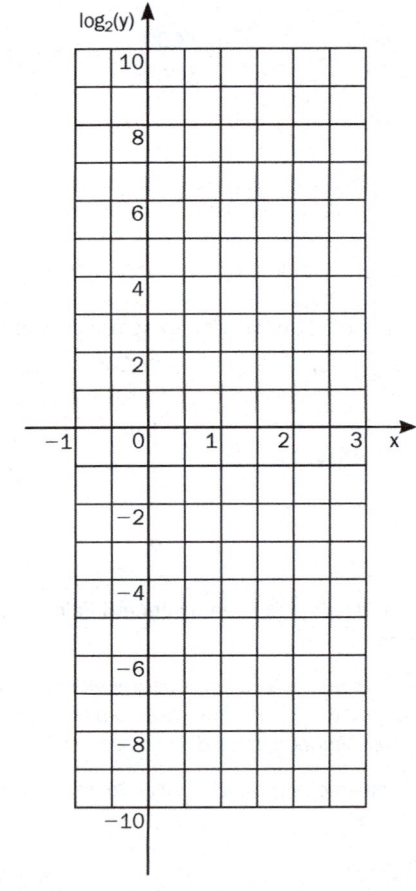

b) Determine os valores de y e z que resolvem o sistema de equações $\begin{cases} f(z) = g(y) \\ \dfrac{f(y)}{g(z)} = 1 \end{cases}$.

Dica: converta o sistema acima em um sistema linear equivalente.

QUESTÕES DE VESTIBULARES

242. (UF–GO) Considere a gasolina comum, usada no abastecimento dos veículos automotores, contendo 25% de álcool e 75% de gasolina pura. Para encher um tanque vazio, com capacidade de 45 litros, quantos litros de álcool e de gasolina comum devem ser colocados, de modo a obter-se uma mistura homogênea composta de 50% de gasolina pura e de 50% de álcool?

243. (FEI–SP) Um número é formado por dois algarismos, sendo a soma de seus valores absolutos igual a 10. Quando se trocam as posições desses algarismos entre si, o número obtido ultrapassa de 26 unidades o dobro do número dado. Nestas condições, o triplo desse número vale:
a) 28   b) 56   c) 84   d) 164   e) 246

244. (FGV–SP) O valor de y no sistema de equações $\begin{cases} \sen 10° x - \cos 10° y = -\dfrac{1}{\sen 50°} \\ \sen 50° x + \cos 50° y = \dfrac{1}{\sen 10°} \end{cases}$ é:

a) $\dfrac{4\sqrt{3}}{3}$ b) $\sqrt{3}$ c) $3\sqrt{3}$ d) $\dfrac{\sqrt{3}}{3}$ e) $\dfrac{\sqrt{3}}{4}$

245. (PUC–MG) Um vendedor ambulante paga uma conta de R$ 175,00 em cédulas de R$ 5,00 e R$ 10,00, num total de 26 células. O número n de cédulas de R$ 10,00 usadas para o pagamento dessa conta é tal que:
a) $9 \leq n < 12$
b) $12 \leq n < 17$
c) $17 \leq n < 20$
d) $20 \leq n < 23$

246. (UF–PE) Adicionando, dois a dois, três inteiros, obtemos os valores 42, 48 e 52. Qual o produto dos três inteiros?
a) 12 637   b) 12 376   c) 12 673   d) 12 367   e) 12 763

247. (UF–PE) Suponha que seu nutricionista recomendou que você tomasse 350 mg de vitamina C, 4 200 UI de vitamina A e 500 UI de vitamina D. Cada unidade de suplemento X, Y e Z contém as quantidades indicadas na tabela abaixo das vitaminas C, A e D:

	X	Y	Z
Vitamina C	50 mg	100 mg	50 mg
Vitamina A	1 000 UI	200 UI	500 UI
Vitamina D	100 UI	200 UI	0 UI

Admitindo essas informações, analise as afirmações abaixo:

0-0) Para atender corretamente às recomendações de seu nutricionista, você pode utilizar: três unidades do suplemento X, uma unidade do suplemento Y e duas unidades do suplemento Z.

QUESTÕES DE VESTIBULARES

1-1) Para atender corretamente às recomendações de seu nutricionista você pode utilizar: duas unidades de cada um dos suplementos.

2-2) É impossível atender às recomendações do nutricionista usando os suplementos X, Y e Z.

3-3) Para atender corretamente às recomendações de seu nutricionista você pode utilizar: seis unidades dentre os suplementos X, Y e Z, escolhidas como desejar.

4-4) É possível atender às recomendações do nutricionista de infinitas maneiras diferentes.

248. (UF–GO) Um pecuarista deseja fazer 200 kg de ração com 22% de proteína, utilizando milho triturado, farelo de algodão e farelo de soja. Admitindo-se que o teor de proteína do milho seja 10%, do farelo de algodão seja 28% e do farelo de soja seja 44%, e que o produtor disponha de 120 kg de milho, calcule as quantidades de farelo de soja e farelo de algodão que ele deve adicionar ao milho para obter essa ração.

249. (Fuvest–SP) João entrou na lanchonete BOG e pediu 3 hambúrgueres, 1 suco de laranja e 2 cocadas, gastando R$ 21,50. Na mesa ao lado, algumas pessoas pediram 8 hambúrgueres, 3 sucos de laranja e 5 cocadas, gastando R$ 57,00. Sabendo-se que o preço de um hambúrguer, mais o de um suco de laranja, mais o de uma cocada totaliza R$ 10,00, calcule o preço de cada um desses itens.

250. (UF–CE) Uma fábrica de confecções produziu, sob encomenda, 70 peças de roupas entre camisas, batas e calças, sendo a quantidade de camisas igual ao dobro da quantidade de calças. Se o número de bolsos em cada camisa, bata e calça é dois, três e quatro, respectivamente, e o número total de bolsos nas peças é 200, então podemos afirmar que a quantidade de batas é:

a) 36   b) 38   c) 40   d) 42   e) 44

251. (UF–AL) Três ligas metálicas têm as constituições seguintes:

– a primeira é formada por 20 g de ouro, 30 g de prata e 40 g de bronze;

– a segunda é formada por 30 g de ouro, 40 g de prata e 50 g de bronze;

– a terceira liga é formada por 40 g de ouro, 50 g de prata e 90 g de bronze.

As três ligas devem ser combinadas para compor uma nova liga contendo 37 g de ouro, 49 g de prata e 76 g de bronze. Quanto será utilizado da terceira liga?

a) 0,3 g   b) 0,4 g   c) 0,5 g   d) 0,6 g   e) 0,7 g

252. (FGV–SP) Um feirante vende maçãs, peras e pêssegos cobrando certo preço por unidade para cada tipo de fruta. Duas maçãs, três peras e quatro pêssegos custam R$ 13,00; três maçãs, uma pera e cinco pêssegos custam R$ 11,50. Se o preço de cada pera for R$ 2,00, podemos afirmar que o preço de seis maçãs, seis peras e seis pêssegos é:

a) R$ 27,00

b) R$ 26,50

c) R$ 26,00

d) R$ 25,50

e) R$ 25,00

QUESTÕES DE VESTIBULARES

253. (FGV–SP) Ao resolver o sistema linear determinado abaixo

$$\begin{cases} x + y + z = 4 \\ 2x - y - z = 5 \\ 3x + 2y - z = 14 \end{cases}$$, encontramos como solução a tripla ordenada (a, b, c). O valor de *a* é:

a) 2
b) 3
c) 0
d) 1
e) –1

254. (Mackenzie–SP) Uma herança de R$ 270 000,00 foi distribuída entre 3 irmãs, de modo que a filha do meio recebeu metade do que recebeu a filha mais nova e a mais velha recebeu o equivalente à metade do que receberam juntas a mais nova e a do meio. Em reais, a filha mais velha recebeu:

a) 70 000
b) 90 000
c) 80 000
d) 65 000
e) 75 000

255. (Unicamp–SP) As companhias aéreas costumam estabelecer um limite de peso para a bagagem de cada passageiro, cobrando uma taxa por quilograma de excesso de peso. Quando dois passageiros compartilham a bagagem, seus limites são considerados em conjunto.

Em um determinado voo, tanto um casal como um senhor que viajava sozinho transportaram 60 kg de bagagem e foram obrigados a pagar pelo excesso de peso. O valor que o senhor pagou correspondeu a 3,5 vezes o valor pago pelo casal.

Para determinar o peso excedente das bagagens do casal (x) e do senhor que viajava sozinho (y), bem como o limite de peso que um passageiro pode transportar sem pagar qualquer taxa (z), pode-se resolver o seguinte sistema linear:

a) $\begin{cases} x + 2z = 60 \\ y + z = 60 \\ 3,5x - y = 0 \end{cases}$

b) $\begin{cases} x + z = 60 \\ y + 2z = 60 \\ 3,5x - y = 0 \end{cases}$

c) $\begin{cases} x + 2z = 60 \\ y + z = 60 \\ 3,5x + y = 0 \end{cases}$

d) $\begin{cases} x + z = 60 \\ y + 2z = 60 \\ 3,5x + y = 0 \end{cases}$

256. (FGV–SP) Considere três trabalhadores. O segundo e o terceiro, juntos, podem completar um trabalho em 10 dias. O primeiro e o terceiro, juntos, podem fazê-lo em 12 dias, enquanto o primeiro e o segundo, juntos, podem fazê-lo em 15 dias. Em quantos dias, os três juntos podem fazer o trabalho?

257. (PUC–RS) A soma das idades de Luís (L), Paulo (P) e Juliano (J) é 114 anos. Luís é pai de Paulo, que é pai de Juliano. Retirando a idade de Paulo do dobro da idade de Juliano e somando a idade de seu avô, obtemos 42 anos. Diminuindo a idade de Paulo da idade de Luís, obtemos 18. Um sistema de equações lineares que descreve esse problema é:

a) $\begin{cases} J+P+L = 114 \\ 2J-P+L = 42 \\ -P+L = 18 \end{cases}$

b) $\begin{cases} J+P+L = 114 \\ 2J-P+L = 42 \\ -P+L = -18 \end{cases}$

c) $\begin{cases} J+P+L = 114 \\ 2J+P-L = 42 \\ -P+L = 18 \end{cases}$

d) $\begin{cases} J+P+L = 114 \\ 2J+P-L = 42 \\ -P+L = -18 \end{cases}$

e) $\begin{cases} J+P+L = 114 \\ J^2+P-L = 42 \\ -P-L = 18 \end{cases}$

258. (FGV–SP) O sistema de equações nas incógnitas x, y e z, dado abaixo:

$\begin{cases} \dfrac{2}{x} + \dfrac{3}{y} - \dfrac{1}{z} = 0 \\ \dfrac{1}{x} - \dfrac{2}{y} + \dfrac{3}{z} = 0 \\ \dfrac{4}{x} + \dfrac{1}{y} - \dfrac{5}{z} = 0 \end{cases}$

a) Tem uma única solução.
b) Tem (0, 0, 0) como uma de suas soluções.
c) É impossível.
d) Tem infinitas soluções.
e) No campo complexo, tem exatamente 3 soluções.

259. (UF–PR) Artur e Izabel viajaram para o litoral nas férias e passaram por 3 locais diferentes, permanecendo 7 dias em Guaratuba, 3 dias na Ilha do Mel e 5 dias em Matinhos. O casal gastou R$ 1220,00 em hospedagem, sendo que a diária do hotel de Guaratuba é $\dfrac{2}{3}$ da diária da pousada da Ilha do Mel, e esta última é o dobro da diária do hotel de Matinhos.

Quanto eles gastaram em hospedagem em cada um dos locais visitados?

260. (PUC–RS) Em Amsterdam, uma das principais atrações turísticas é a visita a museus. Tales visitou o Museu Van Gogh, o Museu Rijks e a Casa de Anne Frank. A tabela a seguir indica o valor do ingresso para estudante, adulto e sênior, em euros (€):

	Estudante	Adulto	Sênior
Museu Van Gogh	11,20	14,00	12,60
Museu Rijks	10,00	12,50	11,25
Casa de Anne Frank	7,65	8,50	7,65

Num determinado momento de um dia, com a venda de x ingressos para estudantes, y ingressos para adultos e z ingressos para sêniores, o Museu Van Gogh arrecadou € 1 162,00, o Museu Rijks € 1 037,50 e a Casa de Anne Frank € 722,50.

Para determinar a quantidade de ingressos vendidos, resolve-se o sistema:

a) $\begin{cases} 11{,}20x + 14{,}00y + 12{,}60z = 1\,162{,}00 \\ 10{,}00x + 12{,}50y + 11{,}25z = 1\,037{,}50 \\ 7{,}65x + 8{,}50y + 7{,}65z = 722{,}50 \end{cases}$

b) $\begin{cases} 11{,}20x + 14{,}00y + 12{,}60z = 3\,780{,}00 \\ 10{,}00x + 12{,}50y + 11{,}25z = 3\,375{,}00 \\ 7{,}65x + 8{,}50y + 7{,}65z = 2\,380{,}00 \end{cases}$

c) $\begin{cases} 11{,}20x + 10{,}00y + 7{,}65z = 1\,162{,}00 \\ 14{,}00x + 12{,}50y + 8{,}50z = 1\,037{,}00 \\ 12{,}60x + 11{,}25y + 7{,}65z = 722{,}50 \end{cases}$

d) $\begin{cases} 11{,}20x + 14{,}00y + 12{,}60z = 1\,162{,}00 \\ 10{,}00x + 12{,}50y + 11{,}25z = 1\,037{,}50 \\ 7{,}65x + 8{,}50y + 7{,}65z = 722{,}50 \end{cases}$

e) $\begin{cases} 11{,}20x + 10{,}00y + 7{,}65z = 1\,162{,}00 \\ 14{,}00x + 12{,}50y + 8{,}50z = 1\,037{,}00 \\ 12{,}60x + 11{,}25y + 7{,}65z = 722{,}50 \end{cases}$

261. (UF–PR) Uma bolsa contém 20 moedas, distribuídas entre as de 5, 10 e 25 centavos, totalizando R$ 3,25. Sabendo que a quantidade de moedas de 5 centavos é a mesma das moedas de 10 centavos, quantas moedas de 25 centavos há nessa bolsa?

a) 6　　b) 8　　c) 9　　d) 10　　e) 12

262. (UF–PE) Uma locadora de vídeos tem três estilos de filmes: de ficção científica, dramáticos e comédias. Sabendo que:

– o total de filmes de ficção científica e dramáticos, adicionado de um quarto dos filmes de comédia, corresponde à metade do total de filmes da locadora;

– o número de filmes de comédia excede em 800 o total de filmes de ficção científica e dramáticos;

– o número de filmes dramáticos é 50% superior ao número de filmes de ficção científica.

Encontre o número de filmes dramáticos da locadora e indique a soma de seus dígitos.

QUESTÕES DE VESTIBULARES

263. (UF–PE) Quatro amigos A, B, C e D compraram um presente que custou R$ 360,00. Se:

– A pagou metade do que pagaram juntos B, C e D;

– B pagou um terço do que pagaram juntos A, C e D; e

– C pagou um quarto do que pagaram juntos A, B e D.

Quanto pagou D, em reais?

264. (PUC–SP) Em média, Alceste, Belizário e Cibele gastam t_A, t_B e t_C minutos, respectivamente, para encher um tanque inicialmente vazio e, para tal, só usam recipientes de iguais capacidades, totalmente cheios de água. Sabe-se também que a equação matricial

$$\begin{bmatrix} 1 & 1 & 0 \\ 1 & 0 & 1 \\ 0 & 1 & 1 \end{bmatrix} \cdot \begin{bmatrix} t_A \\ t_B \\ t_C \end{bmatrix} = \begin{bmatrix} 30 \\ 25 \\ 35 \end{bmatrix}$$ permite que se calculem t_A, t_B e t_C, em minutos, e que tal tanque

tem a forma de um paralelepípedo retângulo de 3 metros de altura. Nessas condições, após quantos minutos, em média, contados a partir do instante em que os três começarem simultaneamente a colocar água no tanque vazio, o nível da água atingirá 1,95 m de altura?

a) 5   b) 4,5   c) 4   d) 3,5   e) 3

265. (UF–PR) Considere o seguinte sistema linear:

$$\begin{cases} x + y + w = 1 \\ x - y + 2w = 0 \\ y + z + w = 1 \\ y - z + 2w = 0 \end{cases}$$

A respeito desse sistema, é correto afirmar:

a) O sistema possui uma única solução.

b) O sistema não tem solução.

c) O sistema possui exatamente quatro soluções.

d) O sistema possui exatamente duas soluções.

e) O sistema possui infinitas soluções.

266. (Unesp–SP) Uma família fez uma pesquisa de mercado, nas lojas de eletrodomésticos, à procura de três produtos que desejava adquirir: uma TV, um freezer e uma churrasqueira. Em três das lojas pesquisadas, os preços de cada um dos produtos eram coincidentes entre si, mas nenhuma das lojas tinha os três produtos simultaneamente para a venda. A loja A vendia a churrasqueira e o freezer por R$ 1 288,00. A loja B vendia a TV e o freezer por R$ 3 698,00 e a loja C vendia a churrasqueira e a TV por R$ 2 588,00.

A família acabou comprando a TV, o freezer e a churrasqueira nestas três lojas. O valor total pago, em reais, pelos três produtos foi de:

a) R$ 3 767,00
b) R$ 3 777,00
c) R$ 3 787,00
d) R$ 3 797,00
e) R$ 3 807,00

267. (FGV–RJ) O idioma da Álgebra é a equação. Para resolver um problema que envolva números ou relações entre quantidades, é conveniente traduzir o problema da sua linguagem para a linguagem da Álgebra. Resolva estes dois antigos problemas.

a) Quatro irmãos têm 45 moedas de ouro. Se a quantia do primeiro aumenta em duas moedas, a quantia do segundo diminui duas moedas, a do terceiro dobra e a do quarto se reduz à metade, todos ficam com a mesma quantia de dinheiro. Quantas moedas tem cada um?

b) Dois amigos decidem, caminhando em linha reta, encontrar-se em algum ponto do caminho entre as suas casas. Um dos amigos diz ao outro:

"Como sou mais velho, caminho a cerca de 3 km por hora; você é muito mais novo e, provavelmente, deve caminhar a cerca de 4 km por hora. Então, saia de casa 6 minutos depois que eu sair e nos encontraremos bem na metade da distância entre nossas casas."

Qual a distância entre as duas casas?

268. (PUC–SP) Considere que os elementos da matriz coluna, solução da equação matricial seguinte, são termos da matriz quadrada $A = (x_{ij})_{2 \times 2}$.

$$\begin{bmatrix} 1 & 1 & 0 & 0 \\ 0 & 0 & 1 & 1 \\ 1 & 0 & 0 & 1 \\ 1 & 0 & 1 & 0 \end{bmatrix} \cdot \begin{bmatrix} x_{11} \\ x_{12} \\ x_{21} \\ x_{22} \end{bmatrix} = \begin{bmatrix} 3 \\ 3 \\ 1 \\ 6 \end{bmatrix}$$

Se o determinane de A é igual a k, então o número de soluções da equação $\text{tg}\, \dfrac{kx}{4} = -1$, para $-2\pi < x < 2\pi$, é:

a) 2   b) 4   c) 6   d) 8   e) 10

269. (UF–PE) Uma fábrica de automóveis utiliza três tipos de aço, A_1, A_2 e A_3 na construção de três tipos de carro, C_1, C_2 e C_3. A quantidade dos três tipos de aço, em toneladas, usados na confecção dos três tipos de carro, está na tabela a seguir:

	C_1	C_2	C_3
A_1	2	3	4
A_2	1	1	2
A_3	3	2	1

Se foram utilizadas 26 toneladas de aço do tipo A_1, 11 toneladas do tipo A_2 e 19 toneladas do tipo A_3, qual o total de carros construídos (dos tipos C_1, C_2 ou C_3)?

270. (UF–PE) Encontre a solução do sistema linear abaixo, utilizando o processo de escalonamento ou o processo de substituição de variáveis:

$$\begin{cases} -x + y + z + w = 1 \\ x - y + z + w = 0 \\ x + y - z + w = -1 \\ x - y + z = 2 \end{cases}$$

271. (UE–CE) Uma indústria cerâmica produz tijolo, telha e lajota, com produção diária de 90 mil peças. Sabe-se que o número de telhas produzidas é igual à metade da soma do número de tijolos com o de lajotas, que os custos de produção do milheiro do tijolo, da telha e da lajota são respectivamente 100, 200 e 300 reais e que o custo diário total da produção é de R$ 16 000,00. Com base nesses dados, é correto afirmar que a indústria produz por dia:

a) Mais de 30 milheiros de tijolos e menos de 29 milheiros de lajotas.

b) Menos de 29 milheiros de tijolos e menos de 29 milheiros de lajotas.

c) Mais de 50 milheiros de tijolos e menos de 30 milheiros de lajotas.

d) 30 milheiros de tijolos e 30 milheiros de telhas.

e) 29 milheiros de tijolos e 39 milheiros de lajotas.

272. (PUC–SP) Uma pessoa tem apenas x moedas de 5 centavos, y moedas de 10 centavos e z moedas de 25 centavos. A equação matricial seguinte permite determinar as possíveis quantidades dessas moedas.

$$\begin{bmatrix} 1 & 2 & 5 \\ 1 & 1 & 1 \end{bmatrix} \cdot \begin{bmatrix} x \\ y \\ z \end{bmatrix} = \begin{bmatrix} 78 \\ 32 \end{bmatrix}$$

Com base nesses dados, é correto afirmar que:

a) Há exatamente 7 possibilidades de solução para essa equação.

b) Não podem existir dois tipos de moedas distintas em quantidades iguais.

c) Os três tipos de moedas totalizam a quantia de R$ 78,00.

d) Se o número de moedas de 10 centavos fosse 4, o problema admitiria uma única solução.

e) O número de moedas de 25 centavos deve ser menor do que 5.

273. (PUC–MG) Das 96 maçãs que chegam semanalmente à banca de Dona Maria, algumas são do tipo verde e as outras do tipo fuji. As maçãs verdes vêm embaladas em sacos com 7 unidades e as do tipo fuji, em sacos com 9 unidades. A partir dessas informações, pode-se afirmar que o número de maçãs verdes recebidas por essa banca a cada semana é:

a) 42
b) 49
c) 56
d) 63

274. (FGV–SP) Na cantina de um colégio, o preço de 3 chicletes, 7 balas e 1 refrigerante é R$ 3,15. Mudando-se as quantidades para 4 chicletes, 10 balas e 1 refrigerante, o preço, nessa cantina, passa para R$ 4,20. O preço, em reais, de 1 chiclete, 1 bala e 1 refrigerante nessa mesma cantina é igual a:

a) R$ 1,70   b) R$ 1,65   c) R$ 1,20   d) R$ 1,05   e) R$ 0,95

275. (Unifesp–SP) Em uma lanchonete, o custo de 3 sanduíches, 7 refrigerantes e uma torta de maçã é R$ 22,50. Com 4 sanduíches, 10 refrigerantes e uma torta de maçã, o custo vai para R$ 30,50. O custo de um sanduíche, um refrigerante e uma torta de maçã, em reais, é:

a) R$ 7,00
b) R$ 6,50
c) R$ 6,00
d) R$ 5,50
e) R$ 5,00

276. (U.F. São Carlos–SP) Uma loja vende três tipos de lâmpada (x, y e z). Ana comprou 3 lâmpadas tipo x, 7 tipo y e 1 tipo z, pagando R$ 42,10 pela compra. Beto comprou 4 lâmpadas tipo x, 10 tipo y e 1 tipo z, o que totalizou R$ 47,30. Nas condições dadas, a compra de três lâmpadas, sendo uma de cada tipo, custa nessa loja:

a) R$ 30,50
b) R$ 31,40
c) R$ 31,70
d) R$ 32,30
e) R$ 33,20

277. (UF–PE) Júnior se exercita correndo 5 km, 7 km ou 9 km por dia. Em certo período de dias consecutivos, superior a 7 dias, ele percorreu um total de 51 km, e, pelo menos uma vez, cada um dos percursos de 5 km, 7 km e 9 km. Quantas vezes, nesse período, Júnior percorreu a distância de 5 km?

278. (FGV–RJ) Não existe um método único para resolver problemas. Em geral, é necessário experimentar, fazer tentativas, desenhos, gráficos etc.

a) Em um sítio, há vários cercados para guardar certo número de filhotes de cachorro. Se pusermos 4 cachorros em cada cercado, sobrarão dois cachorros; se pusermos 6 cachorros em cada cercado, dois cercados ficarão vazios. Quantos cachorros e quantos cercados há?

b) O produto das idades de três crianças com mais de 1 ano é 231. Quantos anos tem a mais velha?

QUESTÕES DE VESTIBULARES

279. (Unicamp–SP) Pedro precisa comprar x borrachas, y lápis e z canetas. Após fazer um levantamento em duas papelarias, Pedro descobriu que a papelaria A cobra R$ 23,00 pelo conjunto de borrachas, lápis e canetas, enquanto a papelaria B cobra R$ 25,00 pelo mesmo material. Em seu levantamento, Pedro descobriu que a papelaria A cobra R$ 1,00 pela borracha, R$ 2,00 pelo lápis e R$ 3,00 pela caneta e que a papelaria B cobra R$ 1,00 pela borracha, R$ 1,00 pelo lápis e R$ 4,00 pela caneta.

a) Forneça o número de lápis e de borrachas que Pedro precisa comprar em função do número de canetas que ele pretende adquirir.

b) Levando em conta que $x \geq 1$, $y \geq 1$ e $z \geq 1$, e que essas três variáveis são inteiras, determine todas as possíveis quantidades de lápis, borrachas e canetas que Pedro deseja comprar.

280. (UE–RJ) Observe a equação química que representa a fermentação do açúcar:

$$xC_6H_{12}O_6 \rightarrow yCO_2 + zC_2H_5OH$$

Uma das formas de equilibrar essa equação é igualar, em seus dois membros, as quantidades de átomos de cada elemento químico. Esse processo dá origem ao seguinte sistema linear:

$$\begin{cases} 6x = y + 2z \\ 12x = 6z \\ 6x = 2y + z \end{cases}$$

Determine o conjunto-solução do sistema e calcule os menores valores inteiros positivos de x, y e z que formam uma das soluções desse sistema.

281. (UF–GO) Para se produzir 40 toneladas de concreto gasta-se o total de R$ 2 040,00 com areia, brita e cimento. Sabe-se que 15% da massa final do concreto é constituída de água e que o custo, por tonelada, de areia é R$ 60,00, de brita é R$ 30,00 e de cimento é R$ 150,00. Qual é a razão entre as quantidades, em toneladas, de cimento e brita utilizadas na produção desse concreto?

a) $\frac{1}{2}$ b) $\frac{1}{3}$ c) $\frac{1}{5}$ d) $\frac{2}{3}$ e) $\frac{2}{5}$

282. (UE–CE) Pedro recebeu a quantia de R$ 2 700,00, em cédulas de R$ 10,00, de R$ 20,00 e de R$ 50,00. Sabendo que a quantidade de cédulas de R$ 20,00 é 20 vezes a de cédulas de R$ 10,00, então o número de cédulas de R$ 50,00 que Pedro recebeu foi:

a) 15   b) 14   c) 13   d) 12

283. (ITA–SP) Sendo x, y, z e w números reais, encontre o conjunto-solução do sistema

$$\log\left[(x+2y)(w-3z)^{-1}\right] = 0,$$
$$2^{x+3z} - 8 \cdot 2^{y-3z+w} = 0,$$
$$\sqrt[3]{2x+y+6z-2w} - 2 = 0.$$

QUESTÕES DE VESTIBULARES

284. (PUC–RS) Se *n* é o número de soluções do sistema $\begin{cases} x + y - z = 1 \\ 2x - y + z = 2 \\ x + 2y + z = 3 \end{cases}$, então:

a) n = 0   b) n = 1   c) n = 2   d) n = 3   e) n > 3

285. (UF–RN) Considere, no sistema de numeração decimal, um número inteiro N formado por três algarismos distintos e diferentes de zero. Se triplicarmos o algarismo das centenas e dobrarmos o das dezenas, obteremos outro número M, tal que M = N + 240. O maior valor possível para N é:

a) 249   b) 149   c) 240   d) 140

286. (Unesp–SP) Considere a equação 4x + 12y = 1 705. Diz-se que ela admite uma solução inteira se existir um par ordenado (x, y), com x e y $\in \mathbb{Z}$, que a satisfaça identicamente. A quantidade de soluções inteiras dessa equação é:

a) 0   b) 1   c) 2   d) 3   e) 4

287. (PUC–MG) O Código de Trânsito de certo país adota o sistema de pontuação em carteira para os motoristas: são atribuídos 4 pontos quando se trata de infração leve, 5 pontos por infração grave e 7 pontos por infração gravíssima. Considere um motorista que, durante um ano, cometeu o mesmo número de infrações leves e graves, foi autuado *p* vezes por infrações gravíssimas e acumulou 57 pontos em sua carteira. Nessas condições, pode-se afirmar que valor de *p* é igual a:

a) 1   b) 2   c) 3   d) 4

288. (FGV–SP) Para que o sistema linear $\begin{cases} 2x + (k!)y = 2 \\ (1 + k!)x + 21y = 3 \end{cases}$ de solução (x, y) não seja possível e determinado, o parâmetro k $\in \mathbb{N}$ tem de ser igual a:

a) 2   b) 3   c) 4   d) 5   e) 6

289. (Mackenzie–SP) O sistema $\begin{bmatrix} 1 & -3 \\ -2 & 6 \end{bmatrix} \begin{bmatrix} x \\ y \end{bmatrix} = \begin{bmatrix} \text{sen } \theta \\ \cos \theta \end{bmatrix}$ possui solução para todos os valores de θ tais que:

a) $\text{tg } \theta = \dfrac{1}{2}$

b) $\sec \theta = -2$

c) $\text{cotg } \theta = -2$

d) $\cos^2 \theta = \dfrac{3}{5}$

e) $\text{sen}^2 \theta = \dfrac{3}{5}$

QUESTÕES DE VESTIBULARES

290. (FGV–SP) O sistema linear abaixo, nas incógnitas x e y:

$\begin{cases} x + 3y = m \\ 2x + py = 2 \end{cases}$ será impossível quando:

a) Nunca
b) $p \neq -6$ e $m = 1$
c) $p \neq -6$ e $m \neq 1$
d) $p = -6$ e $m = 1$
e) $p = -6$ e $m \neq 1$

291. (UF–ES) Num certo dia, três donas de casa compraram produtos A, B e C, em um supermercado, a preços x, y e z por quilo, respectivamente. A primeira comprou 1, 2 e 3 quilos de A, B e C, respectivamente, e pagou o total de 22 reais. A segunda comprou 3, 4 e 2 quilos desses produtos, respectivamente, e pagou o total de 33 reais. A terceira comprou 2 quilos de A, 8 quilos de B e uma quantidade de m quilos de C e pagou um total de n reais. Calcule:

a) os valores de m e n para os quais não é possível determinar, apenas com base nos dados acima, os preços x, y e z;

b) os preços x, y e z no caso em que m = 15 e n = 90.

292. (Mackenzie–SP) A solução única do sistema $\begin{cases} 3x + 2y = -19 \\ -x + 3y = -12 \\ 2x - y = m \end{cases}$ ocorre para m igual a:

a) −1   b) 1   c) 0   d) 2   e) −2

293. (FGV–SP) Sendo n um número real, então o sistema de equações

$\begin{cases} nx + y = 1 \\ ny + z = 1 \\ x + nz = 1 \end{cases}$ não possui solução se, e somente se, n é igual a:

a) −1   b) 0   c) $\frac{1}{4}$ d) $\frac{1}{2}$ e) 1

294. (ITA–SP) A condição para que as constantes reais a e b tornem incompatível o sistema linear $\begin{cases} x + y + 3z = 2 \\ x + 2y + 5z = 1 \\ 2x + 2y + az = b \end{cases}$ é:

a) $a - b \neq 2$
b) $a + b = 10$
c) $4a - 6b = 0$
d) $\frac{a}{b} = \frac{3}{2}$
e) $a \cdot b = 24$

295. (UF–BA) Considerando-se a matriz $M = \begin{pmatrix} 0 & \cos b & \sen b \\ \cos a & \tg a & 0 \\ \sen a & 0 & \sen^2 a + \cos^2 b \end{pmatrix}$, em que a e b são números reais, é correto afirmar:

(01) Existem a e b tais que M é a matriz nula de ordem 3.

(02) Se $a = b = 0$, então existe uma única matriz N tal que $M + N$ é a matriz identidade de ordem 3.

(04) Se $a = b$, então M é uma matriz simétrica.

(08) Se $a = b$, então o produto de M pela matriz $\begin{pmatrix} 0 \\ \cos a \\ \sen a \end{pmatrix}$ é a matriz $\begin{pmatrix} 1 \\ \sen a \\ \sen a \end{pmatrix}$.

(16) Se $a = 0$, $P = \begin{pmatrix} x \\ y \\ x \end{pmatrix}$ e $C = \begin{pmatrix} 1 \\ 1 \\ 0 \end{pmatrix}$, então, para cada b, o sistema $M \cdot P = C$ tem solução única.

296. (UF–ES) Determine os valores reais de m e n para os quais a equação

$$x \begin{pmatrix} 2 \\ 1 \\ 3 \end{pmatrix} + y \begin{pmatrix} -1 \\ 2 \\ 1 \end{pmatrix} + z \begin{pmatrix} 3 \\ -1 \\ m \end{pmatrix} = \begin{pmatrix} 1 \\ 4 \\ n \end{pmatrix}$$

a) não tenha solução;

b) tenha infinitas soluções;

c) tenha uma única solução.

297. (Fuvest–SP) Considere o sistema de equações nas variáveis x e y, dado por

$$\begin{cases} 4x + 2m^2 y = 0 \\ 2mx + (2m - 1)y = 0 \end{cases}$$

Desse modo:

a) Resolva o sistema para $m = 1$.

b) Determine todos os valores de m para os quais o sistema possui infinitas soluções.

c) Determine todos os valores de m para os quais o sistema admite uma solução da forma $(x, y) = (\alpha, 1)$, sendo α um número irracional.

298. (Unesp–SP) Para quais valores de $k \in \mathbb{R}$ o sistema linear homogêneo

$$\begin{cases} kx + 2y - z = 0 \\ 2x - y + 2z = 0 \\ 3x + y + kz = 0 \end{cases}$$

será possível e determinado, será possível e indeterminado, será impossível?

QUESTÕES DE VESTIBULARES

299. (ITA–SP) O sistema $\begin{cases} x + 2y + 3z = a \\ y + 2z = b \\ 3x - y - 5cz = 0 \end{cases}$

a) é possível, $\forall a, b, c \in \mathbb{R}$.

b) é possível quando $a = \dfrac{7b}{3}$ ou $c \neq 1$.

c) é impossível quando $c = 1$, $\forall a, b \in \mathbb{R}$.

d) é impossível quando $a \neq \dfrac{7b}{3}$, $\forall c \in \mathbb{R}$.

e) é possível quando $c = 1$ e $a \neq \dfrac{7b}{3}$.

300. (FGV–SP) Considere o sistema linear $\begin{cases} kx - y + z = 3 \\ x + ky + z = k \\ x + y + kz = 1 \end{cases}$ de incógnitas x, y e z. Sendo k um

parâmetro real, então:

a) O sistema será impossível se $k = -1$ ou $k = 1$.

b) O sistema será determinado se $k = 1$.

c) O sistema será impossível se $k = 0$ ou $k = -1$.

d) O sistema será indeterminado se $k = 0$ ou $k = -1$.

e) O sistema será determinado se $k = 0$ ou $k = -1$.

301. (Fuvest–SP) Seja o sistema $\begin{cases} x + 2y - z = 0 \\ x - my - 3z = 0 \\ x + 3y + mz = 0 \end{cases}$.

a) Determine todos os valores de m para os quais o sistema admite solução.

b) Resolva o sistema, supondo $m = 0$.

302. (ITA–SP) Considere o sistema $Ax = b$, em que

$A = \begin{pmatrix} 1 & -2 & 3 \\ 2 & k & 6 \\ -1 & 3 & k-3 \end{pmatrix}$, $b = \begin{pmatrix} 1 \\ 6 \\ 0 \end{pmatrix}$ e $k \in \mathbb{R}$.

Sendo T a soma de todos os valores de k que tornam o sistema impossível e sendo S a soma de todos os valores de k que tornam o sistema possível e indeterminado, então o valor de T − S é:

a) −4   b) −3   c) 0   d) 1   e) 4

303. (UE–CE) O valor de h para que o sistema $\begin{cases} 2x - y + 3z = 0 \\ x + 2y - z = 0 \\ x + hy - 6z = 0 \end{cases}$ tenha a solução não nula é:

a) 5   b) 6   c) 7   d) 8

304. (FEI–SP) Considere o sistema linear $\begin{cases} x + y = 0 \\ 3x - y = -2, \\ ax + 2y = 6 \end{cases}$ com a ∈ ℝ.

Pode-se afirmar que:

a) O sistema é possível e determinado para qualquer valor de a.

b) Se a = −10, então o sistema será possível e indeterminado.

c) O sistema é possível e indeterminado para qualquer valor de a.

d) Se a ≠ −10, então o sistema será impossível.

e) O sistema é impossível para qualquer valor de a.

305. (FGV–SP) Sendo k uma constante real, o sistema de equações $\begin{cases} x - y = 2 \\ kx + y = 3 \end{cases}$ admite solução (x, y) no primeiro quadrante do plano cartesiano se, e somente se,

a) k = −1

b) k > −1

c) $k < \frac{3}{2}$

d) $0 < k < \frac{3}{2}$

e) $-1 < k < \frac{3}{2}$

Respostas das questões de vestibulares

1. a
2. d
3. d
4. c
5. d
6. d
7. a
8. e
9. a
10. a
11. a
12. d
13. 2049
14. e
15. c
16. e
17. a
18. a) (1; 1; 2; 2; 2; 6; 2; 8; 2; 10; 2; 36; 2; 14; 2; 64)
    b) 2^{1225}
19. d
20. c
21. d
22. d
23. c
24. b
25. c
26. c
27. b
28. d
29. d
30. c
31. 1 300 bactérias
32. a) $F_{10} = 76$; $F_n = 8n - 4$
    b) $S_{50} = 10\,000$
33. bases = 0,8; alturas = $-0,8$
34. $n = 13$
35. a
36. c
37. a
38. d
39. a
40. 64 dias
41. a) $\dfrac{n}{4}(2a_1 + m)$
    b) 114
42. a) $b = \dfrac{6}{5}$ e $r = \dfrac{12}{5}$

b) $a_{20} = \dfrac{239}{5}$

c) $S_{20} = 500$

43. c
44. b
45. d
46. c
47. c
48. a
49. b
50. d
51. e
52. b
53. d
54. a
55. a
56. b
57. a
58. e
59. a) $S_{19} = 361$
b) Demonstração
60. d
61. a) $x = \dfrac{1}{2}$ ou $x = 5$
b) $S_{100} = 7\,575$
62. a
63. d
64. d
65. b
66. c
67. e
68. a
69. e
70. d
71. d
72. c
73. $L = \sqrt{15}$ cm
74. b
75. c
76. b
77. b
78. d
79. a
80. a) $a_k = 0{,}1 \cdot 2^k$, em milímetros
b) 26,25 mm; 37,125 mm; 6,4 mm
81. a
82. a) -2
b) $\dfrac{3}{22}$
83. e
84. b
85. e
86. b
87. c
88. c
89. b
90. d
91. $A = bh\left[1 - \left(\dfrac{1}{2}\right)^n\right]$
92. a) $\dfrac{122}{25}$ metros
b) $S_n = 10\left(1 - \left(\dfrac{4}{5}\right)^n\right)$
c) não
d) $n = 11$
93. d
94. a
95. $n = 7$
96. $n = 14$
97. c
98. c
99. e
100. a
101. d
102. a
103. a
104. b
105. b
106. c
107. e
108. d

RESPOSTAS DAS QUESTÕES DE VESTIBULARES

109. $14 - 6\sqrt{2}$
110. c
111. e
112. c
113. d
114. d
115. d
116. e
117. c
118. 14
119. e
120. 14
121. $62(\sqrt{2} + 1)$
122. b
123. F, V, V, V
124. d
125. $02 + 04 + 08 + 16 + 32 = 62$
126. Estão em P.G. de razão 3.
127. d
128. e
129. e
130. e
131. d
132. c
133. d
134. a
135. b
136. F, V, V
137. a
138. e
139. EUA = 519; Cuba = 288; Brasil = 309
140. a
141. d
142. b
143. a
144. d
145. d
146. b
147. c
148. c
149. $x = -2; y = 2; z = -1$
150. c
151. b
152. c
153. d
154. e
155. $\begin{bmatrix} x & 0 \\ 0 & x \end{bmatrix}, \forall x$
156. b
157. SIGILO
158. c
159. d
160. $A = \begin{pmatrix} 1 & 0 \\ 0 & 1 \end{pmatrix}$ ou $A = \begin{pmatrix} -1 & 0 \\ 0 & -1 \end{pmatrix}$

ou $A = \begin{pmatrix} 1 & 0 \\ 0 & -1 \end{pmatrix}$ ou $A = \begin{pmatrix} -1 & 0 \\ 0 & 1 \end{pmatrix}$

ou $A = \begin{pmatrix} \sqrt{1-y^2} & y \\ y & -\sqrt{1-y^2} \end{pmatrix}$

ou $A = \begin{pmatrix} -\sqrt{1-y^2} & y \\ y & \sqrt{1-y^2} \end{pmatrix}$ com $|y| \leq 1$

161. a) $\alpha = 3$ e $\beta = -2$

b) $A^{-1} = \begin{bmatrix} \frac{1}{2} & -\frac{3}{2} \\ 0 & 1 \end{bmatrix}$

162. d

163. a) $a = \frac{2}{3}$ e $b = -\frac{1}{3}$

b) $x = \begin{bmatrix} 1 \\ 1 \\ -4 \end{bmatrix}$

164. $n = 3$ e a soma é -1
165. a
166. b
167. a) $f(1 + i) = 2$ e $f(0) = -1 + i$

b) $a = \frac{3}{5}; b = \frac{1}{5}$

168. $\det(X) = 50$
169. a
170. c
171. e

172. a
173. d
174. a
175. b
176. a
177. a) 1 e −1
   b) $x = \dfrac{\pi}{8} + k\dfrac{\pi}{2}$, com $k \in \mathbb{z}$
178. b
179. b
180. e
181. b
182. a) $\left\{x \in \mathbb{R} \mid -\dfrac{5}{2} < x < 0 \text{ ou } x > \dfrac{5}{2}\right\}$

   b) $\begin{bmatrix} 2 \\ -8 \\ 56 \end{bmatrix}$
183. e
184. a
185. c
186. $A = \begin{bmatrix} 2 & \sqrt{2} & 1 \\ \sqrt{2} & 2 & \sqrt{2} \\ 1 & \sqrt{2} & 2 \end{bmatrix}$ e $\det(A) = 2$
187. d
188. Demonstrações
189. a
190. b
191. $\alpha = \dfrac{1}{2}$ ou $\alpha = -\dfrac{1}{3}$ ou $\alpha = 0$
192. 5
193. b
194. $r = \dfrac{1}{2}$
195. d
196. d
197. c
198. $S = \{x \in \mathbb{R} \mid x < 0 \text{ ou } 2 \leq x < 3\}$
199. d
200. e
201. a
202. a) $a_{12} = 1$ e $a_{13} = -1$
   b) $a_{22} = 1$ e $a_{23} = 0$
   c) $b = c = 3$
203. b
204. b
205. V, V, V, V, V
206. a
207. a) $a \neq 0$

   b) $X = \begin{bmatrix} -\dfrac{1}{a} \\ 1\dfrac{1}{b} \\ 0 \end{bmatrix}$
208. a) $\dfrac{1}{14}$

   b) $A^{-1} = \begin{pmatrix} 1 & 0 & 0 \\ -2 & 1 & 0 \\ 1 & -2 & 1 \end{pmatrix}$
209. e
210. V, F, V, F, F
211. d
212. a
213. d
214. e
215. c
216. b
217. a
218. e
219. a) 48 brigadeiros
   b) duas latas
220. e
221. a) $\begin{cases} 25P + 200G = 1700 \\ P + G = 40 \end{cases} \Rightarrow \begin{cases} P = 36 \\ G = 4 \end{cases}$
   b) 384π cm²; as cebolas grandes fornecem o menor desperdício
222. d
223. 225 km de automóvel e 325 km de motocicleta
224. c

225. a) não
b) 22,5 kg do tipo A; 5 kg do tipo B
226. d
227. a
228. (001) e (004)
229. b
230. b
231. e
232. d
233. b
234. b
235. 24 cartuchos; R$ 52,50 cada
236. b
237. c
238. b
239. 60 ovos e 40 ovos
240. d
241. a)

[Gráfico de $\text{Log}_2(y)$ versus x: reta decrescente passando aproximadamente por $(-1, 10)$ e $(3, -10)$, cruzando o eixo x em $x = 1$]

b) $y = z = \dfrac{1}{2}$
242. 15 ℓ de álcool e 30 ℓ de gasolina
243. c
244. a
245. a
246. c
247. V, F, F, F, F
248. farelo de soja = 60 kg; farelo de algodão = 20 kg
249. hambúrguer = R$ 4,00; suco = R$ 2,50; cocada = R$ 3,50
250. c
251. c
252. a
253. b
254. b
255. a
256. 8 dias
257. a
258. c
259. Guaratuba: R$ 560,00; Ilha do Mel: R$ 360,00; Matinhos: R$ 300,00
260. a
261. d
262. 12
263. 78
264. e
265. a
266. c
267. a) 8, 12, 5 e 20 moedas
b) 2,4 km
268. c
269. 9
270. $\left(\dfrac{3}{2}, 2, \dfrac{5}{2}, -2\right)$
271. a
272. a
273. a
274. d
275. b
276. c

277. 7 vezes
278. a) 30 cachorros e 7 cercados
b) 11 anos
279. a) $x = 27 - 5z; y = -2 + z$
b)

X	Y	Z
12	1	3
7	2	4
2	3	5

280. $S = \{(t, 2t, 2t) | t \in \mathbb{R}\}$
$x = 1, y = 2, z = 2$
281. b
282. c
283. $x = \frac{31}{3} + k, y = -\frac{8}{3}, z = -\frac{5}{3}, w = k,$
$\forall k \neq -5$
284. b
285. b
286. a
287. c
288. b
289. c
290. e
291. a) $m = 20$ e $n = 110$
b) $x = R\$ 5,00; y = R\$ 2,50$ e
$z = R\$ 4,00$
292. a
293. a
294. a
295. $02 + 04 + 08 = 14$
296. a) $m = 2$ e $n \neq 5$
b) $m = 2$ e $n = 5$
c) $m \neq 2$
297. a) $v = \{(k, -2k), \forall k\}$
b) $1, \frac{-1+\sqrt{5}}{2}$ ou $\frac{-1-\sqrt{5}}{2}$
c) $\frac{-1+\sqrt{5}}{2}$ ou $\frac{-1-\sqrt{5}}{2}$
298. $k \neq 1$ e $k \neq -7$: determinado; $k = 1$ ou $k = -7$: indeterminado
299. b
300. c
301. a) $m \neq -3$
b) $S = \{(3\alpha, -\alpha, \alpha); \alpha \in \mathbb{R}\}$
302. a
303. c
304. d
305. e

Significado das siglas de vestibulares

Enem–MEC — Exame Nacional do Ensino Médio, Ministério da Educação

Fatec–SP — Faculdade de Tecnologia de São Paulo

FEI–SP — Faculdade de Engenharia Industrial, São Paulo

FGV–RJ — Fundação Getúlio Vargas, Rio de Janeiro

FGV–SP — Fundação Getúlio Vargas, São Paulo

Fuvest–SP — Fundação para o Vestibular da Universidade de São Paulo

IME–RJ — Instituto Militar de Engenharia, Rio de Janeiro

ITA–SP — Instituto Tecnológico de Aeronáutica, São Paulo

Mackenzie–SP — Universidade Presbiteriana Mackenzie de São Paulo

PUC–MG — Pontifícia Universidade Católica de Minas Gerais

PUC–RJ — Pontifícia Universidade Católica do Rio de Janeiro

PUC–RS — Pontifícia Universidade Católica do Rio Grande do Sul

PUC–SP — Pontifícia Universidade Católica de São Paulo

Udesc–SC — Universidade do Estado de Santa Catarina

UE–CE — Universidade Estadual do Ceará

U.E. Londrina–PR — Universidade Estadual de Londrina, Paraná

UE–PB — Universidade Estadual da Paraíba

UE–RJ — Universidade do Estado do Rio de Janeiro

UF–AL — Universidade Federal de Alagoas

UF–AM — Universidade Federal do Amazonas

UF–BA — Universidade Federal da Bahia

UF–CE — Universidade Federal do Ceará

UF–ES — Universidade Federal do Espírito Santo

UFF–RJ — Universidade Federal Fluminense, Rio de Janeiro

UF–GO — Universidade Federal de Goiás

U.F. Juiz de Fora–MG — Universidade Federal de Juiz de Fora, Minas Gerais

U.F. Lavras–MG — Universidade Federal de Lavras, Minas Gerais

UF–MS — Universidade Federal de Mato Grosso do Sul

UF–MT — Universidade Federal do Mato Grosso

UF–PE — Universidade Federal de Pernambuco

UF–PI — Universidade Federal do Piauí

UF–PR — Universidade Federal do Paraná

UF–RN — Universidade Federal do Rio Grande do Norte

UF–RS — Universidade Federal do Rio Grande do Sul

U.F. Santa Maria–RS — Universidade Federal de Santa Maria, Rio Grande do Sul

U.F. São Carlos–SP — Universidade Federal de São Carlos, São Paulo

UF–SC — Universidade Federal de Santa Catarina

UF–SE — Universidade Federal de Sergipe

U.F. Uberlândia–MG — Universidade Federal de Uberlândia, Minas Gerais

U.F. Viçosa–MG — Universidade Federal de Viçosa, Minas Gerais

Unemat–MT — Universidade do Estado de Mato Grosso

Unesp–SP — Universidade Estadual Paulista, São Paulo

Unicamp–SP — Universidade Estadual de Campinas, São Paulo

Unifesp–SP — Universidade Federal de São Paulo

Vunesp–SP — Fundação para o Vestibular da Universidade Estadual Paulista, São Paulo